普通高等教育"十二五"规划教材（高职高专教育）

Windows Server 2008
项目教程

主　编　王　锋　王　永

副主编　赵　军　张雪松

编　写　魏光杏　林　茂　邓文雯　胡元军　钱春花

　　　　强鹤群　谭　彦　吴凯益　邹　珺

主　审　王海燕

U0301147

中国电力出版社

CHINA ELECTRIC POWER PRESS

内 容 提 要

本书为普通高等教育"十二五"规划教材（高职高专教育）。本书具有以下特点：一，以实用性强的项目化案例为编写主线，突出体现"工学结合"；二，让学生在"教学做一体化"的教学设计中，掌握企业岗位上所需要的技能，同时拓展知识面，培养创新意识，实现掌握岗位需求的职业技能与职业素质的综合提升；三，各章编写框架分为基础技能、项目情境、任务目标、知识准备、实施指导、工学结合、技能实训、技能拓展等八个部分。以项目化案例形式介绍了如何利用Windows Server 2008操作系统架设当前流行的各种服务器，符合当前流行的职业教学理念。

本书可作为全国高职高专院校、成人高校及本科院校举办的二级职业技术学院计算机网络技术、计算机应用技术专业的教材。也可作为Windows Server 2008培训、大中专院校相关专业学习的教材。对网络管理员、网络技术爱好者而言，也是一本难得的参考书。

图书在版编目（CIP）数据

Windows Server 2008 项目教程 / 王锋，王永主编. —北京：
中国电力出版社，2012.8（2017.7 重印）
普通高等教育"十二五"规划教材. 高职高专教育
ISBN 978-7-5123-3313-0

Ⅰ.①W… Ⅱ.①王… ②王… Ⅲ.①Windows 操作系统－网络服务器－高等职业教育－教材 Ⅳ.①TP316.86

中国版本图书馆 CIP 数据核字（2012）第 162711 号

中国电力出版社出版、发行

（北京市东城区北京站西街 19 号 100005 http://www.cepp.sgcc.com.cn）
北京市同江印刷厂印刷
各地新华书店经售

*

2012 年 8 月第一版 2017 年 7 月北京第二次印刷
787 毫米×1092 毫米 16 开本 23 印张 563 千字
定价 39.80 元

前　　言

计算机网络技术广泛应用于国民经济的各个领域，具有很强的专业性、技术互融性和应用普遍性，这就要求本专业的学生具有较宽的知识面，思路开阔，有创新意识，突出适应社会、符合岗位需求的职业技能培养。

高等职业教育课程项目化教学的理论研究表明，课程项目化教学已成为适应目前高职教育培养目标的课程模式。项目化教学，是师生通过共同实施一个完整的"项目"工作而进行的教学活动。在职业教育中，项目常常是指以生产一件具体的、具有实际应用价值的产品为目的的任务，或者以完成某项建设工作为目标的任务，有时也表现为方案设计等其他形式。

有专家指出，职业教育课程的本质特征为学习的内容是工作，通过工作实现学习。即工学结合。这里蕴藏着课程理念、课程目标、课程模式、课程开发方法和课程内容的重大变革。无论是"项目教学"、"教学做一体化"、"工学结合"，也无论是教学理论还是教学实践，其本质是相通的，甚至是相同的，就是让学生掌握企业所需要的技能，实现成功就业，同时为后续学习与提升打下基础。

为了达到这一目标，本书在编写过程中写作框架为基础技能、项目情境、任务目标、知识准备、实施指导、工学结合、技能实训、技能拓展等八个部分。以项目化案例形式介绍了如何利用 Windows Server 2008 操作系统架设当前流行的各种服务器。案例注重实际应用，体现应用技术的重点，能使学生在网络服务器搭建、管理与维护等方面的综合素质得到明显提高。

在"基础技能"部分中，指出学习掌握某项新技能之前，学习者应当具备的知识或技术基础。凡事预则立，不预则废。磨刀不误砍柴工。为实现目标、完成工作任务，必要的条件准备是一个重要的基础过程。

"项目情境"中，为了避免内容的简单化与随意性，全书以已经实际完成的一个大型综合网络建设项目为基础，借助"般若科技公司"这样一个虚拟的公司，将真实网络建设过程中的所有子项目进行有机的结合，进行项目化的工学结合教学。第一部分为企业网络建设与服务器规划的总计划，以后章节进行细化分解。项目的关联不仅体现着知识的分配和覆盖，也能有效提高学生能力的关联度，而且还反映了能力的迁移和提高。这样设计出的项目课程应该是一种基于工作任务的项目课程，具有实际意义。经过这样课程化训练的学生可以零距离上岗。为了方便学习与实际建设，除总体建设提供网络拓扑图外，每一部分都有形象直接的网络拓扑指导。学生在完成了一个个的项目训练的基础上，会拥有完成一个综合性任务的信心与能力。

"任务目标"中每一项都确定了建设、学习与实施预期达到的目标。在实际建设过程中，相当于项目负责人下达的工作任务。要求以岗位工作为出发点，简单明了地指出在岗位上应该完成哪些工作。

完成工作所需要的必要的理论知识与实践技能在"知识准备"部分中提供。也是从这一部分开始，教学过程中重点采用 "教、学、做"合一的教学方法，做到理论课堂和实践课堂合二为一，让学生在教师的教学引导下边学边练，从而达到真实工作过程的情景化呈现。

在"实施指导"部分中，核心技能需要由教师进行示范、指导，实际上就是了解、掌握、熟悉运用"工作过程"的环节。该部分有意指出，与传统教学的以教师为核心的教学模式相比，注重以学生为核心的"以人为本"的教学，更能体现教学过程的价值与预期达到的结果。无论是教师还是学生在课堂中谁处于主导地位并不重要，重要的是完成培养目标。

"工学结合"是基于"项目情境"的基础上，拥有"基础技能"，明确"任务目标"，完成"知识准备"，掌握"实施指导"的基础上，充分发挥学习的主动性，尝试以项目团队（或项目小组）形式，完成安装配置与管理的过程。该部分强调的是从实际工作问题或情景出发，利用真实而有效的问题或情景，引起学生的学习兴趣和探究欲望，而且还要让学生按照实际工作的操作过程或规范来解决问题。只有这样才能消除教学环节与工作环境之间的差异，使学生学习到的知识和技能直接应用于实际环境中。缩短学与用之间的差距，使学生能很快适应岗位要求，实现零距离上岗。

"技能实训"的设计考虑到项目与项目之间能力过渡的问题，避免了学生可能出现的能力断层，注重要求学生完成必做的项目外，提倡学生完成拓展项目，从而有更强的能力去完成整个工作过程。训练项目之间关联度很大，知识与技能能够相互支撑，比如新建服务器在 DNS 服务器中的管理等。通过重点知识与实训技能的关联，覆盖工作领域所需的所有重要信息，使得学生在完成整个工作时拥有完整的知识体系的支撑。与此同时，每一次实训课均采用"现场测评"的方式对学生的学习效果进行直观而有效的成绩评定。不仅包括有教师（担任项目负责人角色）对学生（担任项目实施者角色）的评价，也包括项目小组（建设队伍）成员间的互评。通过重视案例教学与现场测评相结合教学的过程，强化实践的过程，鼓励操作技能积累，促进培养应用型的专业人才。

为了让学生更好地掌握完成工作的技能，全书各章最后均设计有"技能拓展"部分。让学生了解更多能够完成任务的方法、工具与新思路，同时也尽量补充一些重要的新知识与相关领域的进展。不求全面，但求对学习有所启发。

本书以项目化课程的思路进行编写，强调工学结合。其实施是以职业能力为目标、以工作任务为载体、以技能训练为明线、以知识掌握为暗线进行的。以实际工作过程为基点的项目化教学，打破了以知识传授为主要特征的学科课程模式，创建了一种以工作任务为中心组织课程内容和教学过程的课程模式。让学生通过完成具体项目实现职业技能的提高和相关知识的构建，教学效果比过去有了明显改善，同时也使学生上岗后能符合企业上手快、适应期短的要求。

本书共分 12 个项目，具体包括企业网络服务器建设规划、Windows Server 2008 系统安装、活动目录域服务安装与配置、基于组策略的域管理、DNS 服务器安装配置与管理、WWW 服务器安装配置与管理、FTP 服务器安装配置与管理、邮件服务器安装配置与管理、DHCP 服务器安装配置与管理、流媒体服务器安装配置与管理、打印服务器安装配置与管理、基于 Hyper-V 的 CMS 服务器安装配置与管理等。结合企业网络与网站建设的实际需求，本书中还讲解了中小型企业网络规划与建设、基于内容管理的快速动态网站建设、VirtualBox 虚拟机使用、FTP Serv-U、NAP 技术与架构等方面的拓展知识与技能，紧密联系 Windows Server 2008 服务器技术的发展，进行知识更新，注意培养学生的职业素质，力求将最实用、最适用的技能体现出来。

各项目均配有 PPT 文稿、教学计划与教案，方便教师备课及教学。

本书由苏州农业职业技术学院王锋、徐州工业职业技术学院王永主编；徐州工业技术学院张雪松，苏州农业职业技术学院赵军副主编；安徽滁州职业技术学院魏光杏，徐州工业职业技术学院林茂，苏州农业职业技术学院邓文雯、胡元军、钱春花、强鹤群、谭彦、吴凯益、邹珺参加了本书的编写工作。中国人民解放军理工大学王海燕负责全书的审稿。同时，感谢河北能源职业技术学院信息工程系刘爱军，中山职业技术学院佘姜德、马元元，常州机电职业技术学院王继水，苏州工业职业技术学院栾咏红，浙江水利水电专科学校计算机系张运涛，嘉兴学院桑世庆，南阳师院软件学院张文鹏，东莞职业技术学院叶桂芝，浙江绍兴越秀外国语职业学院胡秋芬等对本书及以前所编《Windows Server 2003 服务器实用案例教程》一书的大力支持。

编　者

2012 年 6 月

目　　录

项目1 企业网络服务器建设规划

▶ 基础技能

在前导课程中，学生应该了解以下知识与技能：

（1）常见的各类网络拓扑模型。

（2）局域网与广域网的基本架构。

（3）网络服务器在网络中充当的角色或能够发挥的功能。

（4）C/S、B/S 架构。

（5）组成局域网的常用设备。

（6）网络操作系统与个人操作系统的区别。

▶ 项目情境

1. 企业及其文化概述

般若科技有限公司是一家新型的 IT 公司，也是本书假定的学生实习的公司。该公司以设计、生产、销售 IT 产品为主，接收计算机各专业的在校本科生、大专生及职业技术学院的学生在此进行生产实习和其他岗位或形式的顶岗实习。

"般若"一词是佛教词语，拼音为 bō rě，读作波惹，它是梵语的音译词，意为妙智慧或说是至高无上的智慧，是明见一切事物及道理的高深智慧。作为一家 IT 企业，智慧是生存和发展的保障，是生命线，也是个人成才与企业成功的必要条件。公司以"般若"为名，就是希望在越来越激烈的竞争中，以智慧求得生存之道，以智慧为世界创造价值，以智慧成就个人与企业的发展。

2. 企业网络建设基本要求

般若科技公司作为一家新型的 IT 企业，有着现代企业的管理理念和管理模式。公司的总部设在苏州工业园区内，在上海设有分公司。

根据般若科技公司对 IT 基础设施及信息安全管理的相应的要求，般若公司需要在公司内部建设一个安全性高的企业内部网，在上海、北京等分支办公机构间进行信息交换。同时，出于建设成本及今后网络扩建、管理与服务角度考虑，公司还专门成立了网络技术部。假设你是该公司新聘的网络工程师，要求你为公司设计一套有层次的、能反映部门的职能或商务结构的组织单位管理用户、组、计算机、打印机、共享文件夹等，并实现对人员、硬件设备、软件资源、工作业务流的高效管理。要求在方案中要将体现网络规划具体情况进行详细说明，给出网络的拓扑结构图，并尽可能详述拟采用何种管理手段及选择该手段的原因、实施过程和预期效果。

▶ 任务目标

（1）能够正确架设与配置活动目录。采取企业统一内定账户，实行统一管理。

（2）能够正确架设与配置 DNS 服务器。公司服务器能够完成内网域名解析。

（3）能够正确架设与配置 WWW 服务器。

（4）能够正确架设和配置 FTP 和文件服务器。

（5）能够正确架设与配置邮件服务器。

（6）能够正确架设与配置打印服务器。部门打印机设立网络打印管理。

（7）能够正确架设与配置 DHCP 服务器。

（8）能够正确架设与配置媒体服务器。

（9）针对企业要求，进行网络设计规划和系统部署。

▶ 知识准备

1．局域网概述

所谓的局域网（Local Area Network，LAN），是指范围在几十米到几千米内办公楼群或校园内的计算机相互连接所构成的计算机网络。计算机局域网被广泛应用于校园、工厂及企事业单位的个人计算机或工作站的组网方面。局域网连接的是数据通信设备，包括 PC、工作站、服务器等大、中小型计算机，终端设备和各种计算机外围设备。

按照网络的传输介质分类，可以将计算机网络分为有线网络和无线网络两种。有线网络中的局域网通常采用单一的传输介质，如目前较流行的双绞线；而城域网和广域网则可以同时采用多种传输介质，如光纤、同轴细缆、双绞线等。

无线网络采用微波、红外线、无线电等电磁波作为传输介质。由于无线网络的联网方式灵活方便，不受地理因素影响，因此是一种很有前途的组网方式。目前，不少大学和公司已经在使用无线网络了。无线网络的发展依赖于无线通信技术的支持。目前无线通信系统主要有低功率的无绳电话系统、模拟蜂窝系统、数字蜂窝系统、移动卫星系统、无线 LAN 和无线 WAN 等。

如图 1-1 所示，就是一个较为典型的由有线网络、无线网络构成的局域网。

2．交换机

（1）交换机概述。交换机（Switch）是集线器的升级换代产品，交换机是按照通信两端传输信息的需要，用人工或设备自动完成的方法把要传输的信息送到符合要求的相应路由器上的技术统称。交换机的主要功能包括物理编址、网络拓扑结构、错误校验、帧序列及流量控制。目前一些高档交换机还具备了一些新的功能，如对 VLAN（虚拟局域网）的支持、对链路汇聚的支持，甚至有的还具有路由器和防火墙的功能。

交换机拥有一条很高带宽的背部总线和内部交换矩阵。交换机的所有的端口都挂接在这条背部总线上。控制电路收到数据包以后，处理端口会查找内存中的 MAC 地址（网卡的硬件地址）对照表以确定目的 MAC 的 NIC（网卡）挂接在哪个端口上，通过内部交换矩阵直接将数据迅速包传送到目的节点，而不是所有节点，目的 MAC 若不存在才广播到所有的端口。这种方式可以明显地看出一方面效率高，不会浪费网络资源，只是对目的地址发送数据，一般来说不易产生网络堵塞；另一方面数据传输安全，因为它不是对所有节点都同时发送，发送数据时其他节点很难侦听到所发送的信息。

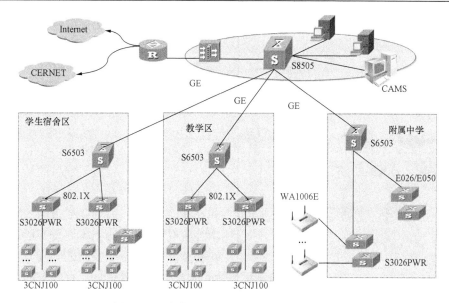

图 1-1　一个集有线、无线网络的典型局域网

（2）交换机分类。交换机的分类标准多种多样，常见的有以下几种：

1）根据网络覆盖范围分局域网交换机和广域网交换机。

2）根据传输介质和传输速度划分以太网交换机、快速以太网交换机、千兆位以太网交换机、10 千兆位以太网交换机、ATM 交换机、FDDI 交换机和令牌环交换机。

3）根据交换机应用网络层次划分企业级交换机、校园网交换机、部门级交换机和工作组交换机、桌机型交换机。

4）根据交换机端口结构划分固定端口交换机和模块化交换机。

5）根据工作协议层划分第二层交换机、第三层交换机和第四层交换机，如图 1-2 和图 1-3 所示。

图 1-2　CISCO WS-C2960G-48TC-L 二层交换机

图 1-3　CISCO WS-C2960G-24TC-L 二层交换机

6）根据是否支持网管功能划分网管型交换机和非网管型交换机。

（3）交换机工作原理。交换机之所以能够直接对目的节点发送数据包，而不是像集线器一样以广播方式对所有节点发送数据包，最关键的技术就是交换机可以识别连在网络上的节点的网卡 MAC 地址，并把它们放到一个称为 MAC 地址表的地方。这个 MAC 地址表存放于交换机的缓存中，并记住这些地址。这样一来，当需要向目的地址发送数据时，交换机就可在 MAC 地址表中查找这个 MAC 地址的节点位置，然后直接向这个位置的节点发送。以上可知，交换机是一种基于 MAC 地址识别，能完成封装转发数据包功能的网络设备。目前，主流的交换机厂商以国外的 CISCO（思科）、3COM、安奈特为代表，国内主要有华为、D-LINK、锐捷等。

（4）CISCO 的分层交换网络。CISCO（思科）一直是网络技术的最杰出代表，它推出的许多技术已经成为业界的标准。用户模型及复杂的应用进程使得网络的设计者和实施者必须使用网络的流量模式来作为组网的一个标准，流量模式规定了由终端用户要求的分组方式及最终的物理地点。CISCO（思科）把网络分成接入层、汇聚层和核心层，对应地使用由其生产的接入层交换机、汇聚层交换机和核心交换机。

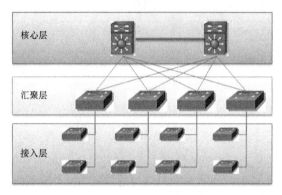

图 1-4　分层网络层次模型示意

三层的层次模型如图 1-4 所示。

1）接入层。接入层（access layer）是为终端设备接入 LAN 的第一道设备，是最接近用户计算机的设备。接入层目的是允许终端用户连接到网络，因此接入层交换机具有低成本和高端口密度特性。它需要访问的资源可以在本地获取，流进和流出本地资源的流量被限定在各资源之间、各交换机之间及个人终端用户之间。该层设备的特点是端口密集、接口状态翻动频繁、单位流量低、有较多的访问策略、有二层环路存在等。一般接入层交换机多为 24 口、48 口等，呈堆叠状态。

一般接入层交换机端口保持在 10/100 自协商，当前主流速度为 100Mb/s，千兆位接入层也已经进入市场。因为是接到用户计算机，所以接入层交换机的端口状态经常在 UP 和 DOWN 之间反复，不适合做 STP（生成树协议）的根。而因为面对用户，所以接入层交换机有过多的策略限制，如 VLAN 等。一般接入层交换机会以 2 端口的 100 口绑定成以太通道接入到汇聚层。

2）汇聚层。汇聚层（distribution layer）又称分配层，处理来自接入层设备的所有通信量，并提供到核心层的上行链路。因此汇聚层的交换机与接入层相比有更高的性能，更多的端口和更高的交换速率。路由选择、过滤和广域网访问都是在此层的操作。汇聚层为一个用户请求决定最快的以分配方式，像文件服务器访问，并将它们转发到服务器上。在汇聚层确定路径后，它将请求转发到核心层上。

汇聚层是接入层的交换机流量集合的地方，所有的接入层交换机会以各种高速通道连接到汇聚层交换机。很多汇聚层交换机是三层设备，如图 1-5 所示。

3）核心层。网络核心层（core layer）唯一目的就是将流量尽可能快地进行转发。被传送的流量是流入和流出那些对大多数用户而言都是普通的服务，这些服务被称为企业服务。企业访问的实例如电子邮件、互联网访问或可视会议等。当一名用户要访问企业服务时，要在分配层对用户处理，然后分配层设备把用户请求转发到核心层，核心层进行快速转发，一个分组是否能到达核心层及如何通过核心层传输是分配层的任务。因为负责高速转发，所以核心层具有更高的可靠性和吞吐量。CISCO WS-C6506-E 四层核心交换机如图 1-6 所示。

图 1-5　CISCO WS-C3560G-24TS-S 三层交换机　　　图 1-6　CISCO WS-C6506-E 四层核心交换机

核心层设备属于大型设备，主要保证数据的更高速无障碍转发，包括路由等。该层设备特点为造价高、具有 3 层功能，正常情况下无端口翻覆状况、转发（路由）速度非常快，有的核心层承担 LAN 通往外部的关口。该层的主要目的是数据汇总，然后以最快速度转发出去，所以不能在该层配置任何阻碍或过滤数据包的配置。

（5）基于 CISCO 的网络分层设计思想。常见的国内各大学校园网的设计，基本上都采用了分层设计的思想。即这些大型校园网网络系统从设计上分为核心层、汇聚层和接入层；从功能上基本可分为校园网络中心、教学子网、办公子网、宿舍区子网等。

分层思想使网络有一个结构化的设计，针对每个层次进行模块化的分析，对统一管理网络和维护非常有帮助。本节先对三个层次进行分析，然后简单介绍校园的功能子网。

核心层：核心层的功能主要是实现骨干网络之间的优化传输，骨干层设计任务的重点通常是冗余能力、可靠性和高速的传输。网络的控制功能最好尽量少在骨干层上实施。核心层一直被认为是所有流量的最终承受者和汇聚者，所以对核心层的设计及网络设备的要求十分严格。核心层设备将占投资的主要部分。

汇聚层：汇聚层的功能主要是连接接入层节点和核心层中心。汇聚层设计为连接本地的逻辑中心，仍需要较高的性能和比较丰富的功能。

接入层：在核心层和汇聚层的设计中主要考虑的是网络性能和功能性要高，那么我们在接入层设计上主张使用性能价格比高的设备。接入层是最终用户（教师、学生）与网络的接口，它应该提供即插即用的特性，同时应该非常易于使用和维护。当然我们也应该考虑端口密度的问题。

如图 1-7 所示，是我国某著名大学的校园网络设计拓扑图，具有明显的分层设计特征。这就是"千兆核心，百兆到桌面"的典型案例。接入层交换机往往使用二层交换机，到汇聚层后，则使用三层以上交换机。为了保证和提高传输速度，接入层到汇聚层，汇聚层到核心层，往往使用光纤连接，代替常见的超五类双绞线连接。当然，传输距离也是采用光纤的重要原因之一。

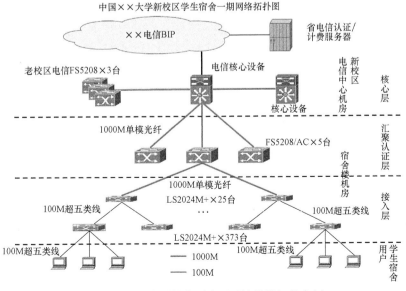

图 1-7 一个典型的大型分层网络设计拓扑案例

3．路由器

所谓"路由"，是指把数据从一个地方传送到另一个地方的行为和动作，而路由器（Router）正是执行这种行为动作的机器。路由器的主要工作就是为经过路由器的每个数据帧寻找一条最佳传输路径，并将该数据有效地传送到目的站点。它是一种连接多个网络或网段的网络设备，它能将不同网络或网段之间的数据信息进行"翻译"，以使它们能够相互"读懂"对方的数据，从而构成一个更大的网络。

路由器主要有以下功能。

（1）网络互连。路由器支持各种局域网和广域网接口，主要用于互连局域网和广域网，实现不同网络互相通信。

（2）数据处理。提供包括分组过滤、分组转发、优先级、复用、加密、压缩和防火墙等功能。

（3）网络管理。路由器提供包括配置管理、性能管理、容错管理和流量控制等功能。

选择最佳路径的策略即路由算法是路由器的关键所在。为了完成"路由"的工作，在路由器中保存着各种传输路径的相关数据——路由表（Routing Table），供路由选择时使用。路由表中保存着子网的标志信息、网上路由器的个数和下一个路由器的名字等内容。路由表就像我们平时使用的地图一样，标识着各种路线。路由表可以是由系统管理员固定设置好的，也可以由系统动态修改、由路由器自动调整或由主机控制。在路由器中涉及两个有关地址的名字概念，静态路由表和动态路由表。由系统管理员事先设置好固定的路由表称为静态（static）路由表，一般是在系统安装时就根据网络的配置情况预先设定的，它不会随未来网络结构的改变而改变。动态（Dynamic）路由表是路由器根据网络系统的运行情况而自动调整的路由表。路由器根据路由选择协议（Routing Protocol）提供的功能，自动学习和记忆网络运行情况，在需要时自动计算数据传输的最佳路径。路由器通常依靠所建立及维护的路由表来决定如何转发。

目前，生产路由器的厂商，国外主要有 CISCO（思科）公司、北电网络等，国内厂商包括华为、DLINK 等。个别典型产品如图 1-8 和图 1-9 所示。

图 1-8　DLINK DI-7100 中小企业级路由器　　　　图 1-9　CISCO 2811 路由器

在如图 1-10 所示的图中，能够看到路由器的常见网络位置及其功能。在这个大型网络中，采用了双出口的设计，即 CERNET（中国教育网）、电信双出口。此时的路由器就发挥其网络连接、数据分发等功能。从这个拓扑图中，还能够看到整个网络分为核心、汇聚、接入、出口，在核心层与汇聚层之间、核心层与出口之间都采用双归属的方式进行组网，确保网络的安全、稳定。核心采用万兆位核心交换机 S8512 两台，出口采用两台 NE20 路由器。区域汇聚采用 S6500，小汇聚层采用 S3552，接入层采用 E 系列交换机。

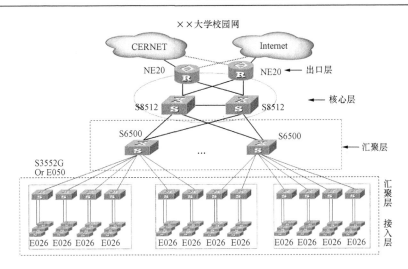

图 1-10　一个典型的大型分层网络设计拓扑案例：路由器的使用

4．防火墙

防火墙（FireWall）是目前一种最重要的网络防护设备，防火墙是位于两个（或多个）网络间，实施网络之间访问控制的一组组件（硬件或软件）集合。防火墙由软件和硬件设备组合而成，在内部网和外部网之间、专用网与公共网之间的界面上构造的保护屏障。其工作机制如图 1-11 所示。防火墙主要由服务访问规则、验证工具、包过滤和应用网关 4 个部分组成。一个典型的硬件防火墙如图 1-12 所示。

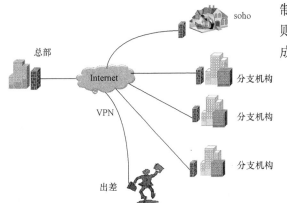

图 1-11　防火墙工作原理示意　　　　　　　　图 1-12　一个百兆位级防火墙-联想网御

防火墙最基本的功能就是控制在计算机网络中不同信任程度区域间传送的数据流。例如，互联网是不可信任的区域，而内部网络是高度信任的区域。以避免安全策略中禁止的一些通信，与建筑中的防火墙功能相似。它在不同信任的区域有控制信息的任务，典型信任的区域包括互联网（一个没有信任的区域）和一个内部网络（一个高信任的区域）。如图 1-13 所示为一个典型的大型分层网络设计拓扑案例。

5．网关

大家都知道，从一个房间走到另一个房间，必然要经过一扇门。同样，从一个网络向另一个网络发送信息，也必须经过一道"关口"，这道关口就是网关。网关（Gateway）就是一个网络连接到另一个网络的"关口"。网关是本地网络的标记，也就是说数据从本地网络跨过网关，就代表走出该本地网络。

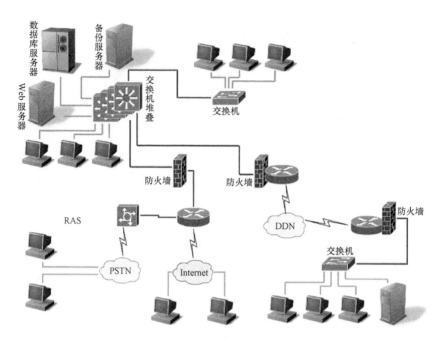

图 1-13   防火墙的使用

网关实质上是一个网络通向其他网络的 IP 地址。比如有网络 A 和网络 B，网络 A 的 IP 地址范围为 192.168.1.1～192.168.1.254，子网掩码为 255.255.255.0；网络 B 的 IP 地址范围为 192.168.2.1～192.168.2.254，子网掩码为 255.255.255.0。在没有路由器的情况下，两个网络之间是不能进行 TCP/IP 通信的。即使是两个网络连接在同一台交换机（或集线器）上，TCP/IP 协议也会根据子网掩码（255.255.255.0）判定两个网络中的主机处在不同的网络里。而要实现这两个网络之间的通信，则必须通过网关。如果网络 A 中的主机发现数据包的目的主机不在本地网络中，就把数据包转发给它自己的网关，再由网关转发给网络 B 的网关，网络 B 的网关再转发给网络 B 的某个主机。网络 B 向网络 A 转发数据包的过程也是如此。所以说，只有设置好网关的 IP 地址，TCP/IP 协议才能实现不同网络之间的相互通信。那么这个 IP 地址是哪台计算机的 IP 地址呢？网关的 IP 地址是具有路由功能的设备的 IP 地址，具有路出功能的设备有路由器、启用了路由协议的服务器（实质上相当于一台路由器）、代理服务器（也相当于一台路由器）等。

什么是默认网关？如果明白了什么是网关，默认网关也就好理解了。就好像一个房间可以有多扇门一样，一台主机可以有多个网关。默认网关的意思是一台主机如果找不到可用的网关，就把数据包发给默认指定的网关，由这个网关来处理数据包。现在主机使用的网关，一般指的是默认网关。一台计算机的默认网关是不可以随随便便指定的，必须正确地指定，否则一台计算机就会将数据包发给不是网关的计算机，从而无法与其他网络的计算机通信。

如图 1-14 所示为一个典型的大型分层网络中网关的使用情况。

6．光纤

（1）光纤及其分类。光纤（optical fiber）即光导纤维的简称。它是一种传输光能的波导介质，一般由纤芯和包层组成，如图 1-15 所示。在日常生活中，由于光在光导纤维的传导损耗比电在电线传导的损耗低得多，光纤被用做长距离的信息传递。

××大学校园网拓扑网

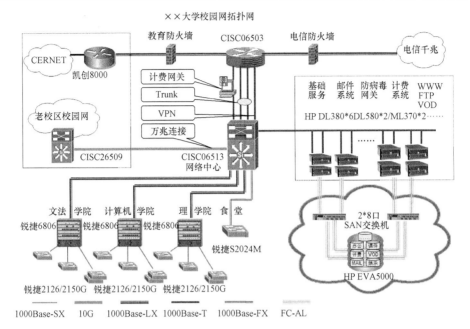

图1-14　网关的使用

　　光纤按传输模式可分为单模光纤、多模光纤。单模光纤（Single Mode Fiber，SMF）是指在工作波长中，只能传输一个传播模式的光纤。目前，在有线电视和光通信中，是应用最广泛的光纤。多模光纤（MUlti Mode Fiber，MMF）将光纤按工作波长以其传播可能的模式为多个模式的光纤，纤芯直径为 50μm。实际使用中，由于 MMF 较 SMF 的芯径大且与 LED 等光源结合容易，在众多 LAN 中更有优势。所以，在短距离通信领域中 MMF 仍在重新受到重视。

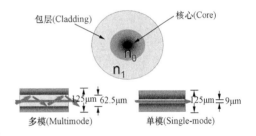

图 1-15　光纤结构示意图

　　（2）光纤与连接设备之间的连接关系。在连接过程中，用户要先将室外光缆接入终端盒，目的是将光缆中的光纤与尾纤进行熔接，通过跳线，将其引出。使用的连接工具为光纤熔接机，如图 1-16 和图 1-17 所示。

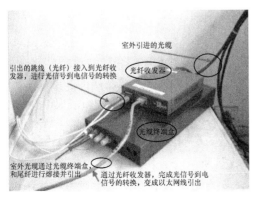

图 1-16　外部光纤到核心设备的连接

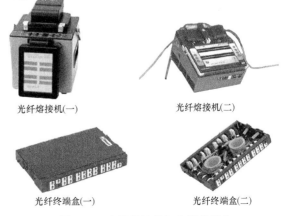

图 1-17　光纤熔接机与光纤终端盒

接下来，将光纤跳线（见图1-18）接入光纤收发器，目的是将光信号转换成电信号。有光纤接口的交换机则使用对应的光纤接头及耦合器直接接入到交换机光纤接口。光纤接头及耦合器如图1-19所示。

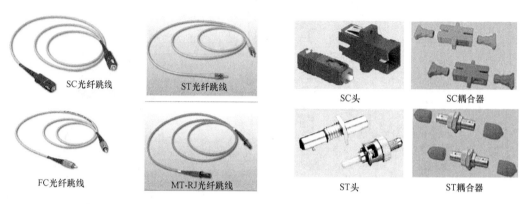

图 1-18　光纤跳线   图 1-19　光纤接头与耦合器

光纤的配线架与光口的直接连接如图1-20和图1-21所示。

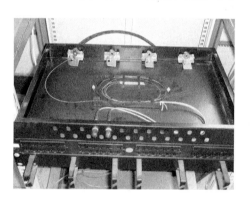

图 1-20　光纤配线架

图 1-21　光纤连接

最后，如果使用光纤收发器引出的是电信号，使用的传输介质便是双绞线。此时双绞线可接入网络设备的 RJ-45 口。到此为止，便完成了光电信号的转换。现在网络设备有很多有光纤接口，但如果没有配光模块（类似光纤收发器功能），该口不能使用。整个连接如图 1-22 所示。

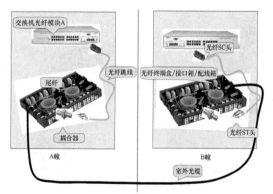

图 1-22　光纤连接实例图

7. 无线 AP 与无线局域网

（1）无线 AP。无线 AP（Access Point）即无线接入点，它是用于无线网络的无线交换机，也是无线网络的核心。无线 AP 是移动计算机用户进入有线网络的接入点，主要用于宽带家庭、大楼内部及园区内部，典型距离覆盖几十米至上百米，目前主要技术为 802.11 系列。

无线 AP 不仅包含单纯性无线接入点（无线 AP），也同样是无线路由器（含无线网关、无线网桥）等类设备的统称。它主要是提供无线工作站对有线局域网和从有线局域网对无线工作站的访问，在访问接入点覆盖范围内的无线工作站可以通过它进行相互通信。

单纯性无线 AP，就是一个无线的交换机，提供无线信号发射接收的功能。单纯性无线 AP 的工作原理是将网络信号通过双绞线传送过来，经过 AP 产品的编译，将电信号转换成为无线电信号发送出来，形成无线网的覆盖。根据不同的功率，其可以实现不同程度、不同范围的网络覆盖，一般无线 AP 的最大覆盖距离可达 500m。多数单纯性无线 AP 本身不具备路由功能，包括 DNS、DHCP、Firewall 在内的服务器功能都必须有独立的路由或是计算机来完成。目前大多数的无线 AP 都支持多用户（30～100 台计算机）接入、数据加密、多速率发送等功能，在家庭、办公室内，一个无线 AP 便可实现所有计算机的无线接入。一个常用无线 AP 如图 1-23 所示。

图 1-23　一种常用的无线 AP

（2）无线局域网组网。无线局域网组网设计规划原则既要考虑保证目前土建装修的效果不被破坏，又要保证足够的网络信息点满足网络联网、扩容和工作实际需求，同时还要保证代价不要过大。

1）无线补充网络规划。所谓无线补充网络规划，是指以原有的综合布线为基础搭建传输的以太网络，并在需要的位置和场所（如办公室、会议室等）配备一定数量的无线 AP，充分借助无线网络移动灵活和扩充方便的特点，作为有线网络的补充，弥补单纯由有线所构建的网络的缺陷。规划合理的无线网络布局，才能方便应用与日后的扩展。

2）无线局域网设计。在无线局域网中，当用户从一个位置移动到另一个位置及一个无线 AP 的信号变弱或者无线 AP 由于通信量太大而拥塞时，可以连接到新的无线 AP，而不中断与网络的连接，这一点与移动电话非常相似。所有无线 AP 通过双绞线与有线骨干网络相连，形成以固定有线网络为基础，无线覆盖为延伸的大面积服务区域。

多个无线 AP 的无线信号覆盖区域进行交叉覆盖，实现各覆盖区域之间无缝连接。所有无线终端通过就近的无线 AP 接入网络，访问整个网络资源。蜂窝覆盖方式大大扩展了单个无线 AP 的覆盖范围，突破了无线网络覆盖半径的限制，用户可以在无线 AP 群覆盖的范围内漫游，而不会和网络失去联系，通信也不会中断。如图 1-24 所示即为一个较典型的案例。

8．中心机房核心设备示例

网络的建设离不开机房，一方面机房提供了网络的汇聚，通过核心层的交换路由设备将千百个离散的信息点连接到一起；另一方面机房中的服务器为企业内部提供了各种必要的服务，WWW 服务器、MAIL 服务器等均放置在机房中。设备方面，需要路由器、防火墙、交换机、媒体转换器、服务器、磁盘阵列、磁带机、机柜、大容量后备电源等网络设备。

般若科技公司的网络管理中心机房面积大约为 50m^2，拟改造成国家标准机房以作为办公大楼的数据中心。中心机房按功能划分配电区、气体灭火区、网络机房、主控间、办公间。具体设备参照如下布局：

（1）机房总体布局一角，如图 1-25 所示。机柜与服务器放置如图 1-26 所示。核心交换机放置如图 1-27 所示。

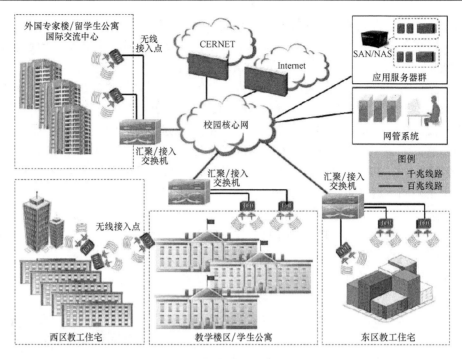

图 1-24　一个较典型的无线局域网案例

图 1-25　中心机房总体布局一角

图 1-26　机柜与塔式服务器

图 1-27　机柜与核心交换机

（2）机架式服务器与刀片式服务器。作为为互联网设计的服务器模式，机架式服务器是一种外观按照统一标准设计的服务器，配合机柜统一使用。可以说机架式服务器是一种优化结构的塔式服务器，它的设计宗旨主要是为了尽可能减少服务器空间的占用，而减少空间的直接好处就是在机房托管的时候价格会便宜很多。机架式服务器的外形看来像交换机，有 1U（1U=1.75in）、2U、4U 等规格。机架式服务器安装在标准的 19in 机柜里面。这种结构多为功能型服务器，如图 1-28 所示。

刀片式服务器是指在标准高度的机架式机箱内可插装多个卡式的服务器单元，实现高可用和高密度。每一块"刀片"实际上就是一块系统主板。它们可以通过"板载"硬盘启动自己的操作系统，如 Windows 2003、Linux 等，类似于一个个独立的服务器。在这种模式下，每一块母板运行自己的系统，服务于指定的不同用户群，相互之间没有关联。在集群中插入新的"刀片"，就可以提高整体性能。而由于每块"刀片"都是热插拔的，所以，系统可以轻松地进行替换，并且将维护时间减少到最小，如图
1-29 所示。

（3）核心交换机与汇聚层交换机。

图 1-28　机架式服务器　　　　　　　　　　图 1-29　刀片式服务器

（4）接入层交换机。

（5）防火墙（硬件）与安全过滤网关。机柜内的硬件防火墙，如图 1-30 所示。机柜内的安全过滤网关，如图 1-31 所示。

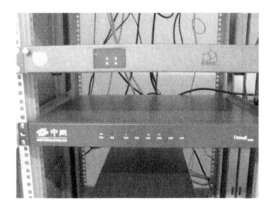
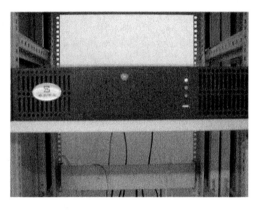

图 1-30　硬件防火墙　　　　　　　　　　图 1-31　安全过滤网关

9．中心机房附属设备设施示例

网络中心机房工程不仅集建筑、电气、安装、网络等多个专业技术于一体，更需要丰富的工程实施和管理经验。其设计与施工的优劣直接关系到机房内计算机系统是否能稳定可靠地运行，是否能保证各类信息通信畅通无阻。中心机房既要保障机房设备安全可靠地正常运行，延长计算机系统使用寿命，又能为系统管理员创造一个舒适的工作环境，能够满足系统管理人员对温度、湿度、洁净度、电磁场强度、噪声干扰、安全保安、防漏、电源质量、振动、防雷和接地等的要求。所以，一个合格的现代化计算机机房，应该是一个安全可靠、舒适实用、节能高效和具有可扩充性的机房。附属设备包括标准机柜、配线架、理线器、UPS（不间断电源）等。环境方面，主要是中央空调、电力供应、防静电地板、防火墙体棚顶材料、攻击检测、流量清洗等安全设备与安全措施。所有设备的具体配置要根据用户的需求，不同的需求需要配置的设备型号数量是不一样的。

（1）交换机光纤模块接口与光电转换（收发）器。光纤收发器是一种将短距离的双绞线电信号和长距离的光信号进行互换的以太网传输媒体转换单元，也称为光电转换器，光纤接口如图 1-32 所示。产品一般应用在以太网电缆无法覆盖、必须使用光纤来延长传输距离的实

际网络环境中，且通常定位于宽带城域网的接入层应用；同时在帮助把光纤最后 1km 线路连接到城域网和更外层的网络上也发挥了巨大的作用。

按光纤来分，光纤收发器可以分为多模光纤收发器和单模光纤收发器。由于使用的光纤不同，收发器所能传输的距离也不一样，多模收发器一般的传输距离在 2～5km，而单模收发器覆盖的范围可以从 20～120km。需要指出的是，因传输距离的不同，光纤收发器本身的发射功率、接收灵敏度和使用波长也会不一样，如图 1-33 所示。

图 1-32 交换机光纤模块接口   图 1-33 两种常规的光电转换器

（2）配线架与理线架。机柜内的配线架与理线架如图 1-34 和图 1-35 所示。

图 1-34 配线架   图 1-35 理线架

（3）信息模块到配线架的连接示意图如图 1-36 所示。

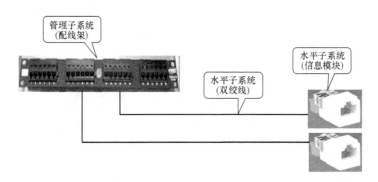

图 1-36 信息模块到配线架的连接

（4）机柜大小及构成如图 1-37 所示。

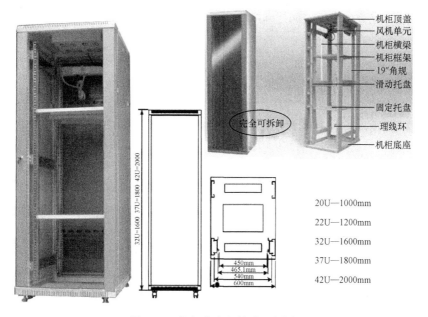

机柜顶盖
风机单元
机柜横梁
机柜框架
19"角规
滑动托盘
固定托盘
理线环
机柜底座

完全可拆卸

20U—1000mm
22U—1200mm
32U—1600mm
37U—1800mm
42U—2000mm

450mm
465.1mm
540mm
600mm

32U=1600 37U=1800 42U=2000

图 1-37　机柜大小与构成示例图

（5）机房地板布线示例与 UPS（不间断电源），如图 1-38 和图 1-39 所示。

图 1-38　中心机房地板布线示例

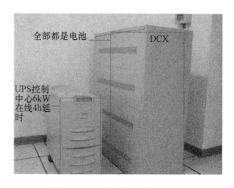

全部都是电池　　　　DCX

UPS控制
中心6kW
在线4h延
时

图 1-39　中心机房的 UPS

▶ 实施指导

1．企业计算机网络指南

企业计算机网络，一方面指大型的工业、商业、金融、交通企业等各类公司和企业的计算机网络，另一方面指各种科研、教育等部门及政府部门专有的计算机网络。由于企业种类繁多、规模各异，所以企业计算机网络一般根据企业的体系构成分成多个层次，一般分为小组级、部门级、校园级及企业级网络。

（1）企业中最低层的小组级网络。企业中最低层的小组级网络（Group Network）是企业中最基础的单元级网络。其特点是人数不一，但人员间联系紧密，业务信息流和数据流的源头多从这里开始，企业中网络的需求源头也是从这里开始的。不同的组，可能对网络的需求有较大的差别，组内和组间联系的紧密程度很不一样。在进行网络的需求分析时，组级网络的分析应尽量详细，力求获得较为准确的需求数据。

小组级网络组成的概念模型可以概括如下。

1）小组级网络主要是依据本组的实际需求建立的。

2）根据实际的需要，小组级网络可以采用 100Base-T、1000 Base-T 等技术来建立。

3）小组级网络的计算环境一般应以客户机/服务器的模式建立，服务器的选择依实际需求而定，少则可同其他小组共同合用一台服务器，多则可用一台或多台服务器。

4）小组级网络既可有与同级小组网络互连的端口，也可有与上一级部门网络互连的端口。通常仅建立和上级部门网络的互连端口，而与同级的小组网络的互连是通过上一级部门网络来实现。

（2）企业中的部门级网络。部门级网络（Department Network）是由部门内部业务联系密切的小组级网络互连建立的。其主要的目标是资源共享，如激光打印机、彩色绘图仪、高分辨率扫描仪的共享，同时还有系统软件资源、数据库资源、公用网络资源的共享。

对于部门级网络，应根据部门的业务特点和总体需要（基于部门的需求分析，如各个小组网络间的数据流向、信息流量的大小、具体的地理条件等），综合考虑部门网络的网络技术和具体结构，当然这时主要取决于部门的实际需要。与小组级网络不同的是，部门级网络可能在不同的建筑物中，因此涉及光纤、中继器、桥等连接的问题。

（3）企业中的校园级网络。企业中的校园级网络（Campus Network）范围一般在几千米～几十千米，校园网是由企业中各部门网络互连组成的，部门网络之间的互联网应为带宽较高的干线网。校园网络有与广域网络的连接部分，包括与企业的局域网间的互连、接入本地区公用网络的连接及进入全球性网络的互连系统。

校园网络中的技术问题较为复杂，管理任务较为繁重。网络管理中心除了要提供共同需要的服务器资源外，还应提供对整个局域网络的常规运行管理，如记录和统计网络运行的有关技术参数，及时发现和处理网络运行中影响全局的问题等，同时根据全网运行统计资料的定期分析，调整和改进校园网络的拓扑、网络设备等。

（4）企业级网络。对于一些大型企业，其企业级网络（Enterprise Network）分布可能覆盖全国或全世界。其计算机网络是由分布在各地的局域网络（校园级网络或大的部门网络）互连而成的，各地的局域网络之间通过专用线路或公用数据网络互连。

企业网络中包括多种网络系统，应当设置企业网络支持中心，由其来实施对整个企业网络的管理。企业网络中心应配置大型企业级服务器，支持企业业务应用中的大型应用系统和数据库系统。由一系列的通用系统、专用系统及所有支持企业整体业务运行的系统构成整个企业的计算和网络应用环境，即企业计算环境。

2. 企业计算机网络结构化设计

（1）设计步骤。根据企业的需求设计网络，首先要分析企业的基本情况。要完成基本业务流程图、数据流程和数据流向图、地域分布图、相互关联图，然后形成初步网络方案设计图。

其次，要分析企业的应用特点，考虑网站、文件传输、多媒体应用等实际需要的同时，考虑安全性和保密性。结合不同的网络硬件和软件技术，进一步完善网络设计方案。

最后，制订网络环境的总体目标或是企业网络建设的中长期发展目标，结合企业现阶段的需求，从整体上确定网络设计方案。

（2）结构化网络。根据企业的需求，把网络设计成有层次和有结构的统一体，即结构化网络。小组级、部门级、校园级以至企业级网络，每个层次上网络结构化也是明确的，表现在每级的构成的界限是明确的。这样的网络结构性强，层次清晰，整个系统的运行和应用既有各自的相对独立性，又具有合理的数据流向，有层次和有结构的统一体。考虑按照客户/服务器（C/S）的体系结构建立各层次的网络应用，网络升级、扩展，网络的可伸缩性和虚拟化等要素。

　　网络的虚拟化对于解决网络中用户应隶属于哪个小组级网络、用户应经常访问哪些资源等问题提供了灵活的方法，使得用户所在的物理位置和逻辑位置可相互独立。在网络的规模方面采用结构化原则来实现网络的可伸缩性，采用虚拟化原则来实现网络的业务变化要求。

3．使用网络拓扑图辅助网络规划

　　拓扑一词来自于拓扑学（TOPOLOGY），在网络建设中，为了能够更直观地表示传输媒体互连各种设备的物理布局、把网络中的计算机等设备连接起来，表达了设备间的连接关系，而于实际距离的比例不相关，此种方法称为网络拓扑图法。在网络拓扑图中，设计者给出网络服务器、工作站的网络配置和相互间的连接，将网络各节点设备和通信介质构成的以网络结构图的方式呈现出来。在拓扑设计图中，设计者可以方便地使用图标来代表各种网络设备、设施，最后将所有这些设施的连接关系形成具有实际意义的施工参照图。这种方法由于简单、直观、有效，尤其有利于网络的施工与建设，所以成为最常用的网络规划方法。

　　最常用的绘制拓扑图的工具是 Microsoft VISIO 系列。本书设计的拓扑图采用的软件为 Microsoft VISIO 2007。为方便读者学习，下面将该软件中关于网络的图标进行展示。

　　（1）详细网络图图标，如图 1-40 所示。

　　（2）网络和外设图标，如图 1-41 所示。

　　（3）网络符号图标，如图 1-42 所示。

图 1-40　Microsoft VISIO 2007 详细网络图各图标

图 1-41　Microsoft VISIO 2007 网络和外设各图标

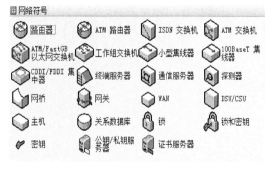

图 1-42　Microsoft VISIO 2007 网络符号各图标

　　（4）服务器图标，如图 1-43 所示。

　　（5）架装服务器图标，如图 1-44 所示。

　　（6）活动目录对象图标，如图 1-45 所示。

　　（7）机架式安装设备图标，如图 1-46 所示。

4．般若科技公司网络现状

般若科技公司现有网络覆盖了办公楼、生产厂及销售部等。随着公司规模的不断扩大，网络的接入点数量和接入单位的不断增加，现有网络存在设备老化、管理落后等现象。

图 1-43　Microsoft VISIO 2007 服务器各图标

图 1-44　Microsoft VISIO 2007 架装服务器各图标

图 1-45　Microsoft VISIO 2007 活动目录对象各图标

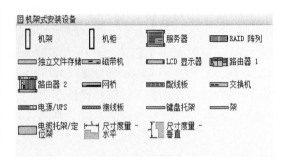

图 1-46　Microsoft VISIO 2007 机架式安装设备各图标

从公司网络实际应用情况来看，总体反映出以下几个方面的问题：①核心层设备负担大且为单核心，安全隐患较大；②网络覆盖及峰值承受能力有限；③无接入和共享下一代 IP 网络资源；④缺乏有效管理模式，导致效率低下，维护困难；⑤存在安全隐患，随着网络病毒、P2P 应用、网络游戏等应用面的扩大，避免人为攻击和侵占已成为越来越重要的问题；⑥网络应用资源有限，不能适应公司科研、销售、服务等业务的发展。现有公司甚至一台专用服务器都没有，公司主页、员工邮箱都采用的空间租用方式进行，对公司形象影响较大。

现在公司的网络拓扑图，如图 1-47 所示。

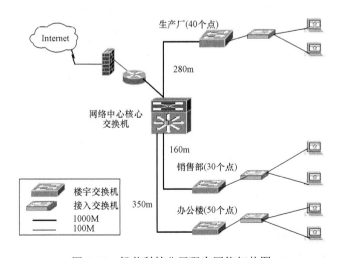

图 1-47　般若科技公司现有网络拓扑图

5．般若科技公司网络计划规模

表 1-1 所示是般若科技公司苏州总公司与上海分公司的各部门信息，以及人员、信息点状况、主要设备等信息。这些信息是进行企业网络规划与建设的重要基础。

表 1-1　　　　　　　　　般若科技公司网络建设部门、人员与设备信息

地区	部门	人员、信息点、主要设备等情况
苏州总公司	财务运行部	10 人，24 口交换机，网络共享打印机 2 台，传真机 1 台
	人力资源部	15 人，24 口交换机，网络共享打印机 2 台，传真机 2 台
	企业生产部	80 人，24 口交换机 3 台
	产品研发部	10 人，24 口交换机，网络共享打印机 2 台，传真机 1 台
	销售推广部	30 人，24 口交换机 2 台，网络共享打印机 2 台，传真机 3 台
	网络管理部	5 人，服务器专用机房，专用服务器 10 台，核心交换机 1 台，防火墙 1 台
上海分公司	销售部	10 人，共用 24 口交换机，网络共享打印机 1 台，传真机 1 台
	服务部	5 人，共用 24 口交换机，网络共享打印机 1 台，传真机 1 台
	财务部	5 人，共用 24 口交换机，网络共享打印机 1 台，传真机 1 台

6．般若科技公司网络功能描述

般若科技有限公司现有一个局域网，运行 100 台计算机，服务器操作系统是 Windows Server 2008，客户机的操作系统是 Windows XP，工作在工作组模式下，员工一人一机办公。公司从 ISP 申请了 100M 专线。

目前，由于计算机比较多，管理上缺乏层次，公司希望能够利用 Windows 域环境管理所有网络资源，提高办公效率，加强内部网络安全，规范计算机使用。为达到以上目标，公司领导层决定对整个公司总部的网络环境实施升级、改造，并新建上海分公司网络。要求建设完成后，实现网络办公、网站管理、文件共享、打印管理、即时通信、邮件管理等功能，达到提高各部门工作效率，创造整个公司的良好业绩。

针对目前网络的现状，并考虑公司长期发展规划要求。采用分期分批建设的思路，循序渐进地完善网络的功能：①从互连型网络向可管理网络过渡；②从可管理网络向可信任网络过渡；③从匿名制网络向实名制网络过渡；④从单一型服务向多业务服务过渡。以此构建一个高效、实用、稳定可靠、安全的网络平台，为公司发展提供全方位的信息化服务和保障。

7．公司网络设计原则与建设目标

（1）设计原则。

1）统一性原则。系统需要做到统一规划，网络平台与业务应用的统一、传输与交换的统一及现在与未来的统一。

2）分步实施原则。网络改造建设需要进行统筹规划、突出重点，根据实际、技术状况及经济条件，有计划有目标地分步实施。

3）先进性原则。系统建设应坚持合理的技术路线，使用先进的管理手段，保证系统的可持续发展，使得系统能够满足未来 5 年以上的发展需要及一定的扩展升级能力。同时选择先进的技术也满足了公司信息化建设的需要。

4）经济性原则。系统建设应讲求实效、实用，追求最大性能价格比，并且系统要在满足

系统功能、性能与安全需求的前提下，应充分利用的资源。运用系统整合的手段构建网络，尽可能避免重复建设和资源浪费。

5）安全性、可管理性原则。在系统设计和建设中既要考虑大量公共性信息的采集、存储、处理和发布，充分实现信息资源的共享，提高工作效率；也要充分考虑部分涉密信息的采集、存储、处理和利用中的安全问题，采取确实可行、稳妥可考、符合相关标准的安全技术措施。

（2）公司网络建设目标。保证公司全网的畅通，提高公司全网的应用水平，实现升级与改造。为了达到目标，网络建设的总体目标如下。

1）充分利用现有资源，适当添加部分高端网络设备，形成网络核心层、外部接入层的冗余备份连接，保证公司全网内外的畅通连接并满足未来 5 年的发展要求，同时建立完善的安全防范体系，保障公司全网的安全运行。

2）严格规划公司网络应用体系，明确各个应用体系的结构层次、服务要求，建立集中应用平台，建立集中公司应用资源、产品资源库，使公司网络的服务应用体系满足企业应用与发展要求。

3）建设部分短、平、快的网络应用亮点或特设项目，满足公司业务正常开展与拓展的实际要求。

4）提高企业网络管理手段，完善管理方法与标准，使企业网络管理步入正常流程。

为达到上述目标，建设要求如下。

1）网络设备选择专业生产厂家的成熟设备，能够满足现在和未来发展的要求；技术先进的高中端产品，能够与现有资源无缝连接。

2）根据现在和未来公司应用的要求，服务器设备增加以双 CPU 部门服务器为主，数据库服务器与 VOD 应用服务器选择四 CPU 企业级核心应用服务器。主要应用资源采集中存储方式，存储容量拟定为 10TB。

3）完善企业网管理与手段，使用专业网络管理软件，便于网络中心及时了解网络运行状态，提升企业网络的整体管理水平。

一般来说，现在建设一个计算机网络已经不是很难的事情，网络设备的投资要量力而行。至于技术方面，现在有很多的网络公司可以提供，用户无须担心。这个企业网的改造是在原有基础上进行的，设备资源方面不需要太多的投资，而只需相应的高端设备即可。至于技术方面应由公司网络管理部工作人员完成。

▶ 工学结合

1．般若科技公司网络建设需求分析

（1）总体规划。般若科技公司新的网络建设要求达到高速、稳定、安全、易管理、易扩展的总体目标。在网络速度方面，实现千兆位核心、千兆位到楼，百兆位到桌面。在稳定性方面，一方面充分考虑网络设备自身的稳定性，另一方面要求网络提供充分冗余技术和备份能力，提高全网和局部网络的稳定性。在安全方面，进行网络认证部署，将安全融合到网络架构中，保证关键设备和应用的正常运行。在管理方面，要求网络拓扑规范、统一、简单。能够方便地对安全网进行策略管理。在拓展性方面，要求能满足今后 5 年以上的建设需要，适应各种变化。

（2）网络骨干建设分析。

1）综合考虑网络技术的发展，本次网络建设以千兆位以太网技术为主。5 年后再考虑使用万兆位核心。

2）网络构架以双星型为主，并在部分光纤资源不足的地区结合环形架构。在规范、统一、冗余的同时，要尽量保证拓扑结构简单。

3）网络将分为三层，核心层、汇聚层、接入层。核心层主要负责网络的高速转发，尽可能少地部署策略。汇集层分为 3 个汇集节点（财务部与人力资源部，其余 3 个部门），汇集节点通过双绞线星形架构连入核心，该层将进行临时增量策略的部署。接入层分为 6 个接入节点（人力资源部、产品研发部、企业生产部、销售推广部、财务运行部、网络管理部）将各楼交换设备直接二层连接入汇集。该层部署常用策略。

4）本网络建设所需的核心和汇集交换设备，要求全硬件支持 IPv4、IPv6 协议，并能稳定可靠地进行三层线速转发。

5）本网络要能够提供一定的扩展，满足网络日后的发展和建设。

（3）公司网出口分析。网络出口部分需要考虑以下需求。

1）网络出口的流量监控——本网络要能够在网路出口部分对网络流量进行统计和监控。

2）出口 P2P 应用的控制——因为 P2P 应用消耗了大量的网络资源。

3）出口安全的控制——在出口部署适当的安全策略，保障内网的安全。

4）大容量 NAT——本网络的内网可能存在较多的私有地址，要考虑在网络出口部分部署 NAT 设备。

5）VPN 安全接入——外部用户可通过 VPN 方式接入公司网，要求接入方式灵活、安全、可靠。

2．般若科技公司组网技术选择

（1）千兆位以太网。千兆位以太网是一种新型高速局域网，它可以提供 1Gb/s 的通信带宽，采用和传统 10Mb、100Mb 以太网同样的 CSMA/CD 协议、帧格式和帧长，因此可以实现在原有低速以太网基础上平滑、连续性的网络升级。只用于 Point to Point，连接介质以光纤为主，最大传输距离已达到 70km，可用于城域网的建设。

（2）VLAN 的规划。在 VLAN 的划分与 IP 子网的规划存在很大的关系。具体的实施过程建议如下。

1）对全网的 IP 地址进行全面的规划，确定各子网内主机的数量，并根据 IP 内主机的数量确定掩码的长度。

2）确定 IP 子网的聚合点。聚合点以下采用连续的子网划分，使聚合点向核心路由交换机通告最新的路由。

3）选择合适的路由协议进行子网路由。

4）根据 IP 子网的规划，对交换机进行 VLAN 的规划和划分，建立 VLAN 和 IP 子网的对应关系。

5）网络管理系统采用完全独立的 IP 子网和 VLAN，对所有网络设备实现更安全的管理。

6）根据信息流量的走向和分布，确定服务器的集群的 VLAN 和 IP 子网。

7）在三层路由交换机建立相应的 VLAN 及 VLAN 绑定的 IP 子网网关。

8）建立相应的子网间的访问策略，在三层路由交换机配置访问列表。

（3）网络拓扑结构设计。整体网络拓扑结构如图 1-48 所示。此结构中并未考虑无线网络，以后在办公区域内将使用无线路由器进行快速构建。

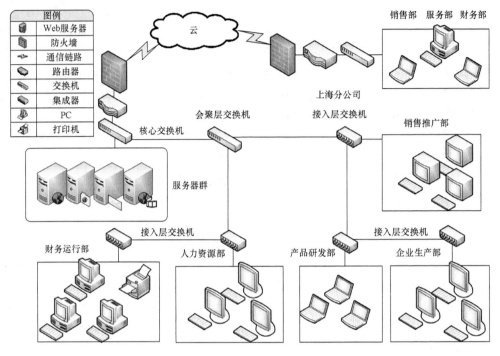

图 1-48　般若科技公司规划网络拓扑图

（4）服务器 IP 地址规划与分配如表 1-2 所示。

表 1-2　　　　　　　　　　　般若科技公司服务器规划

图　标	名　称	域名与对应 IP	说　明
	域服务器 活动目录服务器	boretech.com 192.168.1.1	般若科技有限公司的主服务器之一。用于管理公司本部的内网资源，包括组织单位（OU）、组、用户、计算机、打印机等。由于访问量较大，该服务器配置较高，是网络建设中重点投资的设备之一
DNS	DNS 服务器 （域名解析服务器）	boretech.com 192.168.1.1 别名： dns.boretech.com	用于将公司的各个字符域名与 IP 地址相对应进行解释。公司在中国电信江苏公司进行了域名注册，其 DNS 服务器的地址为 61.177.7.1。公司内网架设 DNS 服务器，用于局域网的域名解析。出于节约成本考虑，本服务器与域服务器使用同一台服务器
	WWW 服务器	www.boretech.com 192.168.1.2	公司网站是对外宣传的窗口，公司的新闻、产品、服务、反馈等相关信息的及时发布，均集中在这一平台之上。与部门级子岗站、个人博客类网站相比，公司网站的安全性、可管理性要求更高
	FTP 服务器 文件服务器	file.boretech.com 192.168.1.2	各部门员工每天都有大量的文档需要上交、备份或交流。FTP 服务让员工拥有集中的存储空间，方便文件的上传与下载。考虑安全因素，各部门账户权限有一定的差异

图　标	名　称	域名与对应 IP	说　明
	邮件服务器	mail.boretech.com 192.168.1.3	邮件服务已经成为现代企业信息化的标志之一。般若科技公司所有员工使用带有本公司域名的电子邮件联系业务。一般的命名规则为员工姓名汉语拼音全拼@mail. boretech.com
	DHCP 服务器	dhcp.boretech.com 192.168.1.4	为非关键部门提供更为方便的私网 IP 地址的自动分配，要求关注内网安全，实行 MAC 地址的绑定。方便内网用户的同时，让用户处在可控状态中
	打印服务器	dhcp.boretech.com 别名： prt.boretech.com 192.168.1.4	部门级，不对外网。活动目录内实现打印的共享、管理，实现资源使用的可管理
	Hyper-V 服务器	dhcp.boretech.com 192.168.1.4 Hyper-V： cms.boretech.com 192.168.1.100	在微软的虚拟机之上，构建更多的应用系统，将服务器尤其是访问量较少的服务器，通过这项技术进行多合一的使用。让最少的投资，产生最多最大的效益
	流媒体服务器	movie.boretech.com 192.168.1.5	负担网内的多媒体的发布与播放，将网内资料进行整合，实行网络管理。同时也考虑公司视频会议、员工娱乐等多方面的需求
	数据库服务器	data.boretech.com 192.168.1.6	网络用户用户，FTP 资源用户管理，E-mail 用户管理，CMS 内容管理等项目，需要数据库支撑
	内容管理服务器	cms.boretech.com 192.168.1.6	在虚拟机的基础上，让服务器一机多用，实现资源的最大化利用。CMS 可以实现快速实用网站的构建
	即时通信服务器	im.boretech.com 192.168.1.7	使用第三方公司的软件，让网内用户实现即时通信
	域服务器 活动目录服务器	boretech.net 192.168.1.10	般若科技有限公司的第二台主力服务器，用于boretech.net 这个域名
	上海子公司域服务器 活动目录服务器	sh.boretech.com 192.168.1.11	般若科技有限公司上海子公司的主力服务器。用于管理子公司的内网资源，包括组织单位（OU）、组、用户、计算机、打印机等。由于访问量较大，该服务器配置较高，是网络建设中重点投资的设备之一

（5）全网 IP 地址规划。

1）IPv4 地址规划。采用公网 IP 地址——通过向 ISP 的申请，部分重要服务器及重要部门采用公网 IP 地址，通过这种方式可减少出口 NAT 的负载，保障各种应用的高效运行，并能够有效地对网络安全事件进行审计。上海分公司计算机网络采用公网 IP。

部分公网，部分私网——如无法申请到足够的网络地址，则可利用部分公网地址保障生产和办公的使用。办公大楼内各部门可采用私有地址。

现有公网网段作为公司办公使用。

192.168.1.0/24 作为网络管理网段。

2）IPv6 地址规划。前 56 为固定；57～64 位是 VLAN 的 ID 号（现有 VLAN ID 是全局唯一的）；从 64 开始时 MAC 地址来对应计算。在公司网络建设中，网络管理中心部分机器使用 IPv6，处于试验阶段。

3）动态地址方案。本网络考虑到在部分地区实现 DHCP 动态地址划分，该方案需要考虑以下要点：

服务器采用固定的 IP 地址；特殊网络采用部分采用固定 IP 地址；生产厂采用 DHCP 动态 IP 划分；无线网络区域采用 DHCP 动态 IP 划分；网络管理员可随时随地接入设备管理 VLAN 进行管理工作；要充分考虑 DHCP 动态地址划分的安全性，防止动态地址耗尽，私有 DHCP 服务器架设和动态地址区域仍然使用静态地址等安全性问题。

（6）IP 地址的分配管理。公司网的信息点多，如何对 IP 地址的分配进行有效管理，是十分重要的。针对不同的情况，可以对 IP 地址进行静态或动态的分配方式。

静态的分配情况：对外提供信息服务的服务器；公司网内提供信息及管理服务的服务器；路由器、交换机等网络设备的 IP 地址分配。

动态分配情况：不提供信息服务，只访问公司网内部或外部的网络资源。为了方便管理，大部分的 IP 地址都采用动态分配的方式，动态地址分配需在网络中心配置一台 DHCP 服务器，给客户端分配 IP 地址、DNS 服务器、网关等配置信息。

本方案的接入交换机配合 RG-SAMII 认证系统，可以做到以下地址管理：

1）对于静态分配地址的用户，只有用预先分配的 IP 地址才可以上网；

2）对于动态分配地址的用户，只有通过 DHCP 方式获得 IP 地址才可以上网；

3）获得有效 IP 地址上网后，试图修改 IP 地址，均会自动与网络断线。

以上手段，保证了 IP 地址不会冲突。因而可以对 IP 地址资源的使用进行有效地管理和控制。

（7）全网路由规划。路由规划要考虑以下要点。

1）路由规划全网采用 OSPE 动态路由协议，由核心骨干交换机和汇集交换机构成 Area0 区域，其他区块通过重分布直连和重分布静态的方式接入。

2）预留子区域规划，方便网络未来的扩展需要。

3）启用 OSPE 邻居加密机制保证路由的安全性。

在合理地址规划的基础上，对网络路由进行汇集，减少路由表条目，方便网络维护。

3．网络硬软件系统选型

（1）核心层交换机选型。作为企业级的骨干交换机时，能支持 500 个信息点以上的大型企业级应用的交换机为企业级核心层交换机。大多数的企业级核心层交换机的背板带宽是

256G/B，包转发速率从 96～170Mp/s，显然这两个指标越高则交换机的性能越强大。

（2）汇聚层交换机选型。它较前面的网络规模要小许多，一般用在网络的配线间或园区网网络中心以外的建筑物，为接入层交换机进行汇聚。这类交换机应该是机箱式模块化配置，一般除了常用的 RJ-45 双绞线接口外，可能有光纤接口，能支持百兆位到千兆位的端口速度。部门级交换机具有智能型特点，支持 VLAN，支持三层交换，可实现端口管理，可对流量进行控制，有网络管理的功能。如果作为骨干交换机，则一般认为支持 300 个信息点以下中型企业的交换机为部门级交换机。当然对于规模较小的中小企业也可以用它来做核心交换机。

（3）接入层交换机选型。一般认为有 10/100Mb 端口，并有 1000Mb 上行级联口或级联扩展模块的交换机就是工作组接入层交换机，业界也称为"千兆位以太网交换机"。这类型的交换机从中小企业用户的角度，具有较高的性价比，在小型企业中甚至可以把它当做网络的核心来用。背板带宽在 8.8Gb/s 以上，多数支持三层交换功能以及 VLAN 功能，这种交换机普遍用于 100Mb/s 快速以太网，支持 100 个以内的信息点。这类交换机应用于对带宽有较高要求和较高网络性能的工作组使用，如 CAD 设计，数据、语音、视频多业务应用。

（4）路由器选型。企业级路由器要求具有卓越的转发性能。达到 28Gb/s 以上的背板带宽/交换容量，4.5Mb/s 以上的转发能力。所选路由器要满足企业网汇集和运营商边沿的电信级高可用性的要求，以其高性能、多业务、高安全、热拔插和热设备份等优势，进行业务运营和支撑网络的建设。具有很强的可伸缩性、可配置性，支持多种接口和业务特性，将 IPV6、BGP、VPN、QoS、流量工程、组播等技术融合起来。当然，在满足需要的同时，要能有效提高网络价值并可以节约网络建设成本。

（5）服务器选型。网络服务器的配置与搭建，根据实际要求完成各类服务器的搭建。重点服务器包括搭建 Web 服务器、搭建 FTP 服务器、搭建 E-mail 服务器、搭建 SMTP 服务器、搭建内容服务器等。辅助服务器计划包括 DNS 服务器的配置和管理、WINS 服务器的配置和管理、DHCP 服务器的配置和管理等。以上主要服务器将在接下来的章节中分别细述。

（6）网络操作系统选型。网络操作系统（Network Operating System）是计算机的灵魂。网络操作系统一般具有以下功能：

1）资源管理：对网络中共享资源集中进行管理，如硬盘、打印机、传真机和文件等。

2）通信服务：操作系统在原端主机和目的主机之间建立一条暂时性的通信链路，在数据传输期间进行必要的控制，如数据校验和数据流控制等。

3）信息服务：E-mail 服务、文件传输、Web 信息发布及数据库共享等。

4）网络管理：存取权限控制，网络性能分析和监控，存储管理等。

5）互操作能力：不同事物网络和装有不同操作系统的主机之间能够以透明的方式访问对方的系统。

简单地说，网络操作系统是对整个网络进行资源管理的工具。如 Windows Server 2003、Windows Server 2008、RHEL 6 等。本设计服务器操作系统均选用 Windows Server 2008。

（7）防火墙选型。千兆位或百兆位高性能防火墙要求支持扩展的状态检测技术，具备高性能的网络传输功能，可提供强有力的安全信道等基本功能。要求产品安装前后丝毫不会影响网络速度；同时，在网络层处理所有数据包的接受、分类、转发工作，因此不会成为网络的瓶颈。另外，高性能防火墙要具有入侵检测功能，可判断攻击并且提供解决措施，且入侵监测功能不会影响防火墙的性能。在功能上，还建议考虑扩展的状态检测功能、防范入侵及其他（如 URL 过滤、HTTP 透明代理、SMTP 代理、分离 DNS、NAT 功能和审计/报告等）附加功能。

（8）数据库软件与应用软件选型。数据库软件系统（database systems），是由数据库及其管理软件组成的系统。本例中内容管理系统（CMS）采用的数据库系统为 MySQL5.0。请读者自行学习相关参考资料，此处不再详述。

应用软件是为满足用户不同领域、不同问题的应用需求的软件，它可以拓宽计算机系统的应用领域，放大硬件的功能，应用软件具有无限丰富和美好的开发前景。常用的有办公软件、互联网软件、多媒体软件、数据库软件、分析软件等。企业根据实际需要自行准备。

4．综合布线方案

综合布线系统是一个用于语音、数据、影像和其他信息技术的标准结构化布线系统。综合布线系统是建筑物或建筑群内的传输网络，它能使语音和数据通信设备、交换设备和其他信息管理系统彼此相连接，包括建筑物到外部网络或电话局线路上的连接点与工作区的语音或数据终端之间的所有电缆及相关联的布线部件。

由于和建筑设计密切相关，且此处业务计划由专业网络公司来实施，此处不再多述。读者可查阅相关资料，了解掌握该部分知识。

5．组网的用户管理

组网的用户管理，首先将用户进行分类，本网络的用户主要是企业全体员工，部分系统针对外面用户开放。对网内用户实行组网策略管理。用户人员分布见前节内容。系统用户管理将在后面章节详述。

▶ 技能实训

1．实训目标

（1）通过本次实训教学，使学生熟悉构建网络中心的核心设备，如各种交换机、路由器、防火墙、UPS 等。

（2）了解学院网络的拓扑结构，对学院网络形成整体印象，为以后深入学习计算机网络技术奠定基础。

（3）熟悉局域网络中的设备和附件，如 HUB、交换机、路由器、网卡、各种网线、光纤接头、跳线等。

（4）了解学院网络的拓扑结构。

（5）了解构建公司网络的一般规划步骤，掌握设备选型，系统选型等重要技能。

（6）针对般若公司的要求，完成该公司的网络设计方案。

2．实训条件

学院网络中心的核心设备：核心交换机、汇聚交换机、光纤接口、跳线、光电转换器、路由器、防火墙、UPS 等所有设备实物及全院网络拓扑图等，对参观学生开放。任课老师或网络中心管理人员进行介绍讲解。

3．实训内容

（1）参观学院网络实训室。介绍计算机网络中常见的网络设备，如集线器、交换机、调制解调器等，说明其主要用途，并在同一设备的不同型号之间进行简单比较，使学生能根据外形特征加以区分。

　　介绍计算机网络中常见的通信介质，如双绞线、同轴电缆、光纤等。首先从外形上进行比较，然后从内部结构上进行区分，并介绍制作这些通信线路需用到的连接器和工具。

　　（2）参观学院网络中心。介绍中心机房各种网络设备的名称、主要性能、数据等。

　　（3）参观校园网络环境。在教室向学生介绍校园网的拓扑结构图。

4．实训考核

序号		规 定 任 务	分值（分）	项目组评分
	1	核心设备，如各种交换机、路由器、防火墙、UPS 的识别，核心设备选型参数的识记与解释	10	
	2	能够读懂校园网的拓扑结构图	10	
	3	会用 VISIO 软件绘制一个假想企业的三层拓扑图	10	
	4	制作网线将三台以上的计算机通过交换机连接，实现计算机间的通信	10	
	5	企业网络建设的需求分析报告	20	
拓展任务（选做）	6	完成般若科技网络的规划完整方案	20	
	7	完成子网的设计与 IP 地址分配	10	
	8	了解 IPV6 的应用，并给出相应的案例	10	

　　注　1．完成并测试成功方可得满分。

　　　　2．未完成的任务除记录存在问题外，由同项目组成员打分。

　　　　3．拓展任务的完成情况与得分，由教师负责记录。

▶ 技能拓展

1．VLAN

　　VLAN（Virtual Local Area Network）的中文名为"虚拟局域网"。VLAN 是一种将局域网设备从逻辑上划分成一个个网段，从而实现虚拟工作组的数据交换技术。这一技术主要应用于交换机和路由器中，但主流应用还是在交换机之中。

　　（1）根据端口来划分 VLAN。以交换机端口来划分网络成员，其配置过程简单明了。因此，从目前来看，这种根据端口来划分 VLAN 的方式仍然是最常用的一种方式。

　　（2）根据 MAC 地址划分 VLAN。这种划分 VLAN 的方法是根据每个主机的 MAC 地址来划分，即对每个 MAC 地址的主机都配置它属于哪个组。这种划分 VLAN 方法的最大优点就是当用户物理位置移动时，即从一个交换机换到其他的交换机时，VLAN 不用重新配置。

　　（3）根据网络层划分 VLAN。这种划分 VLAN 的方法是根据每个主机的网络层地址或协议类型（如果支持多协议）划分的，虽然这种划分方法是根据网络地址，如 IP 地址，但它不是路由，与网络层的路由毫无关系。

　　（4）根据 IP 组播划分 VLAN。IP 组播实际上也是一种 VLAN 的定义，即认为一个组播组就是一个 VLAN，这种划分的方法将 VLAN 扩大到了广域网，因此这种方法具有更大的灵活性，而且也很容易通过路由器进行扩展。这种方法不适合局域网，主要是效率不高。

　　（5）基于规则的 VLAN。VLAN 也称为基于策略的 VLAN。这是最灵活的 VLAN 划分方法，具有自动配置的能力，能够把相关的用户连成一体，在逻辑划分上称为"关系网络"。网络管理员只需在网管软件中确定划分 VLAN 的规则（或属性），那么当一个站点加入网络中时，将会被"感知"，并被自动地包含进正确的 VLAN 中。同时，对站点的移动和改变也可自动识别和跟踪。

（6）按用户定义、非用户授权划分 VLAN。基于用户定义、非用户授权来划分 VLAN，是指为了适应特别的 VLAN 网络，根据具体的网络用户的特别要求来定义和设计 VLAN，而且可以让非 VLAN 群体用户访问 VLAN。但是需要提供用户密码，在得到 VLAN 管理的认证后才可以加入一个 VLAN。

2．IPv6

（1）IPv6 来源。IPv6 是 Internet Protocol Version 6 的缩写，被称为下一代互联网协议，它是为了解决 IPv4 所存在的一些问题和不足而提出的。同 IPv4 相比较，IPv6 在地址容量、安全性、网络管理、移动性及服务质量等方面有明显的改进，是下一代互联网可采用的比较合理的协议。

（2）IPv6 的地址格式和结构。IPv6 采用了长度为 128 位的 IP 地址，而 IPv4 的 IP 地址仅有 32 位，因此 IPv6 的地址资源要比 IPv4 丰富得多。IPv6 的地址格式与 IPv4 不同。一个 IPv6 的 IP 地址由 8 个地址节组成，每节包含 16 个地址位，以 4 个十六进制数书写，节与节之间用冒号分隔，其书写格式为 x:x:x:x:x:x:x:x，其中每一个 x 代表 4 位十六进制数。

（3）IPv6 中的地址配置。当主机 IP 地址需要经常改动的时候，手工配置和管理静态 IP 地址是一件非常烦琐和困难的工作。IPv6 继承了 IPv4 的这种 DHCP 自动配置服务，并将其称为全状态自动配置（stateful autoconfiguration）。除了全状态自动配置，IPv6 还采用了一种被称为无状态自动配置（stateless autoconfiguration）的自动配置服务。

（4）IPv6 中的安全协议。为加强 Internet 的安全性，IETF 研究制订了一套用于保护 IP 通信的 IP 安全（IPSec）协议。IPSec 是 IPv4 的一个可选扩展协议，是 IPv6 的一个必须组成部分。

（5）域名解析。在 IPv6 的域名解析中包括了正向解析和反向解析。正向解析是从域名到 IP 地址的解释。IPv6 地址的正向解析目前有两种资源记录，即 AAAA 和 A6 记录。反向解析则是从 IP 地址到域名的解释。Windows Server 2008 直接支持 IPv6。

3．Web 2.0

Web 2.0 是相对 Web 1.0 的新的一类互联网应用的统称。Web 1.0 的主要特点在于用户通过浏览器获取信息。Web 2.0 则更注重用户的交互作用，用户既是网站内容的浏览者，也是网站内容的制造者。Web 2.0 技术主要包括博客（BLOG）、RSS、百科全书（Wiki）、网摘、社会网络（SNS）、P2P、即时信息（IM）等。

项目 2　Windows Server 2008 系统安装

▶ **基础技能**

在前导课程中，学生应该了解或掌握以下知识与技能：
（1）掌握 PC 机安装个人操作系统的一般方法与过程。
（2）了解服务器硬盘型号、接口、参数等方面的知识。
（3）掌握 PC 机 BIOS 设置的基本操作，如设置成光盘、USB 等移动设备启动。
（4）了解虚拟机使用的常识。
（5）掌握 Windows XP 本地用户管理等基本操作。
（6）掌握 Windows XP 等个人操作系统的基本文件操作。

▶ **项目情境**

公司原有的网络操作系统是 Windows Server 2003，原有的网站服务器、数据库服务器还在运行中。为确保公司的数据安全，要求参与顶岗实习的网管，已经掌握升级安装和全新安装 Windows Server 2008 操作系统的技能。

上岗前的网管技术人员，可以使用虚拟机软件进行多次练习，了解工作过程，在学习中掌握需要的技能。掌握必要的技术后，实习网管可以独立承担在真实服务器上安装 Windows Server 2008 的任务。本项目的技术路线如图 2-1 所示。

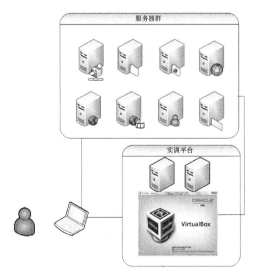

图 2-1　基于 VirtualBox 的系统安装

▶ **任务目标**

（1）为提高系统安装与管理方面的技能，要求先在 VirtualBox 软件环境下，完成系统的安装。

（2）掌握安装 Windows Server 2008（64 位简体中文企业版）系统的一般过程与方法。

（3）掌握 Windows Server 2008 驱动程序安装的方法。

（4）掌握 Windows Server 2008 网络的基本配置。

（5）掌握 Windows Server 2008 本地用户和组的管理（增加、删除）操作。

▶ **知识准备**

1．Oracle VirtualBox 简介

VirtualBox 是 Oracle 公司出品的虚拟机软件，它提供用户在 32 位或 64 位的 Windows、Solaris 及 Linux 操作系统上虚拟其他 x86 的操作系统。用户可以在 VirtualBox 上安装并运行 Windows 系列、DOS/Windows 3.x、Linux（2.4，2.6）、Solaris、OpenSolaris、OpenBSD、FreeBSD 等系统作为客户端操作系统。

VirtualBox 支持 64 位客户端操作系统，同时支持 SATA 硬盘 NCQ 技术，提供虚拟硬盘截图、无缝视窗模式，能够在主机与客户端共享剪贴板，在主机与客户端间建立共享文件夹，附带额外的驱动程序更容易在主机与客户端间切换，内置了远程桌面服务器，具有良好的 3D 虚拟化技术，支持 OpenGL、Direct3D，最多能虚拟 32 核 CPU。

2．Oracle VirtualBox 网络连接设置方式

VirtualBox 提供了四种网络接入模式，分别是 NAT（Network Address Translation，NAT）网络地址转换模式、Bridged 桥接模式、Internal 内部网络模式和 Host-only 主机模式。

（1）NAT 模式。NAT 模式是最简单的实现虚拟机上网的方式，可以这样理解：Vhost 访问网络的所有数据都是由主机提供的，Vhost 并不真实存在于网络中，主机与网络中的任何计算机都不能查看和访问到 Vhost 的存在。

虚拟机与主机关系：只能单向访问，虚拟机可以通过网络访问到主机，主机无法通过网络访问到虚拟机。虚拟机与网络中其他主机的关系：只能单向访问，虚拟机可以访问到网络中其他主机，其他主机不能通过网络访问到虚拟机。

虚拟机与虚拟机之间的关系：相互不能访问，虚拟机与虚拟机各自完全独立，相互间无法通过网络访问彼此。NAT 模式的连接示意图如图 2-2 所示。

NAT 模式优缺点：

主机已插网线时：虚拟机可以访问主机，虚拟机可以访问互联网，在做了端口映射（最后有说明），主机可以访问虚拟机上的服务（如数据库）。

主机没插网线时：主机的"本地连接"有红叉的，虚拟机可以访问主机，虚拟机不可以访问互联网，在做了端口映射后，主机可以访问虚拟机上的服务（如数据库）。

（2）Bridged 模式。桥接模式可以这样理解，它是通过主机网卡，架设了一座桥，直接连入到网络中了。因此，它使得虚拟机能被分配到一个网络中独立的 IP，所有网络功能完全和在网络中的真实机器一样。

虚拟机与主机关系：可以相互访问，因为虚拟机在真实网络段中有独立 IP，主机与虚拟

机处于同一网络段中，彼此可以通过各自 IP 相互访问。

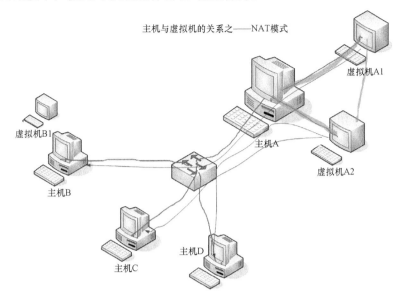

图 2-2　NAT 模式

　　虚拟机于网络中其他主机关系：可以相互访问，同样因为虚拟机在真实网络段中有独立 IP，虚拟机与所有网络其他主机处于同一网络段中，彼此可以通过各自 IP 相互访问。

　　虚拟机于虚拟机关系：可以相互访问。桥接模式连接如图 2-3 所示。

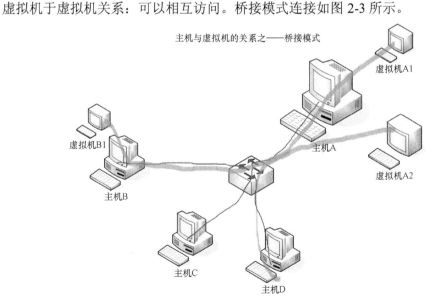

图 2-3　Bridged 模式

　　虚拟机与主机通信：如果虚拟机的 IP 是 DHCP 分配的，并且与主机的"本地连接"的 IP 是同一网段的，则虚拟机就能与主机互相通信。

　　主机已插网线时：（若网络中有 DHCP 服务器）主机与虚拟机会通过 DHCP 分别得到一个 IP，这两个 IP 在同一段。主机与虚拟机可以 ping 通，虚拟机可以上互联网。

　　（3）Internal 模式。内部网络模式，虚拟机与外网完全断开，只实现虚拟机于虚拟机之间的内部网络模式。

虚拟机与主机关系：不能相互访问，彼此不属于同一个网络，无法相互访问。虚拟机与网络中其他主机关系：不能相互访问。

虚拟机与虚拟机关系：可以相互访问，前提是设置网络时，两台虚拟机设置同一网络。

（4）Host-only 模式。主机模式，这是一种比较复杂的模式，前面几种模式所实现的功能，在这种模式下，通过虚拟机及网卡的设置都可以被实现。

可以理解为 VirtualBox 在主机中模拟出一张专供虚拟机使用的网卡，所有虚拟机都是连接到该网卡上的，可以通过设置这张网卡来实现上网及其他很多功能，如网卡共享、网卡桥接等。

虚拟机与主机关系：默认不能相互访问，双方不属于同一 IP 段，Host-only 网卡默认 IP 段为 192.168.56.X，子网掩码为 255.255.255.0，后面的虚拟机被分配到的也都是这个网段。通过网卡共享、网卡桥接等，可以实现虚拟机与主机相互访问。

虚拟机与网络主机关系：默认不能相互访问，通过设置，可以实现相互访问。虚拟机与虚拟机关系：默认可以相互访问，都是同处于一个网段。Host-only 模式连接如图 2-4 所示。

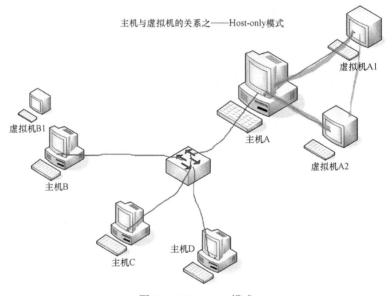

图 2-4　Host-only 模式

通过对以上网络模式的了解，就可以灵活运用，组建出所想要的任何一种网络环境了。

▶ 实施指导

1．基于 Oracle VirtualBox 的虚拟机创建

（1）新建虚拟计算机。首先，启动 VirtualBox，在菜单栏中单击"新建"菜单项，在弹出的"新建虚拟计算机"的首个窗口中，用户可以输入任意名称的操作系统名称。在"系统类型"中，用户可以通过下拉菜单的方式选择操作系统的生产厂商和版本。注意：此处一定要选择正确，否则会出现安装失败的结果。新建虚拟机器的界面如图 2-5 和图 2-6 所示。

（2）设置系统安装的内存。注意，此内存的数量是基于本机物理内存之上的设定，即虚拟机的内存大小不能超过本机的物理内存的大小，如图 2-7 所示。VirtualBox 建议用户内存设定<50%物理内存，其工作效率是较高的。超出该值后，宿主机和虚拟机工作效率都会降低。

设置完成后，单击"下一步"按钮即可。

（3）虚拟硬盘设定。在首次创建虚拟机的时候，要求选择"创建新的虚拟硬盘"选项。单击"下一步"按钮后，进入到"虚拟硬盘类型"选定窗口。在该窗口中，虚拟机提供两种类型供用户选择：动态扩展和固定大小，如图 2-8 所示。其中，动态扩展能够为用户根据系统安装的实际进行大小的调节，如仅是系统安装，它将占用较小的实际空间。

图 2-5　VirtualBox 系统菜单与按钮

图 2-6　新建虚拟计算机：名称与系统类型选择

图 2-7　虚拟机内存设定

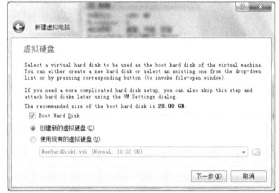

图 2-8　新建虚拟计算机：虚拟硬盘设定

单击"下一步"按钮，进入虚拟硬盘位置和空间大小的设定窗口，建议用户选择空闲容量较大的非系统空间存放虚拟机文件。本例按 Windows Server 2008 建议的安装要求选择 40GB。由于前面选择了"动态扩展"类型，用户在安装完成后，可以看到产生的文件远小于 40GB。单击"下一步"按钮，完成设定。如图 2-9 和图 2-10 所示。

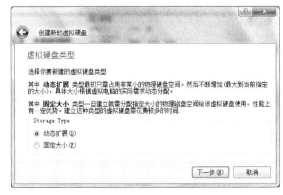

图 2-9　虚拟硬盘类型设定

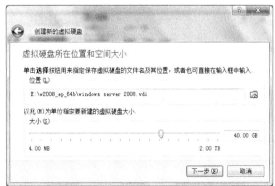

图 2-10　虚拟硬盘文件位置与大小设定

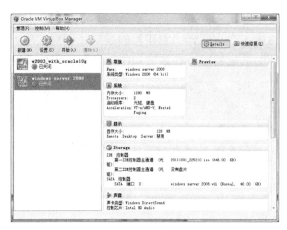

图 2-11　虚拟机软件硬件环境概览

（4）此时用户能够看到在主窗口中的左侧出现了刚才创建的 Windows Server 2008 虚拟机，如图 2-11 所示。单击这个虚拟机名称，用户能够看到右侧窗口中的"常规"、"系统"、"显示"、"Storage（存储）"、"声音"等选项，了解虚拟机的各种软硬件基本情况。

（5）用户可以单击"设置"按钮，进入设置窗口进行虚拟机各硬件参数的修改或重新设定。主要项目包括常规、系统、显示、Storage、声音、网络、串口、USB、数据空间等。用户单击左窗口中的项目标题，右窗口中就对应出现设定的细节，如图 2-12 所示。

举例：单击"显示"选项，右侧窗口中将显存大小设定为 128MB，如图 2-13 所示。

图 2-12　虚拟机各软硬件参数设置修改

图 2-13　显示设定：显存大小 128MB

单击"系统"选项卡，在右窗口中不仅可以调整内存的大小，还可以在"启动顺序"的右侧"↑"、"↓"箭头，调整启动设备的读取顺序。本处设置为光驱为第一启动设备，如图 2-14 所示。

在 Storage 中，用户单击"IDE 控制器"右侧的 图标，可以将系统安装盘"装入"虚拟机的光驱中。注意，虚拟机使用的虚拟光盘，其文件格式为 ISO 文件，即需要事先将系统安装光盘做成扩展名为.iso 的镜像文件。如图 2-15 和图 2-16 所示。

单击"网络"选项，右侧窗口可以进行网络模式与连接的设定。VirtualBox 提供四个网络连接，且在每个连接中，均有未指定、NAT、Bridged Adapter、Internal、Host-only Adapter 等选项。默认为 NAT 方式。建议系统安装时，保持默认。

完成后，根据实训要求，可以调整为 Bridged Adapter 等。如图 2-17 和图 2-18 所示。

（6）完成各项设定与系统准备后，回到主界面，单击"开始"按钮，进入安装过程。

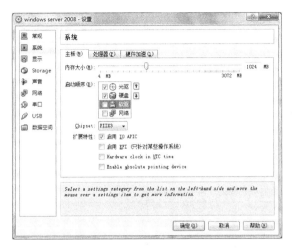

图 2-14　调整启动顺序：光驱为第一启动设备

图 2-15　添加系统光盘镜像 ISO 文件

图 2-16　通过单击 Choose disk 按钮将系统光盘镜像装入虚拟光驱

图 2-17　网络设定

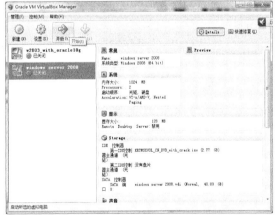

图 2-18　单击开始按钮，开始系统安装

2．Windows Server 2008 安装

（1）安装要求。在安装 Windows Server 2008 之前，首先需要知道计算机能否顺利运行 Windows Server 2008，安装的最低配置要求如表 2-1 所示。

（2）安装注意事项。

1）选择安装方式：光盘启动的全新安装、网络安装、升级安装、无人值守安装、硬盘克隆安装、服务器核心安装等方式。要求至少掌握以光盘启动的全新安装方式。

表 2-1   **Windows Server 2008 配置要求**

硬件设备	操 作 系 统 要 求
CPU	最小速度 1 千兆赫（GHz）32 位（x86）处理器或 1 千兆赫（GHz）64 位（x64）处理器，建议速度为 2 千兆赫（GHz）32 位（x86）或 64 位（x64）处理器，最佳速度为 3 千兆赫（GHz）32 位（x86）或 64 位（x64）处理器或更快
内存	最小 512MB 内存，建议为 1GB 内存，最佳为 2GB 内存（完全安装）或 1GB 内存（服务器核心安装）或更大
显存	128MB 显存（最低）
可用磁盘空间	最小空间 8GB，建议为 40GB（完全安装）或 10GB（服务器核心安装），最佳空间为 80GB（完全安装）或 40GB（服务器核心安装）或者更大空间
驱动器	DVD-ROM 驱动器
显示器和外围设备	超级 VGA（800×600）或更高分辨率显示器；键盘；Microsoft 鼠标或兼容的指针设备

2）文件系统：系统默认为 NTFS 文件系统。

3）硬盘分区的规划。若执行全新安装，需要在运行安装程序之前规划磁盘分区。当在磁盘上创建分区时，可以将磁盘划分为一个或多个区域，并可以用 NTFS 文件系统格式化分区。主分区（或称为系统分区）是安装加载操作系统所需文件的分区。

运行安装程序，执行全新安装之前，需要决定安装 Windows Server 2008 的主分区大小，基本规则就是为一同安装在该分区上的操作系统、应用程序及其他文件预留足够的磁盘空间。若如安装 Windows Server 2008 的文件需要至少 10GB 的可用磁盘空间，建议要预留比最小需求多得多的磁盘空间，如 40GB 的磁盘空间。这样为各种项目预留了空间，如安装可选组件、用户账户、Active Directory 信息、日志、未来的 Service Pack、操作系统使用的分页文件及其他项目。

3．基于 OVB 的系统安装——模拟从光盘启动的全新安装

（1）系统安装。在条件许可的情况下，建议用户尽可能采用光盘启动的全新安装来安装 Windows Server 2008，可以参照以下步骤完成安装操作：

1）当系统通过 Windows Server 2008 光盘引导成功之后，用户将看见加载界面。

2）在如图 2-19 所示的窗口中需要选择安装的语言、时间格式和键盘类型等设置，一般情况下都直接采用系统默认的中文设置即可，单击“下一步”按钮继续操作。

3）在接下来出现的窗口中单击“现在安装”按钮，开始 Windows Server 2008 系统的安装操作。

4）在如图 2-20 所示的窗口选择需要安装的 Windows Server 2008 的版本，如在此选择“Windows Server 2008 Enterprise（完全安装）”一项，单击“下一步”按钮，开始安装 Windows Server 2008 企业版。注意：本书使用安装光盘为 64 位简体中文企业版。

5）在接下来的许可协议对话框中提供了 Windows Server 2008 的许可条款，勾选“我接受许可条款”复选框之后，单击“下一步”按钮继续安装，如图 2-21 所示。

6）由于是全新安装 Windows Server 2008，因此在如图 2-22 所示的窗口中直接单击“自定义”选项就可以继续操作。此时“升级”选项是不可选的，因为计算机内必须有以前版本的 Windows Server 2003 系统才可以升级安装。

图 2-19　安装的语言、时间格式和键盘类型　　　　图 2-20　系统安装版本选择

图 2-21　许可条款窗口　　　　图 2-22　选择自定义安装

7）如图 2-23 所示，在安装过程中需要选取安装系统文件的磁盘或分区，此时从列表中选取拥有足够大小且为 NTFS 结构的分区即可。

8）Windows Server 2008 系统开始安装操作，此时经历复制 Windows 文件和展开文件两个步骤，如图 2-24 所示。

9）在复制和展开系统安装必须的文件完毕之后，计算机会重新启动。在重新启动计算机之后，Windows Server 2008 安装程序会自动继续，并且依次完成安装功能、安装更新等步骤。

10）完成安装后，计算机将会自动重启 Windows Server 2008 系统，并会自动以系统管理员用户 Administrator 登录系统。但从安全角度考虑，第一次启动会出现如图 2-25 所示的界面，要求更改系统管理员密码，单击"确定"按钮继续操作。在如图 2-26 所示的界面中，分别在密码输入框中输入两次完全一样的密码，完成之后单击"→"按钮确认密码。

用户密码已经设置成功，此时单击"确定"按钮开始登录 Windows Server 2008 系统。

在第一次进入系统之前，系统还会进行诸如准备桌面之类的最后配置，用户稍候即可进入系统。

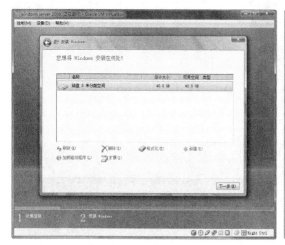

图 2-23   硬盘分区操作

图 2-24   开始安装后的过程

图 2-25   首次登录要求设定管理员密码

图 2-26   管理员密码设定

（2）系统激活。Windows Server 2008 安装完成后，为了保证能够长期正常使用，必须和其他版本的 Windows 操作系统一样进行激活，否则只能够试用 60 天。Windows Server 2008 为用户提供了两种激活方式：密钥联网激活和电话激活。前者可以输入正确的密钥，并且连接到 Internet 校验激活，后者则是在不方便接入 Internet 的时候通过客服电话获取代码来激活。

用鼠标右键单击上桌面上的"计算机"图标，在弹出的菜单中选择"属性"命令，打开属性窗口。在此窗口中单击"立即激活 Windows"链接，可打开"Windows 激活"对话框。在此对话框中可看到 Windows Server 2008 激活前还剩余的使用天数。如果在安装时没有输入产品密钥，单击"更改产品密钥"按钮，然后输入产品密钥并激活 Windows Server 2008。如果当前无法上网的话，可以拨打客服电话，通过安装 ID 号来获得激活 ID。

激活后，重启计算机。登录完成后，用鼠标右击桌面上的"计算机"图标，在弹出的菜单中选择"属性"命令，可看到激活后的效果，如图 2-27 所示。

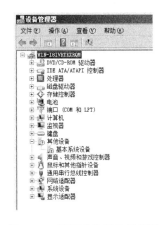

安装 Windows Server 2008 之后，用户要进行初始配置，针对网络环境、计算机名称和所属工作组、虚拟内存及工作界面等方面进行设置，以便 Windows Server 2008 系统能够更好、更稳定地运行。

为了更好地在工作岗位上掌握这个操作系统的使用，要求学习者以"工学结合"的思路，采取独立工作、团队协作或接受指导的方式完成以下实用常用技能。

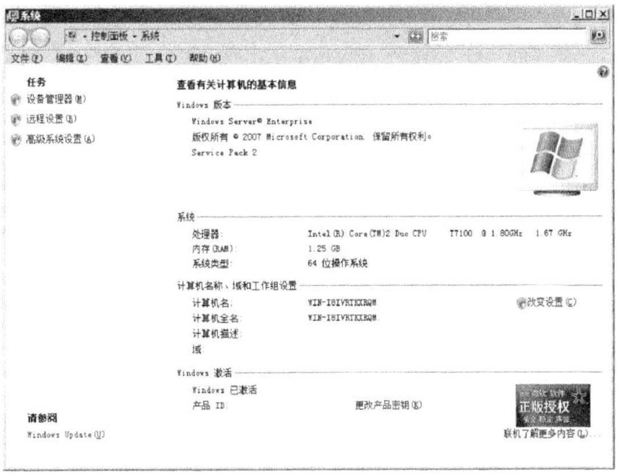

图 2-27　完成系统激活

1. 完成 Windows Server 2008 硬件驱动

"系统属性"对话框的第二个选项卡是"硬件"，主要是用于控制系统硬件和资源设置的功能。单击"设备管理器"按钮，弹出"设备管理器"对话框，显示所有设备的列表，如图 2-28 所示。单击"Windows Update 驱动程序设置"按钮，打开"Windows Update 驱动程序设置"对话框，设置是否进行驱动程序的检查。在 Windows Server 2008 中，驱动程序可以具有 Microsoft 的数字签名，证明驱动程序已经被测试并达到 Microsoft 定义的兼容性标准。

图 2-28　了解系统设备管理器
中的硬件驱动情况

2. 网络配置、远程设定、系统更新、防火墙等初始化操作

（1）网络配置。使用网络和共享中心也可以配置 Windows Server 2008 网络，它是系统新增的一个单元组件，通过选择"控制面板"→"网络和共享中心"命令可以打开网络和共享中心窗口。在该窗口中可以看到当前网络的连接状况，当前计算机使用的网卡及各种资源的共享情况，如图 2-29 所示。

单击位于"初始配置任务"窗口的"提供计算机信息"区域中的"配置网络"链接，将打开"控制面板"下的"网络连接"对话框。右击"本地连接"选项，在弹出的快捷菜单中选择"属性"按钮，弹出"本地连接 状态"对话框。选中"Internet 协议版本 4（TCP/IPv4）"项，单击"属性"按钮，出现"本地连接属性"对话框，可以根据需要更改 IP 地址，如图 2-30 所示。

（2）远程设定。"系统属性"对话框的第四个选项卡是"远程"，如图 2-31 所示，控制"远程协助"和"远程桌面/终端服务"访问服务器。"远程协助"区域设置用户通过该功能连接到服务器，它在 Windows Server 2008 中为可选组件，默认情况下是不安装的，必须先安装远程协助才能使用它。远程桌面其实是"终端服务"的精简版本，在"远程桌面"区域启用允许选项，可以让远程用户使用"远程桌面"或"终端服务"连接到服务器。单击"选择用户"按钮可以指定通过此服务登录的用户。Windows XP 和 Windows Vista 中有内置"远程桌面"客户端，可用于连接到 Windows Server 2008。而且，用户可以用"终端服务"客户端通

过"远程桌面"连接到服务器，如图 2-32 所示。

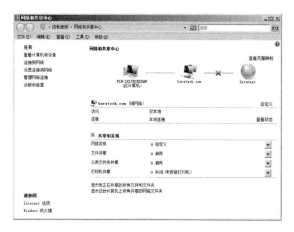

图 2-29　打开网络和共享中心

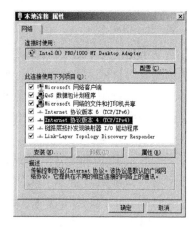

图 2-30　本地连接属性

（3）系统更新。Windows 自动更新：系统将检查 Microsoft Update 网站找到适用于计算机操作系统的可用更新，而且可根据首选项自动安装更新，或等待批准安装更新后进行安装。可将系统设置为"自动安装更新"。

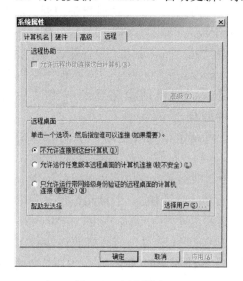

图 2-31　远程设定

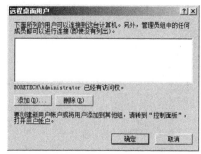

图 2-32　选择远程访问用户

　　单击位于"初始配置任务"窗口的"更新此服务器"区域中的"下载并安装自动更新"链接，打开"控制面板"的 Windows Update 组件，如图 2-33 所示。单击"检查更新"链接即可连接到基于 Web 的 Windows 自动更新工具，并验证系统是否安装了最新版本的 Windows 操作系统组件。注意服务器必须具备可用的 Internet 连接才能下载更新，或配置 Windows 自动更新。

　　（4）配置 Windows 防火墙。单击任务栏中"打开网络和共享中心"窗口，单击左下区域中的"Windows 防火墙"链接，打开如图 2-34 所示的"Windows 防火墙"窗口。单击"常规"选项卡，可启用或关闭防火墙。单击如图 2-35 所示的"例外"选项卡，可以定义穿越防火墙的指定程序。

图 2-33　系统更新

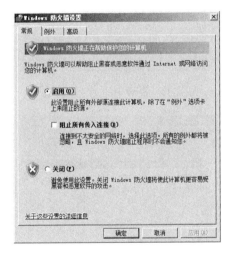

图 2-34　防火墙设置

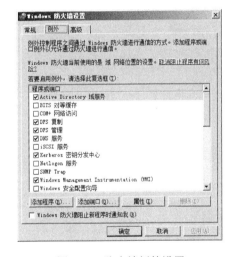

图 2-35　防火墙例外设置

3．几个高级选项

（1）性能。"系统属性"对话框的第三个选项卡是"高级"，如图 2-36 所示，用于配置计算机的性能选项、查看并设置变量，配置系统启动和恢复选项。单击"高级"选项卡中的"性能"区域中的"设置"按钮，弹出如图 2-37 所示的"性能选项"对话框。用户可以选择多个项目，注意平衡 Windows 外观和系统性能之间的矛盾。

（2）数据执行保护。在"数据执行保护"（DEP）选项卡中，通过设置可帮助避免计算机在保留用于不可执行代码的计算机内存区域中插入恶意代码，如图 2-38 所示。与防病毒程序不同，DEP 技术的目的并不是防止在计算机上安装有害程序，而是监视已安装的程序，帮助确定它们是否正在安全地使用系统内存。如果已将内存指定为"不可执行"，某个程序试图通过内存执行代码，Windows 将关闭该程序以防止恶意代码。无论代码是不是恶意，都会执行此操作。

（3）启动和故障恢复。单击"高级"选项卡中的"启动和故障恢复"区域中的"设置"按钮，弹出如图 2-39 所示的"启动和故障恢复"对话框，可以配置启动选项、系统如何处理故障、如何处理调试信息等。在"系统启动"区域可以让用户指定默认使用哪个启动选项，显示操作系统启动列表的时间。这些设置都保存在启动驱动器根目录下的 Boot.ini 文件中，如果想修改这些值，则可以用文本编辑器手动编辑该文件。

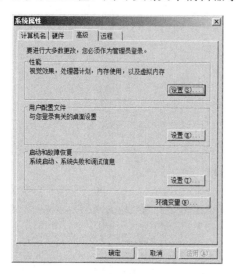

图 2-36　系统选项窗口中的"高级"

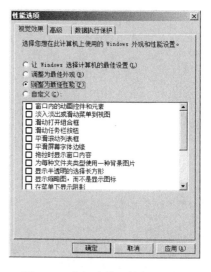

图 2-37　高级中的"性能选项"

图 2-38　数据执行保护

图 2-39　启动和故障恢复

（4）环境变量。在"高级"选项卡中，单击"环境变量"按钮可以打开"环境变量"对话框，如图 2-40 所示。在两个列表框中，列出了当前已经设置的环境变量名和变量的值。需要添加新的变量时，单击"Administrator 的用户变量"或者"系统变量"选项区域中的"新建"按钮，弹出新的对话框，输入变量名和变量的值，单击"确定"按钮即可。

4．Windows Server 2008 的功能

（1）Windows Server 2008 的服务器角色。角色是出现在 Windows Server 2008 中的一个新

概念，也是 Windows Server 2008 管理特性的一个亮点。服务器角色是软件程序的集合，在安装并配置之后，允许计算机为网络内的多个用户或其他计算机执行特定功能。角色服务是提供角色功能的软件程序。安装角色时，可以选择将为企业中的其他用户和计算机提供的角色服务。

如图 2-41 所示的对话框中显示了 Windows Server 2008 的所有角色，对于管理来说，可以一目了然地看到服务上安装的所有角色和角色的运行情况，而且所有的配置都在一个界面中，管理起来相当方便。表 2-2 列出了 Windows Server 2008 服务器角色简介。

图 2-40　环境变量设定

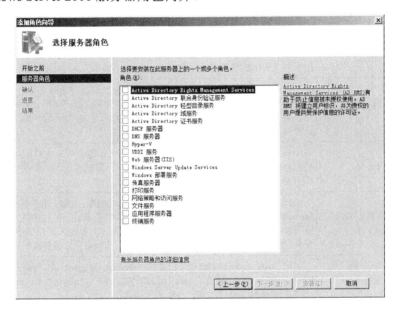

图 2-41　服务器的所有角色

表 2-2　　　　　　　　　　　　　　**Windows Server 2008 服务器角色简介**

序号	角色名称	简　　介
1	Active Directory 权限管理服务 （AD RMS）	Active Directory 权限管理服务（AD RMS）是一项信息保护技术，可与启用了 AD RMS 的应用程序协同工作，帮助保护数字信息免遭未经授权的使用。内容所有者可以准确地定义收件人可以使用信息的方式。例如，谁能打开、修改、打印、转发和/或对信息执行其他操作。组织可以创建自定义的使用权限模板，如"机密—只读"，此模板可直接应用到诸如财务报表、产品说明、客户数据及电子邮件之类的信息
2	Active Directory 联合身份验证服务	Active Directory 联合身份验证服务（AD FS）提供了单一登录（SSO）技术，可使用单一用户账户在多个 Web 应用程序上对用户进行身份验证。AD FS 通过以下方式完成此操作：在伙伴组织之间以数字声明的形式安全地联合或共享用户标识和访问权限
3	Active Directory 轻型目录服务	对于其应用程序需要用目录来存储应用程序数据的组织而言，可以使用 Active Directory 轻型目录服务（AD LDS）作为数据存储方式。AD LDS 作为非操作系统服务运行，因此，并不需要在域控制器上对其进行部署。作为非操作系统服务运行，可允许多个 AD LDS 实例在单台服务器上同时运行，并且可针对每个实例单独进行配置，从而服务于多个应用程序

序号	角色名称	简　　介
4	Active Directory 域服务	Active Directory 域服务（AD DS）存储有关网络上的用户、计算机和其他设备的信息。AD DS 帮助管理员安全地管理此信息并促使在用户之间实现资源共享与协作。此外，为了安装启用目录的应用程序（如 Microsoft Exchange Server）并应用其他 Windows Server 技术（如"组策略"），还需要在网络上安装 AD DS
5	Active Directory 证书服务	Active Directory 证书服务提供可自定义的服务，用于创建并管理在采用公钥技术的软件安全系统中使用的公钥证书。组织可使用 Active Directory 证书服务通过将个人、设备或服务的标识与相应的私钥进行绑定来增强安全性。Active Directory 证书服务还包括允许在各种可伸缩环境中管理证书注册及吊销的功能。 　　Active Directory 证书服务所支持的应用领域包括安全/多用途 Internet 邮件扩展（S/MIME）、安全的无线网络、虚拟专用网络（VPN）、Internet 协议安全（IPsec）、加密文件系统（EFS）、智能卡登录、安全套接字层/传输层安全（SSL/TLS）及数字签名
6	动态主机配置协议（DHCP）服务器	动态主机配置协议允许服务器将 IP 地址分配给作为 DHCP 客户端启用的计算机和其他设备，也允许服务器租用 IP 地址。通过在网络上部署 DHCP 服务器，可为计算机及其他基于 TCP/IP 的网络设备自动提供有效的 IP 地址及这些设备所需的其他配置参数（称为 DHCP 选项），这些参数允许它们连接到其他网络资源，如 DNS 服务器、WINS 服务器及路由器
7	DNS 服务器	域名系统（DNS）提供了一种将名称与 Internet 数字地址相关联的标准方法。这样，用户就可以使用容易记住的名称代替一长串数字来访问网络计算机。在 Windows 上，可以将 Windows DNS 服务和动态主机配置协议（DHCP）服务集成在一起，这样在将计算机添加到网络时，就无需添加 DNS 记录
8	Hyper-V	Hyper-V 提供服务，用户可以使用这些服务创建和管理虚拟机及其资源。每个虚拟机都是一个在独立执行环境中运行的虚拟化计算机系统。这允许用户同时运行多个操作系统
9	通用描述、发现和集成（UDDI）服务	UDDI 服务提供了通用描述、发现和集成（UDDI）功能，用于在组织的 Intranet 内、Intranet 或 Internet 上的业务伙伴之间共享有关 Web 服务的信息。UDDI 服务通过更可靠和可管理的应用程序提高开发人员和 IT 专业人员的工作效率。使用 UDDI 服务，可以促进现有开发成果的重复使用，从而避免重复劳动
10	Web 服务器（IIS）	使用 Web 服务器（IIS）可以共享 Internet、Intranet 或 Extranet 上的信息。它是统一的 Web 平台，集成了 IIS 7.0、ASP.NET 和 Windows Communication Foundation。IIS 7.0 还具有安全性增强、诊断简化和委派管理等特点
11	Windows Server Update Services	WSUS（就是以前的 WUS）是下一代软件升级服务的新的名字。WSUS 是 Windows Server 的一个升级组件和补丁，提供了一个快速高效的办法，帮助用户达到安全和巩固安全。WSUS 在 Windows 核心软件部署过程中是一个重要的角色
12	Windows 部署服务	可以使用 Windows 部署服务在带有预启动执行环境（PXE）启动 ROM 的计算机上远程安装并配置 Microsoft® Windows 操作系统。WdsMgmt Microsoft 管理控制台（MMC）管理单元可管理 Windows 部署服务的各个方面，实施该管理单元可减少管理开销。Windows 部署服务还可以为最终用户提供与使用 Windows 安装程序相一致的体验
13	传真服务器	传真服务器可发送和接收传真，并允许管理这台计算机或网络上的传真资源，如作业、设置、报告及传真设备等
14	打印服务	可以使用打印服务来管理打印服务器和打印机。打印服务器可通过集中打印机管理任务来减少管理工作负荷
15	网络策略和访问服务	网络策略和访问服务提供了多种方法，可向用户提供本地和远程网络连接及连接网络段，并允许网络管理员集中管理网络访问和客户端健康策略。使用网络访问服务，可以部署 VPN 服务器、拨号服务器、路由器和受 802.11 保护的无线访问。还可以部署 RADIUS 服务器和代理，并使用连接管理器管理工具包来创建允许客户端计算机连接到网络的远程访问配置文件

续表

序号	角色名称	简　　介
16	文件服务	文件服务提供了实现存储管理、文件复制、分布式命名空间管理、快速文件搜索和简化的客户端文件访问等技术
17	应用程序服务器	应用程序服务器提供了完整的解决方案,用于托管和管理高性能分布式业务应用程序。如.NET Framework、Web 服务器支持、消息队列、COM+、Windows Communication Foundation 和故障转移群集之类的集成服务有助于在整个应用程序生命周期(从设计与开发直到部署与操作)中提高工作效率
18	终端服务	终端服务所提供的技术允许用户从几乎任何计算设备访问安装在终端服务器上的基于 Windows 的程序,或访问 Windows 桌面本身。用户可连接到终端服务器来运行程序并使用该服务器上的网络资源

（2）Windows Server 2008 的服务器功能。功能是一些软件程序,这些程序虽然不直接构成角色,但可以支持或增强一个或多个角色的功能,或增强整个服务器的功能,而不管安装了哪些角色。如图 2-42 所示显示了 Windows Server 2008 的所有功能,总共有 35 个服务器功能。

通常,管理员添加功能不会作为服务器的主要功能,但可以增强安装的角色的功能。像故障转移集群,是管理员可以在安装了特定的服务器角色后安装的功能（如文件服务）,以将冗余添加到文件服务并缩短可能的灾难恢复时间。Windows Server 2008 中

图 2-42　服务器的 35 个可选功能

的角色和功能,相当于 Windows Server 2003 中的 Windows 组件,其中重要的组件划分到了 Windows Server 2008 角色,不太重要的服务和增加服务器的功能被划分到了 Windows Server 2008 功能。

（3）添加、删除角色或功能。添加角色向导可简化在服务器上安装角色的过程,并允许一次安装多个角色。早期版本的 Windows 操作系统需要管理员多次运行“添加或删除 Windows 组件”才能安装服务器上需要的所有角色、角色服务及功能。服务器管理器取代了“添加或删除 Windows 组件”,添加角色向导的单个会话就可完成对服务器的配置。

添加角色向导将验证对于向导中所选的任何角色,是否已将该角色所需的所有软件组件一起安装。如有必要,该向导将提示用户批准安装所选角色所需的其他角色、角色服务或软件组件。需要提醒和说明的是,执行角色、功能的添加与删除操作,均需要操作者是 Administrators 组的成员身份。

5. 用户账户、密码和账户类型

Windows Server 2008 系统是一个多用户多任务的分时操作系统,任何一个要使用系统资源的用户,都必须首先向管理员申请一个账号,然后以这个账号的身份进入系统。一方面可以帮助管理员对使用系统的用户进行跟踪,并控制他们对系统资源的访问,另一方面也可以利用组账户帮助管理员简化操作的复杂程度,降低管理的难度。

（1）用户账户。在计算机网络中,计算机的服务对象是用户,用户通过账户访问计算机

资源，所以用户也就是账户。所谓用户的管理也就是账户的管理。每个用户都需要有一个账户，以便登录到域访问网络资源或登录到某台计算机访问该机上的资源。组是用户账户的集合，管理员通常通过组来对用户的权限进行设置从而简化了管理。

用户账户由一个账户名和一个密码来标识，二者都需要用户在登录时输入。账户名是用户的文本标签，密码则是用户的身份验证字符串，是在 Windows Server 2008 网络上的个人唯一标识。用户账户通过验证后登录到工作组或是域内的计算机上，通过授权访问相关的资源，它也可以作为某些应用程序的服务账户。

（2）账户名的命名规则如下：

账户名必须唯一，且不分大小写；最多包含 20 个大小写字符和数字，输入时可超过 20 个字符，但只识别前 20 个字符；不能使用保留字字符" ^ [ ] :; | =，＋*? <>等；可以是字符和数字的组合；不能与组名相同。

（3）账户密码。为了维护计算机的安全，每个账户必须有密码，设立密码应遵循以下规则：

必须为 Administrator 账户分配密码，防止未经授权就使用；明确是管理员还是用户管理密码，最好用户管理自己的密码；密码的长度在 8～127。如果网络包含运行 Windows 95 或 Windows 98 的计算机，应考虑使用不超过 14 个字符的密码。如果密码超过 14 个字符，则可能无法从运行 Windows 95 或 Windows 98 的计算机登录到网络；使用不易猜出的字母组合，如不要使用自己的名字、生日及家庭成员的名字等；密码可以使用大小写字母、数字和其他合法的字符。

（4）服务器工作模式。Windows Server 2008 服务器有两种工作模式：工作组模式和域模式。域和工作组之间的区别可以归结为以下几点：

1）创建方式不同：工作组可以由任何一个计算机的管理员来创建，用户在系统的"计算机名称更改"对话框中输入新的组名，重新启动计算机后就创建了一个新组，每一台计算机都有权利创建一个组；而域只能由域控制器来创建，然后才允许其他的计算机加入这个域。

2）安全机制不同：在域中有可以登录该域的账户，这些由域管理员来建立；在工作组中不存在工作组的账户，只有本机上的账户和密码。

3）登录方式不同：在工作组方式下，计算机启动后自动就在工作组中；登录域时要提交域用户名和密码，只到用户登录成功之后，才被赋予相应的权限。

（5）用户账户类型。Windows Server 2008 针对这两种工作模式提供了三种不同类型的用户账户，分别是本地用户账户、域用户账户和内置用户账户。

1）本地用户账户。本地用户账户对应对等网的工作组模式，建立在非域控制器的 Windows Server 2008 独立服务器、成员服务器及 Windows XP 客户端。本地账户只能在本地计算机上登录，无法访问域中其他计算机资源。

本地计算机上都有一个管理账户数据的数据库，称为安全账户管理器（Security Accounts Managers，SAM）。SAM 数据库文件路径为系统盘下\Windows\system32\config\SAM。在 SAM 中，每个账户被赋予唯一的安全识别号（Security Identifier，SID），用户要访问本地计算机，都需要经过该机 SAM 中的 SID 验证。本地的验证过程，都由创建本地账户的本地计算机完成，没有集中的网络管理。

2）域用户账户。域账户对应于域模式网络，域账户和密码存储在域控制器上 Active

Directory 数据库中，域数据库的路径为域控制器中的系统盘下\Windows\NTDS\NTDS.DIT。因此，域账户和密码被域控制器集中管理。用户可以利用域账户和密码登录域，访问域内资源。域账户建立在 Windows Server 2008 域控制器上，域用户账户一旦建立，就会自动地被复制到同域中的其他域控制器上。复制完成后，域中的所有域控制器都能在用户登录时提供身份验证功能。

3）内置账户。Windows Server 2008 中还有一种账户叫内置账户，它与服务器的工作模式无关。当 Windows Server 2008 安装完毕后，系统会在服务器上自动创建一些内置账户，分别如下：

Administrator（系统管理员）：拥有最高的权限，管理着 Windows Server 2008 系统和域。系统管理员的默认名字是 Administrator，可以更改系统管理员的名字，但不能删除该账户。该账户无法被禁止，永远不会到期，不受登录时间和只能使用指定计算机登录的限制。

Guest（来宾）：为临时访问计算机的用户提供的，该账户自动生成，且不能被删除，可以更改名字。Guest 只有很少的权限，默认情况下，该账户被禁止使用。例如当希望局域网中的用户都可以登录到自己的计算机，但又不愿意为每一个用户建立一个账户时，就可以启用 Guest。

Internet Guest：用来供 Internet 服务器的匿名访问者使用的，但是在局域网中并没有太大的作用。

6．用户组及其作用

（1）用户组。组是指本地计算机或 Active Directory 中的对象，包括用户、联系人、计算机和其他组。在 Windows Server 2008 中，通过组来管理用户和计算机对共享资源的访问。如果赋予某个组访问某个资源的权限，这个组的用户都会自动拥有该权限。例如，网络部的员工可能需要访问所有与网络相关的资源，这时不用逐个向该部门的员工授予对这些资源的访问权限，而是可以使员工成为网络部的成员，以使用户自动获得该组的权限。如果某个用户日后调往另一部门，只需将该用户从组中删除，所有访问权限即会随之撤销。

（2）用户组的作用。一般组用于以下三个方面：①管理用户和计算机对于共享资源的访问，如网络各项文件、目录和打印队列等；②筛选组策略；③创建电子邮件分配列表等。

Windows Server 2008 同样使用唯一安全标识符 SID 来跟踪组，权限的设置都是通过 SID 进行的，而不是利用组名。更改任何一个组的账户名，并没有更改该组的 SID，这意味着在删除组之后又重新创建该组，不能期望所有权限和特权都与以前相同。新的组将有一个新的安全标识符，旧组的所有权限和特权已经丢失。

在 Windows Server 2008 中，用组账户来表示组，用户只能通过用户账户登录计算机，不能通过组账户登录计算机。

7．用户组的分类

（1）按作用域分组的用户组。按作用域对用户组进行分类，分别为本地组账户和域中创建组账户。

创建在本地的组账户：可以在 Windows Server 2008/2003/2000/NT 独立服务器或成员服务器、Windows XP、Windows NT Workstation 等非域控制器的计算机上创建本地组。这些组账户的信息被存储在本地安全账户数据库（SAM）内。本地组只能在本地机使用，它有两种类型：用户创建的组和系统内置的组（后面将详细介绍 Windows Server 2008 的内置组）。

创建在域的组账户：该账户创建在 Windows Server 2008 的域控制器上，组账户的信息被存储在 Active Directory 数据库中，这些组能够被使用在整个域中的计算机上。

（2）按权限分类的用户组。组分类方法有很多，根据权限不同，组可以分为安全组和分布式组。

安全组：被用来设置权限，例如可以设置安全组对某个文件有读取的权限。分布式组：用在与安全（与权限无关）无关的任务上，如可以将电子邮件发送给分布式组。系统管理员无法设置分布式组的权限。

（3）按作用范围分类的用户组。根据组的作用范围，Windows Server 2008 域内的组又分为通用组、全局组和本地域组，这些组的特性说明如下。

1）通用组：可以指派所有域中的访问权限，以便访问每个域内的资源。具有可以访问任何一个域内的资源；成员能够包含整个域目录林中任何一个域内的用户、通用组、全局组，但无法包含任何一个域内的本地域组等特性。

2）全局组：主要用来组织用户，即可以将多个即将被赋予相同权限的用户账户加入到同一个全局组中，具有可以访问任何一个域内的资源；成员只能包含与该组相同域中的用户和其他全局组等特性。

3）本地域组：主要被用来指派在其所属域内的访问权限，以便可以访问该域内的资源。具有只能访问同一域内的资源，无法访问其他不同域内的资源；成员能够包含任何一个域内的用户、通用组、全局组及同一个域内的域本地组，但无法包含其他域内的域本地组。

8．创建和管理本地用户

（1）启动"本地用户和组"管理。本地用户是工作在本地机的，只有系统管理员才能在本地创建用户。启动本地用户和组的三个基本方法如下。

1）在"开始"→"运行"窗口中填入 lusrmgr.msc 命令，可以直接启动本地用户和组窗口，如图 2-43 和图 2-44 所示。

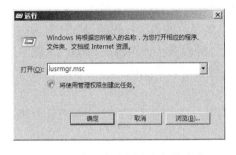

图 2-43　启动本地用户和组的命令　　　　　图 2-44　本地用户和组管理界面

2）单击"开始"→"管理工具"→"配置"→"本地用户和组"命令，可启动"本地用户和组"的管理界面，如图 2-45 所示。

3）选择菜单"开始"→"管理工具"→"计算机管理"→"本地用户和组"命令，也可以启动"本地用户和组"的管理界面。

单击文件夹式的图标"用户"，可以看到 Windows Server 2008 安装时的两个用户：一个是 Administrator，另一个是 Guest。其中 Guest 图标中还有一个向下的箭头，这表示目前该账户处于停用状态，如图 2-46 所示。

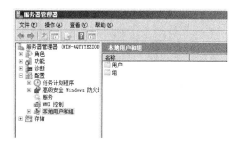

图 2-45 通过"服务器管理器"启动
本地用户和组管理界面

图 2-46 两个默认用户

（2）创建本地用户。下面举例说明如何创建本地用户。如在 Windows 独立服务器上创建本地账户"赵一龙"，说明如下。

启动"本地用户和组"的管理界面，在窗口中右击"用户"图标，在弹出的快捷菜单中选择"新用户"命令，如图 2-47 所示，弹出"新用户"对话框，如图 2-48 所示。

图 2-47 右击"用户"图标弹出快捷菜单

图 2-48 创建"新用户"窗口

"新用户"窗口各子项解释如下。

用户名：系统本地登录时使用的名称。必须要填。建议使用容易识记的汉语拼音全拼或缩写。如果使用汉字，则在登录系统时会麻烦一些。

全名：用户的全称。可以不填。

描述：关于该用户的说明文字。可以不填。

密码：用户登录时使用的密码。系统要求用户密码符合密码复杂性的要求。用户可以通过单击"开始"→"管理工具"→"本地安全策略"→"账户策略"→"密码策略"命令来查看密码复杂性的要求，如图 2-49 所示。

也可以双击"密码必须符合复杂性要求"项来禁用该选项。这样，就可以使用简单密码了，如图 2-50 所示。

确认密码：为防止密码输入错误，需再输入一遍。如果密码不符合系统初始的密码复杂性要求，将弹出错误对话框，如图 2-51 所示。如果将"密码必须符合复杂性要求"设定为"已禁用"，则提示框将不再出现。

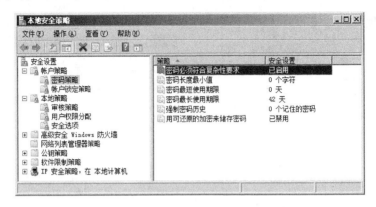

图 2-49　本地安全策略-密码复杂性要求设定

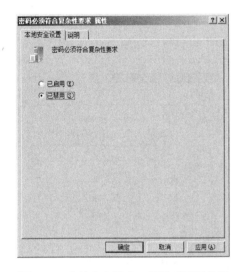

图 2-50　本地安全策略—禁用"密码必须符合复杂性要求"

用户下次登录时须更改密码：用户首次登录时，使用管理员分配的密码，当用户再次登录时，强制用户更改密码，用户更改后的密码只有自己知道，这样可加强安全性。

用户不能更改密码：只允许用户使用管理员分配的密码。

图 2-51　密码不符合复杂性要求提示框

密码永不过期：密码默认的有限期为 42 天，超过 42 天系统会提示用户更改密码，选中此项表示系统永远不会提示用户修改密码。

账户已禁用：选中此项表示任何人都无法使用这个账户登录，适用于企业内某员工离职时，防止他人冒用该账户登录。

赵一龙账户信息填写与创建结果分别如图 2-52 和图 2-53 所示。

（3）更改账户。要对已经建立的账户更改登录名，具体的操作步骤为：在"计算机管理"窗口中，选择"本地用户和组"→"用户"命令，在列表中选择并右击该账户，选择"重命名"选项，输入新名字，如图 2-54 和图 2-55 所示。注意，由于此名为登录名，如果由原来的"zhaoyilong"改为"yilongzhao"，那么进行系统的再次登录时，必须使用最新的用户名。

（4）查看与设置本地用户属性。新建用户账户后，管理员要对账户做进一步的设置，通过设置账户属性来完成。本地用户"属性"包括常规、隶属于、配置文件、环境、会话、远程控制、终端服务配置文件与接入等 9 项，如图 2-56 所示。其中，新建用户均默认隶属于"Users"组，如图 2-57 所示。

图 2-52　填写新用户"赵一龙"的信息　　　　图 2-53　完成新用户"zhaoyilong"的创建

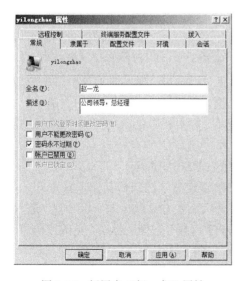

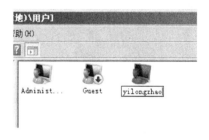

图 2-54　新用户"赵一龙"重命名　　　　图 2-55　完成新用户"zhaoyilong"的重命名

图 2-56　新用户"赵一龙"属性　　　　　　图 2-57　新用户赵一龙的隶属关系

（5）删除账户。如果某用户离开公司，为防止其他用户使用该用户账户登录，就要删除该用户的账户。具体的操作步骤为：在"计算机管理"窗口中，选择"本地用户和组"→"用户"命令，在列表中选择并右击该账户，选择"删除"命令，单击"是"按钮，即可删除该账户，如图 2-58 和图 2-59 所示。

图 2-58　删除用户"yilongzhao"　　　　图 2-59　删除用户"yilongzhao"的确认窗口

（6）设置密码。在"本地用户和组"→"用户"列表中选择并右击该账户，选择"设置密码"命令，在弹出窗口中填写新密码即可，无需提供旧密码。从某种程度上讲，方便了用户，但也会给系统安全带来不利的影响。如图 2-60 和图 2-61 所示。

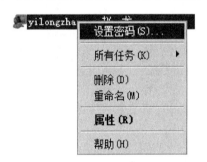

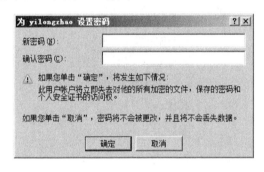

图 2-60　设置密码　　　　图 2-61　用户"yilongzhao"重设密码窗口

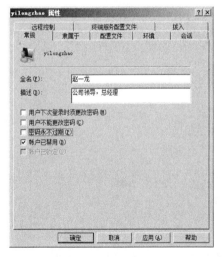

图 2-62　禁用用户"赵一龙"

（7）禁用与激活账户。在"本地用户和组"→"用户"列表中选择并右击该账户，选择"属性"命令，弹出"属性"对话框。选择"常规"选项卡，选中"账户已禁用"复选框，如图 2-62 所示，单击"确定"按钮，该账户即被禁用。如果要重新启用某账户，则只要取消选中即可。

9．创建用户 USB 钥匙盘

创建"密码重设盘"的具体操作步骤如下。

（1）系统登录后按 Ctrl+Alt+Del 组合键，进入系统界面，单击"更改密码"按钮，弹出"更改密码"窗口，如图 2-63 和图 2-64 所示。

（2）单击"创建密码重设盘"按钮，进入"欢迎使用忘记密码向导"界面，此处对使用密码重设盘进行了简要介绍。单击"下一步"按钮，进入"创建密码重置盘"界面，如图 2-65 所示，按照提示，在 USB 接口中插入 U 盘。

（3）单击"下一步"按钮，进入"当前用户账户密码"界面，如图 2-66 所示。输入当前的密码，单击"下一步"按钮，开始创建密码重设盘。创建完毕，进入"正在完成忘记密码向导"界面，单击"完成"按钮，即可完成密码重设盘的创建。

图 2-63　更改密码　　　　　　　　　　图 2-64　重设密码窗口

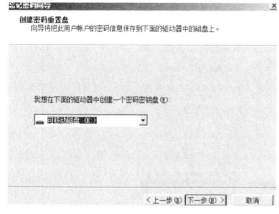　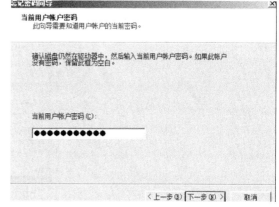

图 2-65　创建密码重置盘　　　　　　　　　图 2-66　当前用户账户密码

创建密码重设盘后，如果忘记了密码，可以插入这张制作好的"密码重设盘"来设置新密码，基本的操作是上述过程的反过程，只是"创建密码重设盘"变为"插入密码重置盘"，之后，用户可以重置用户账户和密码。此处不再赘述。

10．创建和管理本地组账户

创建本地组账户的用户必须是 Administrators 组或 Account Operators 组的成员，才有权限建立本地组账户并在本地组中添加成员。创建一个名称为"leaders"的公司领导本地用户组，具体操作步骤如下：

（1）在独立服务器上以 Administrator 身份登录，启动"本地用户和组"，右击"组"项，在弹出的快捷菜单中选择"新建组"命令。

（2）进入"新建组"对话框，如图 2-67 所示，输入组名、组的描述，单击"添加"按钮，即可把已有的账户或组添加到该组中，该组的成员在"成员"列表框中列出。

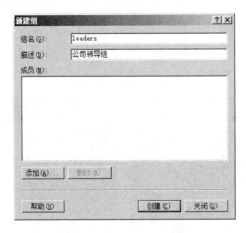

图 2-67　创建用户组

（3）单击"创建"按钮完成创建工作。本地组用背景为计算机的两个人头像表示，如图 2-68 所示。

图 2-68　用户组"leaders"创建成功

（4）管理本地组操作较简单，在"计算机管理"窗口右部的组列表中，右击选定的组，选择快捷菜单中的相应命令可以删除组、更改组名，或者为组添加或删除组成员。

11．将用户账户加入到组

如果让用户拥有其他组的权限，可以将该用户加入到其他组中。例如将用户赵一龙（登录名为 yilongzhao）加入到公司领导组，名称为"leaders"中，具体的操作步骤如下：

（1）在"计算机管理"窗口中，选择"本地用户和组"→"用户"命令，在列表中选择并右击账户"yilongzhao"，弹出"yilongzhao 属性"对话框，选择"隶属于"选项卡。

（2）单击"添加"按钮，弹出"选择组"对话框，如图 2-69 所示，单击"高级（A）…"按钮，在弹出的"选择组"对话框中，单击"立即查找（N）"按钮，然后在查找的结果中选择组名 leaders，如图 2-70 所示，单击"确定"按钮。（注意：leaders 组上一步已建立好。）

（3）leaders 组加入到"隶属于"列表，单击"确定"按钮，将此账户加入到组。

如果将一个用户隶属于 Administrators 组，该用户就是系统管理员，拥有与用户 Administrator 同样的权限。出于安全考虑，这个 Administrators 组的成员要有一定量的限制。

12．内置组

Windows Server 2008 在安装时会自动创建一些组，这种组叫内置组。内置组又分为内置本地组和内置域组，内置域组又分为内置本地域组、内置全局组和内置通用组。此处只讲解内置本地组，其他形式的组将在下一章讲解。

创建于 Windows Server 2008/2003/2000/NT 独立服务器或成员服务器、Windows XP、Windows NT 等非域控制器的"本地安全账户数据库"中，这些组在建立的同时就已被赋予一些权限，以便管理计算机，如图 2-71 所示。

Administrators：在系统内有最高权限，拥有赋予权限，添加系统组件，升级系统，配置系统参数，配置安全信息等权限。内置的系统管理员账户是 Administrators 组的成员。如果这台计算机加入到域中，域管理员自动加入到该组，并且有系统管理员的权限。

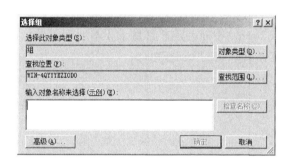

图 2-69　加入用户组：选择组

图 2-70　选择组：立即查找

图 2-71　内置组

Backup Operators：它是所有 Windows Server 2008 都有的组，可以忽略文件系统权限进行备份和恢复，可以登录系统和关闭系统，可以备份加密文件。

Cryptographic Operators：已授权此组的成员执行加密操作。

Distributed COM Users：允许此组的成员在计算机上启动、激活和使用 DCOM 对象。

Event Log Readers：此组的成员可以从本地计算机中读取事件日志。

Guests：内置的 Guest 账户是该组的成员。

IIS_IUSRS：Internet 信息服务（IIS）使用的内置组。

Network Configuration Operators：该组内的用户可在客户端执行一般的网络配置，例如更改 IP，但不能添加/删除程序，也不能执行网络服务器的配置工作。

Performance Log Users：该组的成员可以从本地计算机和远程客户端管理计数器、日志和警告，而不用成为 Administrators 组的成员。

Performance Monitor Users：该组的成员可以从本地计算机和远程客户端监视性能计数器，而不用成为 Administrators 组或 Performance Log Users 组的成员。

Power Users：存在于非域控制器上，可进行基本的系统管理，如共享本地文件夹、管理系统访问和打印机、管理本地普通用户；但是它不能修改 Administrators 组、Backup Operators 组，不能备份/恢复文件，不能修改注册表。

Remote Desktop Users：该组的成员可以通过网络远程登录。

Replicator：该组支持复制功能。它的唯一成员是域用户账户，用于登录域控制器的复制器服务，不能将实际用户账户添加到该组中。

Users：一般用户所在的组，新建的用户都会自动加入该组，对系统有基本的权力，如运行程序、使用网络，但不能关闭 Windows Server 2008，不能创建共享目录和本地打印机。如果这台计算机加入到域，则域的域用户自动被加入到该组的 Users 组。

▶ 技能实训

1．实训目标

（1）了解 Windows Server 2008 各种不同的安装方式，能根据不同的情况正确选择不同的方式来安装 Windows Server 2008 操作系统。

（2）掌握 VirtualBox 的安装与配置。

（3）掌握使用 UltraISO、WinISO 等工具等将系统光盘转成镜像文件的方法。

（4）熟悉 Windows Server 2008 安装过程及系统的启动与登录。

（5）掌握 Windows Server 2008 的各项初始配置任务。

（6）能够独立完成光盘启动的全新系统安装。

（7）灵活运用系统本地用户和用户组的创建与管理。

2．实训条件

（1）硬件要求。处理器 CPU 工作频率 2GHz 或以上，双核，内存 2GB RAM 以上，硬盘空间 80GB 以上，光盘驱动器 DVD-ROM，显示器为 Super VGA（800×600）或者更高级的显示器，标准键盘，鼠标。

注意：若无特殊说明，本书一直采用以上硬件环境。

（2）网络环境：100Mb 或 1000Mb 以太网络，包含交换机（或集线器）、超五类网络线等网络设备、附属设施。

（3）软件准备：基于 Windows XP（64 位）或 Windows 7 操作系统平台，Windows Server

2008 安装光盘、UltraISO 9.0、VirtualBox4.0.12（OVB）。

3．实训内容

（1）安装 VirtualBox4.0.12。

（2）使用。

（3）在 OVB 中以光盘启动方式安装 Windows Server 2008 64 位简体中文企业版。

（4）安装完成后，完成网络设置、防火墙设置等技能项目。

（5）记录实训中存在的问题，以及解决问题的方法与过程。

（6）练习 Windows Server 2008 Server Core 安装。

4．实训考核

序号		规　定　任　务	分值（分）	项目组评分
1		安装 VirtualBox4.0.12	5	
2		在 OVB 中以光盘启动方式安装 Windows Server 2008 64 位简体中文企业版	10	
3		系统桌面、日期、文件选项等调整	5	
4		驱动安装	10	
5		网络设置、防火墙设置	10	
6		本地用户创建与管理（增、删、密码设置）	10	
7		管理员用户创建与管理	10	
8		用户组的创建与管理	5	
9		USB 钥匙盘（密码重设盘）制作	10	
拓展任务（选做）	10	UltraISO 9.0 制作系统镜像文件	5	
	11	Windows Server 2008 Server Core 安装	10	
	12	实现宿主机与虚拟机的文件共享，实现映射网络驱动器操作	10	

注　1．完成并测试成功方可得满分。

　　2．未完成的任务除记录存在问题外，由同项目组成员打分。

　　3．拓展任务的完成情况与得分，由教师负责记录。

▶ **技能拓展**

1．Windows Server 2008 的 8 个版本

Windows Server 2008 是微软最新一个服务器操作系统的名称，其版本如下：

Windows Server 2008 Standard（标准版）、Windows Server 2008 Enterprise（企业版）、Windows Server 2008 Datacenter（数据中心版）、Windows Server 2008 for Itanium-based Systems（Itanium 系统版）、Windows Web Server 2008、Windows Server 2008 Standard without Hyper-V（标准版无 Hyper-V，即只有服务器核心）、Windows Server 2008 Enterprise without Hyper-V（企业版无 Hyper-V，即只有服务器核心）Windows Server 2008 Datacenter without Hyper-V（数据中心版无 Hyper-V，即只有服务器核心）。

　　Windows Server 2008 Standard 是目前最稳固的 Windows Server 操作系统，其内置的强化 Web 和虚拟化功能，是专为增加服务器基础架构的可靠性和弹性而设计，亦可节省时间及降低成本。用户利用功能强大的工具，可拥有更好的服务器控制能力，并简化设定和管理工作；而增强的安全性功能则可强化操作系统，以协助保护数据和网路，并可为企业提供扎实且可高度信赖的基础。

Windows Server 2008 Enterprise 可提供企业级的平台，部署企业关键应用。其所具备的群集和热添加（Hot-Add）处理器功能，可协助改善可用性，而整合的身份管理功能，可协助改善安全性，利用虚拟化授权权限整合应用程序，则可降低基础架构的成本。因此 Windows Server 2008 Enterprise 能为高度动态、可扩充的 IT 基础架构，提供良好的基础。

Windows Server 2008 Datacenter 所提供的企业级平台，可在小型和大型服务器上部署具有企业关键应用及大规模的虚拟化。其所具备的群集和动态硬件分割功能，可改善可用性，而通过无限制的虚拟化许可授权来巩固应用，可降低基础架构的成本。此外，此版本亦可支持 2~64 台处理器。因此，Windows Server 2008 Datacenter 能够提供良好的基础，用以建立企业级虚拟化和扩充解决方案。

Windows Web Server 2008 是特别为单一用途 Web 服务器而设计的系统，建立在 Web 基础架构功能的基础上。其整合了重新设计架构的 IIS 7.0、ASP.NET 和 Microsoft .NET Framework，以便提供任何企业快速部署网页、网站、Web 应用程序和 Web 服务。

Windows Server 2008 for Itanium-Based Systems 已针对大型数据库、各种企业和自订应用程序进行优化，可提供高可用性和多达 64 台处理器的可扩充性，能符合高要求且具关键性的解决方案的需求。

Windows HPC Server 2008 是下一代高性能计算（HPC）平台，可提供企业级的工具给高生产力的 HPC 环境。由于其建立于 Windows Server 2008 及 64 位元技术上，因此可有效地扩充至数以千计的处理器，并可提供集中管理控制台，协助用户主动监督和维护系统健康状况及稳定性。其所具备的灵活的作业调度功能，可让 Windows 和 Linux 的 HPC 平台间进行整合，亦可支持批量作业及服务导向架构（SOA）工作负载，而增强的生产力、可扩充的性能及使用容易等特色，则可使 Windows HPC Server 2008 成为同级中最佳的 Windows 环境。

另有 Windows Server 2008 标准版无 Hyper-V，即只有服务器核心；Windows Server 2008 企业版无 Hyper-V，即只有服务器核心；Windows Server 2008 数据中心版无 Hyper-V，即只有服务器核心。

2. Server Core 的功能与好处

从 Windows Server 2008 开始，管理员可以选择安装具有特定功能但不包含任何不必要功能的 Windows Server 的最小安装。服务器核心（Server Core）提供了运行以下一个或多个服务器角色的环境：

（1）Windows Server 虚拟化。

（2）动态主机配置协议（Dynamic Host Configuration Protocol，DHCP）服务器。

（3）域名系统（Domain Name System，DNS）服务器。

（4）文件服务器。

（5）Active Directory 目录服务（Active Directory Directory Service，ADDS）。

（6）Active Directory 轻型目录服务（Active Directory Light Directory Service，ADLDS）。

（7）Windows 媒体服务。

（8）打印管理。

Server Core 可为组织提供以下好处：

（1）减少了软件维护。因为服务器核心仅安装使可管理的服务器运行支持的服务器角色所需的功能，所以服务器需要较少的软件维护。由于使用的是较小的服务器核心安装，更新和修补程序的数量也相应减少节省了服务器使用的 WAN 带宽又缩短了管理时间。

（2）减小了攻击面。因为减少了在服务器上安装和运行的文件，所以暴露给网络的攻击目标也有所减少；因此，攻击面也相应减小。管理员可以只安装给定服务器所需的特定服务，将暴露风险降低到最低值。

（3）减少了要求重新启动的次数，减小了所需的磁盘空间。使用最小的服务器核心安装时，需要更新或修补的已安装组件有所减少，服务器核心安装只安装提供所需功能需要的最少文件，减小了在服务器上使用的磁盘空间。通过选择在服务器上使用服务器核心安装选项，管理员可以降低服务器的管理和软件更新要求，同时降低安全风险。

使用服务器核心安装选项，管理员可以降低服务器的持续维护要求并简化管理。通过运行最小服务器核心安装，IT 人员只需为该服务器安装直接影响安装文件的修补程序和更新。

项目 3 活动目录域服务安装与配置

▶ 基础技能

在前导课程中，学生应该了解或掌握以下知识与技能：
（1）了解常见的各类网络拓扑模型。
（2）了解局域网与广域网的基本架构。
（3）掌握网络服务器在网络中充当的角色或能够发挥的功能。

▶ 项目情境

（1）公司网络建设基本需求。目前，般若科技有限公司已经迈入了发展的快车道，专门成立了网络信息管理部门。为此公司领导提出了一些网络管理方面的要求，希望网管部门完成以下项目任务：

要求建立统一的网络管理规划，要求所有员工在公司 Active Directory 管理之下，AD 的名称为 boretech.com；因为不定期会有新员工的加入，要求职能部门能够在新员工进入岗位之前，其网络账户要规范、快速地加入到其所在部门。

（2）项目拓扑。般若科技公司总公司在苏州，在上海设有分公司。出于业务拓展考虑，明年计划在北京、广州再分设子公司。按网络的地区分布的拓扑图如图 3-1 所示。

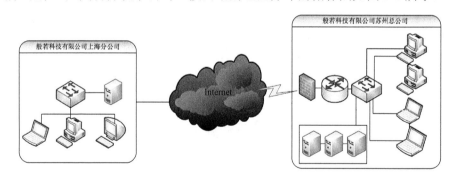

图 3-1 般若科技公司网络地区拓扑图

活动目录划分的方式和标准有很多，可以按部门、地区、使用人等，在随后的内容中都将有所接触。图 3-2 所示的是般若科技公司按管理方式规划的活动目录。

▶ 任务目标

（1）理解活动目录，掌握域、域树、域林、信任关系等重要概念。
（2）熟悉域控制器在网络中的作用，了解活动目录的结构、计算机角色等内容。
（3）掌握 OU、用户等的创建与管理。

（4）掌握安装活动目录的过程。

（5）掌握创建子域的过程。

（6）了解创建域间信任的配置过程。

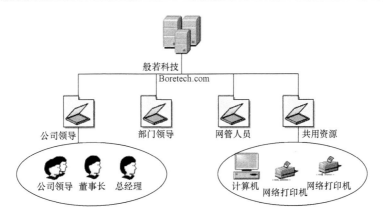

图 3-2　般若科技公司按管理方式规划的活动目录

▶ **知识准备**

1. 般若公司的域、域树、域林及其成员关系

（1）域。域（Domain）既是 Windows 网络系统的逻辑组织单元，也是 Internet 的逻辑组织单元，在 Windows 系统中，域是安全边界。域管理员只能管理域的内部，除非其他的域显式地赋予他管理权限，他才能够访问或者管理其他的域。每个域都有自己的安全策略，以及它与其他域的安全信任关系。单域、域树与域林之间的关系如图 3-3 所示。

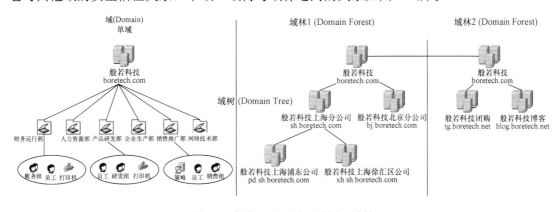

图 3-3　般若公司：域—域树—域林

（2）域控制器。在"域"模式下，至少有一台服务器负责每一台联入网络的计算机和用户的验证工作，相当于一个行政区域的主管一样，称为"域控制器（Domain Controller，DC）"，它包含了由这个域的账户、密码、属于这个域的计算机等信息构成的数据库。当计算机联入网络时，域控制器首先要鉴别这台计算机是否是属于这个域的，用户使用的登录账号是否存在、密码是否正确。如果以上信息有一样不正确，那么域控制器就会拒绝这个用户从这台计算机登录，不能登录，用户就不能访问服务器上有权限保护的资源，只能以对等网用户的方式访问 Windows 共享出来的资源，这样就在一定程度上保护了网络上的资源。

（3）多域。在实际的应用中，在网络中划分多个域，每个域的规模控制在一定的范围内，同时也是出于管理上的要求，将大的网络划分成小的网络，每个小的网络管理员管理自己所属的账户。

划分成小的网络（域）后，域 A 中的用户登录后可以访问域 A 中的服务器上的资源，域 B 的用户可以访问域 B 中的服务器上的资源，但域 A 的用户访问不了域 B 中服务器上的资源，域 B 的用户也访问不了域 A 中服务器上的资源。域是一个安全的边界，当两个域独立的时候，一个域中的用户无法访问另一个域中的资源，如图 3-3 所示。

（4）域树。从 Windows 2000 Server 起，域树（Domain Tree）开始出现，如图 3-4 所示。域树中的域以树的形式出现，最上层的域名为 boretech.com，是这个域树的根域，根域下有两个子域——sh. boretech.com 和 bj.boretech.com。pd.sh.boretech.com 和 xh.sh.boretech.com 子域下又有自己的子域。

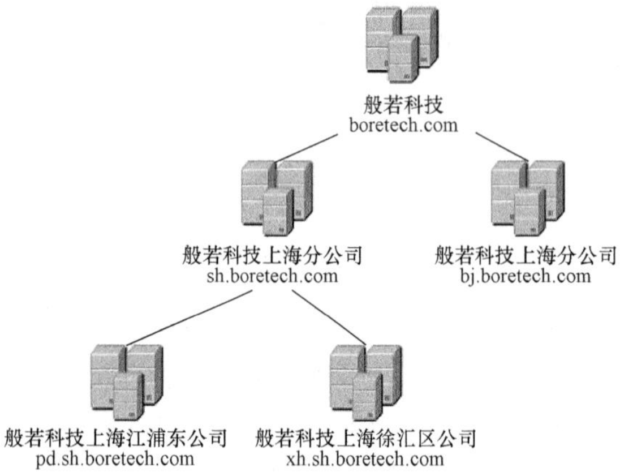

在域树中，父域和子域的信任关系是双向可传递的，因此域树中的一个域隐含地信任域树中所有的域。

（5）域林。在如图 3-5 所示的图中，般若科技有限公司向 Internet 组织申请了一个 DNS 域名 boretech.com，所以根域就采用了该名，在 boretech.com 域下的子域也就只能使用 boretech.com 作为域名的后缀了。也就是说，在一个域树中，域的名字是连续的。

然而，企业可能同时拥有 boretech.com 和 boretech.net 两个域名，如果某个域用 boretech.net 作为域名，boretech.net 将无法挂在 boretech.com 域树中。这个时候只能单独创建另一个域树，如图 3-5 所示，新的域树根域为 boretech.net，这两个域树共同构成了域林（Domain Forest）。

图 3-4　般若公司的域树（自上而下）

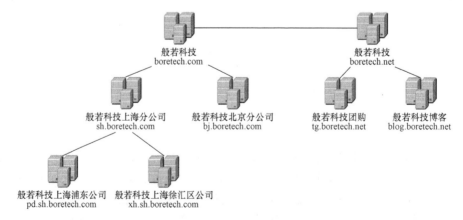

图 3-5　般若公司的域林

（6）域信任。在实际的应用中，一个域中的用户常常有访问另一个域中的资源的需要。

为了解决用户跨域访问资源的问题，可以在域之间引入信任。域 A 的用户想要访问 B 域中的资源，让域 B 信任域 A 就行了。任何一个域向另外一个域的访问，都需要建立信任关系。

信任关系分为单向和双向。单向的信任关系中，域 A 信任域 B，域 A 称为信任域，域 B 被称为被信任域。因此，域 B 的用户可以访问域 A 中的资源。在双向的信任关系中，域 A 信任域 B 的同时域 B 也信任域 A，因此域 A 的用户可以访问域 B 的资源，反之亦然，如图 3-6 所示。

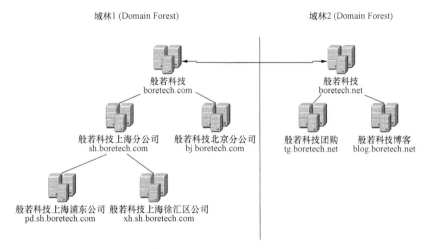

图 3-6　般若公司：两个域之间的信任关系

信任关系有可传递和不可传递之分，如果 A 信任 B，B 又信任 C，那么 A 是否信任 C 呢？如果信任关系是可传递的，A 就信任 C；如果信任关系是不可传递的，A 就不信任 C。Windows Server 2008 中有的信任关系是可传递的，有的是不可传递的，有的是单向的，有的是双向的，在使用时要注意。在同一域林中的域树的信任关系，也是双向可传递的。

2．活动目录域服务及其作用

（1）活动目录。活动目录（Active Directory）是一种目录服务，它存储有关网络对象（如用户、组、计算机、共享资源、打印机和联系人等）的信息，并将结构化数据存储作为目录信息逻辑和分层组织的基础，使管理员比较方便地查找并使用这些网络信息。活动目录并不是 Windows Server 2008 中必须安装的组件。

（2）ADDS。Windows Server 2008 中，活动目录服务有了一个新的名称 Active Directory Domain Service，ADDS。Windows Server 2008 的域控制器保存了活动目录信息的副本，存放有域中所有用户、组、计算机等信息。域控制器管理目录信息的变化，并把这些变化复制到同一个域中的其他域控制器上，使各域控制器上的目录信息同步。域控制器也负责用户的登录过程及其他与域有关的操作，如身份鉴定、目录信息查找等。

3．活动目录结构

（1）活动目录的逻辑结构。活动目录的逻辑结构非常灵活，目录中的逻辑单元包括域、域树、域林和组织单元（Organizational Unit，OU）。

组织单元是一个容器对象，可以把域中的对象组织成逻辑组，以简化管理工作。组织单元可以包含各种对象，如用户账户、用户组、计算机、打印机等，甚至可以包括其他的组织单元，可以利用组织单元把域中的对象组成一个完全逻辑上的层次结构，如图 3-7 所示。对于企业来讲，可以按部门把所有的用户和设备组成一个组织单元层次结构，也可以按地理位置形成层次结构，还可以按功能和权限分成多个组织层次结构。由于组织单元层次结构局限于域的内部，所以一个域中的组织单元层次结构，与另一个域中的组织单元层次结构没有任何关系，就像是 Windows 资源管理器中位于不同目录下的文件，可以重名或重复。

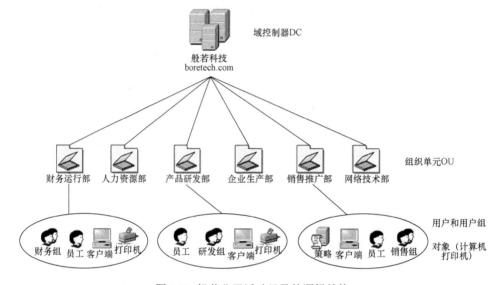

图 3-7 般若公司活动目录的逻辑结构

（2）活动目录的物理结构。

1）站点。站点由一个或多个 IP 子网组成，这些子网通过高速网络设备连接在一起。站点往往由企业的物理位置分布情况决定，可以依据站点结构配置活动目录的访问和复制拓扑关系，这样能使得网络更有效地连接，并且可使复制策略更合理，用户登录更快速。

2）域控制器 DC—全局目录服务器。全局目录服务器是一个域控制器，它保存了全局目录的一份副本，并执行对全局目录的查询操作。全局目录服务器可以提高活动目录中大范围内对象检索的性能。如果没有一个全局目录服务器，那么这样的查询操作必须要调动域林中每一个域的查询过程。如果域中只有一个域控制器，那么它就是全局目录服务器；如果有多个域控制器，那么管理员必须把一个域控制器配置为全局目录控制器。

4．域中的计算机类型

在域结构的网络中，计算机身份是一种不平等的关系，存在着四种类型，如图 3-8 所示。

（1）域控制器：类似于网络"主管"，用于管理所有的网络访问，包括登录服务器、访问共享目录和资源。域控制器存储了所有的域范围内的账户和策略信息，包括安全策略、用户身份验证信息和账户信息。在网络中，可以有多台计算机配置为域控制器，以分担用户的登录和访问。多个域控制器可以一起工作，自动备份用户账户和活动目录数据，即使部分域控制器瘫痪后，网络访问仍然不受影响，提高网络安全性和稳定性。

（2）成员服务器：是指安装了 Windows Server 2008 操作系统，又加入了域的计算机，但没有安装活动目录，这时服务器的主要目的是为了提供网络资源，也被称为现有域中的附加域控制器。成员服务器具有以下类型服务器的功能：文件服务器、应用服务器、数据库服务器、Web 服务器、证书服务器、防火墙、远程访问服务器、打印服务器等。

（3）独立服务器：如果服务器不加入到域中也不安装活动目录，就称为独立服务器。独立服务器可以创建工作组，和网络上的其他计算机共享资源，但不能获得活动目录提供的任何服务。

（4）域中的客户端：域中的计算机还可以是安装了 Windows 2000/Windows XP 等其他操作系统的计算机，用户利用这些计算机和域中的账户，就可以登录到域，成为域中的客户端。域用户账号通过域的安全验证后，即可访问网络中的各种资源，

服务器的角色可以改变，例如服务器在删除活动目录时，如果是域中最后一个域控制器，则使该服务器成为独立服务器。如果不是域中唯一的域控制器，则将使该服务器成为成员服务器。同时独立服务器既可以转换为域控制器，也可以加入到某个域成为成员服务器。

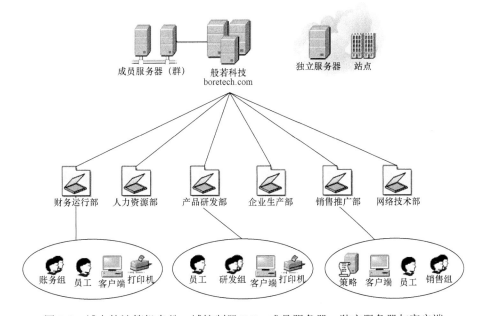

图 3-8　域中的计算机身份：域控制器 DC、成员服务器、独立服务器与客户端

▶ 实施指导

般若科技有限公司的网络化管理的出发点是基于微软公司提出的"域"和"活动目录"的概念与应用。为了更好地完成项目情境中公司领导层要求的各项任务，网管人员还要首先掌握一些基本要领，才能够理清工作思路。理论上，理解般若公司这个"域（Domain）"及其相关概念，理解该公司人、财、物管理如何纳入"活动目录（Active Directory，AD）"，进而理解"活动目录+域服务（ADDS）"的综合，最终制订基于 ADDS 的整个网络管理规划并实施。

1．般若公司的域规划

（1）域规模与 IP 地址规划。要组建 Windows 办公网络，首先要规划 IP 地址，然后再根据域环境决定是采用单域还是多域结构，最后考虑账户、文件和打印服务等内容。本项目中 IP 地址采用 192.168.1.0/24 网段。计算机默认网关为 192.168.1.250～192.168.1.254 的 IP，服

务器采用 192.168.1.1～192.168.1.20 的 IP，客户机占用 192.168.1.30～192.168.1.249 以上的 IP。

（2）域规划。根据网络规模、集中管理与结构简单原则，公司决定先采用单域结构，域名为 boretech.com。在域内按照部门名称划分组织单位（OU），分别是财务运行部、人力资源部、产品研发部、企业生产部、销售推广部、网络技术部，用于存储和管理各部门的用户资源。整个域结构与公司管理结构相匹配，可以实现网络资源的层次管理。域控制器作为整个域的核心服务器，完成对公司所有员工的账户管理和安全策略的实施，如图 3-9 所示。

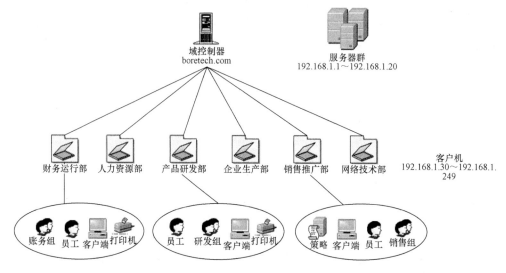

图 3-9　般若公司的域林规划

（3）用户账户和组规划。在各部门的 OU 中分别为该部门员工创建唯一的域用户账户，并要求域用户账户在首次登录时更改密码。密码最小长度为 8 位，并且符合复杂性要求。为每个部门创建全局组，并将同部门的员工账户分别加入各部门的全局组。

图 3-10　域控制器 DC 的 IP
地址与 DNS 设置

2．安装首个域与部署首个活动目录

（1）部署要求与安装过程。在 Windows Server 2008 中安装域，使其成为域控制器，以便使后来实现域的统一管理，实施组策略，以及邮件服务器软件 Exchange 2010 能够正确安装。

安装活动目录（AD）有以下基本要求：

1）服务器必须配置一个静态 IP 地址，作为一个域控制器（DC）的 IP 地址不能更换。按照公司网络规划，使用静态 IP 地址：192.168.1.1。其中，DNS 服务器与活动目录安装在同一台服务器上，故使用相同的 IP 地址，如图 3-10 所示。

2）DNS 要配置正确，因为 AD 工作必须依赖 DNS 服务。其地址可以配置为本机的 IP 地址，因为第一域控制器可以当成网络中的 DNS 服务器使用。

安装过程如下。

1）启动 AD 的安装。方法一，单击"开始"→"运行"，在弹出的对话框中输入 dcpromo 命令来启动域服务器的安装。方法二，单击"开始"菜单，在"管理工具"中选中"服务器管理器"项，然后在右窗口中单击"添加角色"项，同样也可以启动域控制器的安装向导，如图 3-11 和图 3-12 所示。

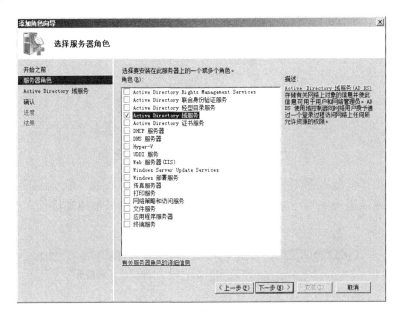

图 3-11 选择服务器角色

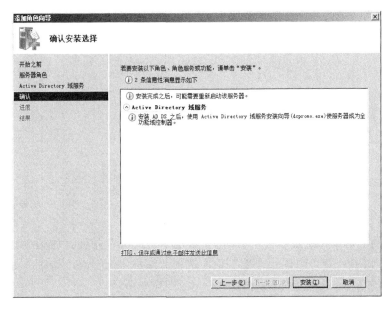

图 3-12 确认安装选择

2）确认安装选择后，系统将自动安装。需要注意的是，此时系统完成的只是域控制器模块的安装，实际域控制器及活动目录还需要进一步安装与配置，如图 3-13 所示。

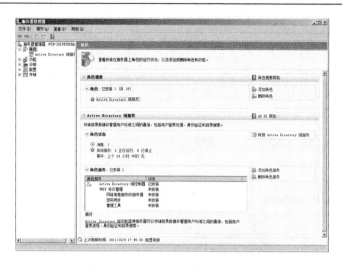

图 3-13 安装完成后的 AD 域服务

3）在服务器管理器右窗口中，能够发现角色中已经增加了"Active Directory 域服务"项。单击它，进入域服务安装与配置。单击启动安装向导，选择使用高级模式安装，如图 3-14 所示。

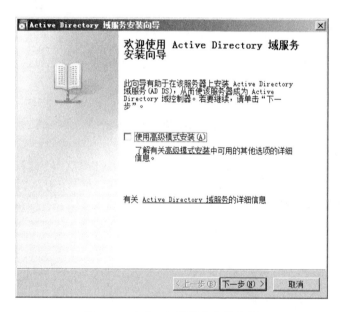

图 3-14 启动 AD 域服务安装向导

4）在弹出的"操作系统兼容性"窗口中，单击"下一步"按钮，如图 3-15 所示。在"选择部署配置"窗口中，有"新建一个域"项，选择"新林中新建域"选项，如图 3-16 所示。

5）确定域的名称，本处为 boretech.com，如图 3-17 所示。

6）设置林功能级别为 Windows Server 2008，如图 3-18 所示。

7）其他域控制器选项，选中"DNS 服务器"项，单击"下一步"按钮后，系统数据库、日志文件及 SYSOVL 位置保持不变。如图 3-19 和图 3-20 所示。

8）设置活动目录还原模式密码，用户自定，但要注意保存。单击"下一步"按钮，了解以上设置的系统摘要，如图 3-21 和图 3-22 所示。

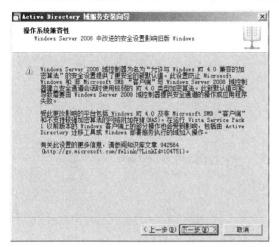

图 3-15   操作系统兼容性说明窗口

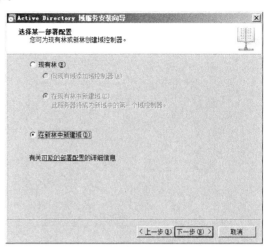

图 3-16   选择某一部署配置

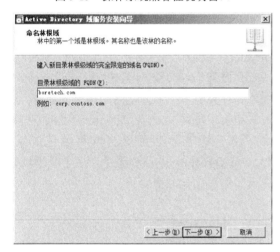

图 3-17   命名林根域

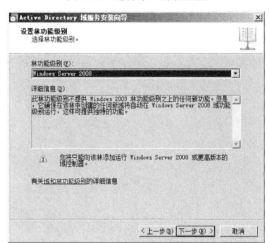

图 3-18   设置林功能级别

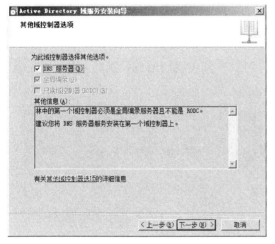

图 3-19   其他选项，选 DNS 服务器

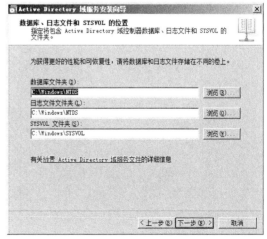

图 3-20   相关文件存放位置

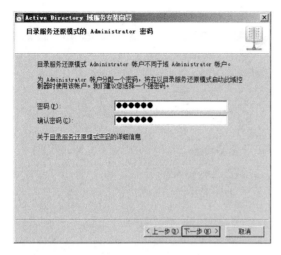

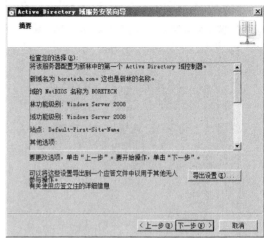

图 3-21　活动目录还原模式密码设定　　　　　　图 3-22　系统设置摘要

9）完成安装，重启系统，如图 3-23 和图 3-24 所示。

重启系统后，在"管理工具"菜单中新增 4 项，即"Active Directory 用户和计算机"、"Active Directory 域和信任关系"、"Active Directory 站点和服务"及"DNS"。其中"Active Directory 用户和计算机"用于管理活动目录的对象、组策略和权限等；"Active Directory 域和信任关系"用于管理活动目录的域和信任关系；"Active Directory 站点和服务"用于管理活动目录的物理结构站点。

图 3-23　活动目录向导完成　　　　　　　　图 3-24　系统重启

单击"Active Directory 用户和计算机"项，可以看到完成后的域控制器 boretech.com，如图 3-25 所示。

图 3-25　安装域完成后系统菜单的变化与域控制器

（2）删除域控制器或降低域控制器级别。注意：在活动目录安装之后，不但服务器的开机和关机时间变长，而且系统的执行速度也变慢，所以如果用户对某个服务器没有特别要求或不把它作为域控制器来使用，可将该服务器上的活动目录删除，使其降级成为成员服务器或独立服务器。要删除活动目录，打开"开始"菜单，选择"运行"命令，打开"运行"对话框，输入 dcpromo 命令，然后单击"确定"按钮，打开"Active Directory 安装向导"对话框，并按着向导的步骤进行删除即可。

（3）安装成功与否的判定。在服务器上确认域控制器成功安装的方法如下。

1）由于域中的所有对象都依赖于 DNS 服务，因此，首先应该确认与域控制器集成的 DNS 服务器的安装是否正确。测试方法：单击"开始"→"所有程序"→"管理工具"→DNS 命令，打开如图 3-26 所示的窗口，选择"正向查找区域"选项，可以见到与域控制器集成的正向查找区域的多个子目录，这是域控制器安装成功的标志。

图 3-26　安装域控制器成功的标志之一 DNS

2）选择"开始"→"管理工具"命令，在"管理工具"菜单选项的列表中，可以看到系统已经有域控制器的若干菜单选项。选择其中的"Active Directory 用户和计算机"选项，打开"Active Directory 用户和计算机"窗口，选择 Domain Controllers 选项，可以看到安装成功的域控制器。此外，在"控制面板"的"系统属性"对话框中，选择"计算机名"选项卡，也可以看到域名表示的域控制器的完整域名。

3）选择"开始"→"命令提示符"命令，进入 DOS 命令提示符状态，输入 ping boretech.com，若能拼通，则代表域控制器成功安装，如图 3-27 所示。

图 3-27　安装域控制器成功的标志之二 CMD 下 ping 命令

3．组织单位的创建与管理

（1）启动并进入域控制器窗口。

方法一，单击"开始"按钮，打开"管理工具"窗口，选择"Active Directory 用户和计算机"项，启动设置窗口，如图 3-28 所示。

图 3-28 　启动 Active Directory 用户和计算机

方法二，单击"开始"按钮，打开"管理工具"窗口，选择"服务器管理器"项，单击左窗口"角色"项，也可以启动域控制器配置窗口，如图 3-29 所示。

图 3-29 　从服务器管理器进入"Active Directory 用户和计算机"

（2）在 boretech.com 域控制器图标上右击，选择"新建"→"组织单位"项，启动创建窗口，如图 3-30 所示。

（3）输入"财务运行部"，单击"确定"按钮，完成一个新的组织单元的创建，如图 3-31 所示。

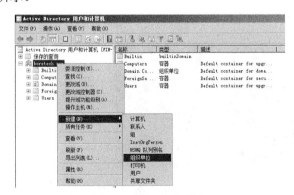 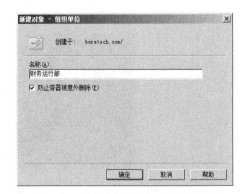

图 3-30 　新建组织单位 　　　　　　　　　图 3-31 　新建组织单元：财务运行部

（4）同样，完成另外五个部门的创建，如图 3-32 所示。

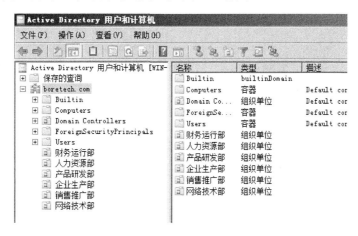

图 3-32   新建般若科技公司的六个组织单元

4．域用户的创建与管理

（1）创建域账户。当有新的用户需要使用网络上的资源时，管理员必须在域控制器中为其添加一个相应的用户账户，否则该用户无法访问域中的资源。另一方面，当有新的客户计算机要加入到域中时，管理员必须在域控制器中为其创建一个计算机账户，以使它有资格成为域成员。创建域账户的具体操作步骤如下。

1）单击"开始"→"管理工具"命令，选择"Active Directory 用户和计算机"选项，弹出"Active Directory 用户和计算机"窗口，如图 3-33 所示。在窗口的左部选中 Users，右击，在快捷菜单中选择"新建"→"用户"命令。

2）如图 3-34 所示，在出现的"新建对象—用户"对话框中输入用户的姓名及登录名等资料，注意登录名才是用户登录系统所需要输入的。

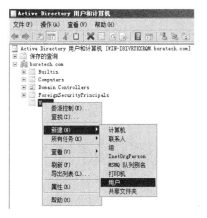

图 3-33   新建域用户（一）

图 3-34 新建对象-用户（一）

3）单击"下一步"按钮，打开密码对话框，如图 3-35 所示，输入密码并选择对密码的控制项，继续单击"下一步"按钮，选择"完成"按钮。

4）密码的特别说明：系统安装域完成后，在"本地安全策略"中将默认启用"系统密码必须符合复杂性要求"项，且用户不能禁用该项，如图 3-37 所示。所以，如果在上一步设置的密码不符合系统要求，将弹出如图 3-38 所示的提示窗口。

图 3-35　新建域用户（二）

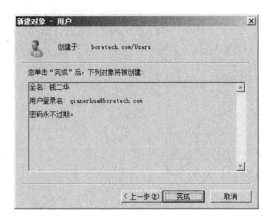

图 3-36　新建对象-用户（二）

系统默认的系统复杂性必须符合以下条件：至少有六个字符长；包含以下四类字符中的三类字符：英文大写字母（A～Z）、英文小写字母（a～z）、10 个基本数字（0～9）、非字母字符（如!、$、#、%），如图 3-39 所示。

图 3-37　安全策略中的密码复杂性设置

图 3-38　密码不符合复杂性要求提示窗

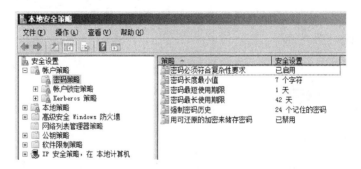

图 3-39　安全策略中的密码复杂性要求

5）创建完毕，在窗口右部的列表中会有新创建的用户。域用户是用一个人头像来表示，和本地用户的差别在于域的人头像背后没有计算机图标，如图 3-40 所示，此时显示格式为"大图标"。利用新建立的用户可以直接登录到 Windows Server 2008/2003/XP/2000/NT 等非域控制器的成员计算机上。

图 3-40　创建域用户"钱二华"完成

（2）删除域账户。在删除域账户之前，要确定计算机或网络上是否有该账户加密的重要文件。如果有，则先将文件解密再删除账户，否则该文件将不会被解密。删除域账户的操作步骤为：在"Active Directory 用户和计算机"窗口中，选择"Users"项，在用户列表中选择欲删除的用户，如"钱二华"，右击选择快捷菜单中的"删除"命令，在弹出的菜单中选择"是"命令即可实现删除域用户。如图 3-41 和图 3-42 所示。

图 3-41　域用户的右键菜单　　　　图 3-42　域用户删除确认提示窗

（3）禁用域账户。如果某用户离开公司，就要禁用该账户，操作步骤与以上相同，只是在列表中选择要禁用的账户名，在弹出的快捷菜单中选择"禁用账户"命令即可。

（4）复制域账户：同一部门的员工一般都属于相同的组，有基本相同的权限。系统管理员无需为每个员工建立新账户，只需要建好一个员工的账户，然后以此为模板，复制出多个账户即可。操作步骤与以上相同，在列表中右击作为模板的账户，选择"复制"命令，打开"复制对象—用户"对话框。与新建用户账户步骤相似，依次输入相关信息即可，如图 3-43 所示。

图 3-43　新建对象-用户：复制用户

（5）移动域账户：如果某员工调动到新部门，则系统管理员需要将该账户移到新部门的组织单元中去，用鼠标将账户拖曳到新的组织单元即可移动。

其他操作，如添加到组、重置密码、重命名等，与项目 2 中本地用户操作相同，请参考。

5．域用户属性管理与设置

新建用户账户后，管理员要对账户做进一步的设置，例如，添加用户个人信息、账户信息、进行密码设置、限制登录时间等，这些都是通过设置账户属性来完成的。

（1）域用户个人信息设置。域用户属性相比于本地用户属性，项目要多出许多。包括常规、地址、账户、配置文件、电话、单位、隶属于、拨入、环境、会话、远程控制、终端服务配置文件和 COM+等。管理员在账户属性中对应的选项卡中设置即可，如图 3-44 所示。

（2）登录时间的设置限制。要限制账户登录的时间，需要设置账户属性的"账户"选项卡。默认情况下用户可以在任何时间登录到域。例如，设置用户"钱二华"登录时间是周一到周五早 7 点到晚 17 点，操作步骤如下。

1）在"Active Directory 用户和计算机"窗口中，选择"Users"文件夹（OU），在列表中右击要改设置登录时间的账户，选择"属性"菜单，选择"账户"选项卡，如图 3-45 所示，选择"登录时间（L)..."按钮。

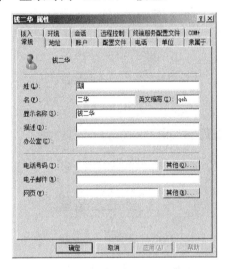

图 3-44　域用户属性项目

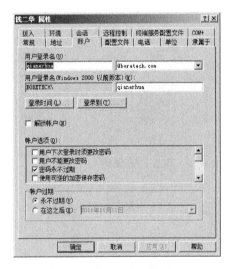

图 3-45　域用户属性：账户，登录时间

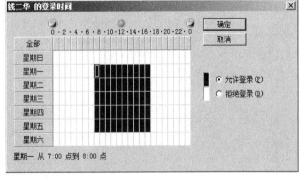

图 3-46　账户登录时间 7：00AM-5：00PM 设定

2）打开"钱二华的登录时间"对话框，如图 3-46 所示。选择周一到周五早 7 点到晚 17 点时间段，选择"允许登录"单选按钮，单击"确定"按钮。注意这里只能限制用户的登录域的时间，如果用户在允许时间段登录，但一直连到超过时间，系统不能自动将其注销。

（3）设置账户只能从特定计算机登录。系统默认用户可以从域内任一台计算机登录域，也可以限制账户只能从特定计算机登录。其方法就是，在"Active Directory 用户和计算机"窗口中，选择"Users"文件夹（OU），在列表中选择并右击账户，选择"属性"菜单，单击"账户"选项卡，选择"登录到（T）..."按钮。在"登录工作站"对话框中，如图 3-47 所示，设置登录的计算机名。

（4）设置账户过期日。设置账户过期日，一般是为了不让临时聘用的人员在离职后继续访问网络。通过对账户属性事先进行设置，可以使账户到期后自动失效，省去了管理员手工删除该账户的操作。设置的步骤是：在"Active Directory 用户和计算机"窗口中，选择"Users"文件夹（OU），在列表中选择并右击账户，选择"属性"菜单，单击"账户"选项卡，选择"账户过期"选项，单击下拉菜单，在日期组件中选择想设定的时间即可。完成后，单击"确定"按钮退出。操作示意图如图 3-48 所示。

图 3-47　账户登录到选择与设定

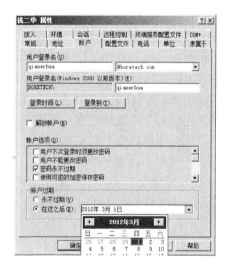

图 3-48　设定账户过期日

6．域用户配置文件

用户可以通过用户配置文件维护自己的桌面环境，以便让用户在每次登录时，都有统一的工作环境与界面，如相同的桌面、相同的网络打印机、相同的窗口显示等。

用户配置文件是使用计算机符合所需的外观和工作方式的设置的集合，其中包括桌面背景、屏幕保护程序、指针首选项、声音设置及其他功能设置。用户配置文件可以确保只要登录到 Windows 便会使用个人首选项。与用于登录到 Windows 的用户账户不同，每个账户至少有一个与其关联的用户配置文件。

（1）用户配置文件的类型。

1）本地用户配置文件：当一个用户第一次登录到一台计算机上时，创建的用户配置文件就是本地用户配置文件。一台计算机上可以有多个本地用户配置文件，分别对应于每一个曾经登录过该计算机的用户。域用户的配置文件夹名字的形式为"用户名.域名"，而本地用户的配置文件的名字是直接以用户命名的。用户配置文件不能直接被编辑，要想修改配置文件的内容需要以该用户登录，然后手动修改用户的工作环境，如桌面、"开始"菜单、鼠标等，系统会自动地将修改后的配置保存到用户配置文件中。

2）漫游用户配置文件：该文件只适用于域用户，域用户才有可能在不同的计算机上登录。当一个用户需要经常在其他计算机上登录，并且每次都希望使用相同的工作环境时，就需要使用漫游用户配置文件。该配置文件被保存在网络中的某台服务器上，并且当用户更改了其工作环境后，新的设置也将自动保存到服务器上的配置文件中，以保证其在任何地点登录都能使用相同的新的工作环境。所有的域用户账户默认使用的是该类型的用户配置文件，该文件是在用户第一次登录时由系统自动创建的。

3）强制性用户配置文件：强制性用户配置文件不保存用户对工作环境的修改，当用户更改了工作环境参数之后退出登录再重新登录时，工作环境又恢复到强制用户配置文件中所设定的状态。当需要一个统一的工作环境时该文件就十分有用。该文件由管理员控制，可以是本地的也可以是漫游的用户配置文件。通常将强制性用户配置文件保存在某台服务器上，这样不管用户从哪台计算机上登录都将得到一个相同且不能更改的工作环境。因此强制性用户配置文件有时也被称为强制性漫游用户配置文件。

（2）用户配置文件的内容。用户配置文件并不是一个单独的文件，而是由用户配置文件夹（目前是 Administrator）、Default（默认配置）文件夹和"公用"文件夹三部分内容组成的。这三部分内容在用户配置文件中起着不同的作用。

1）用户配置文件夹：在"用户"文件夹内有一些以用户名命名的子文件夹，是曾经成功登录系统完成且未被删除的用户文件夹。由于目前系统本地登录的用户只有 Administrator，所以只显示以该用户命名的文件夹。它们包含了相应用户的桌面、文档、下载等用户工作环境的设置，如图 3-49 所示。

2）默认配置文件夹：用户配置文件夹内有部分数据存储在注册表的 HKEY_CURRENT_USER 内，存储着当前登录用户的环境设置数据。隐藏文件 Ntuser.dat 即 HKEY_CURRENT_USER 数据存储的位置。

3）"公用"文件夹：它包含所有用户的公用数据，如公用程序组中包含了每个用户登录都可以使用的程序，如图 3-49 所示。

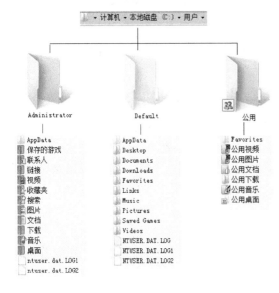

图 3-49　用户配置文件夹布局示意图

7. 内置域组

内置本地域组代表的是对某种资源的访问权限。创建本地域组的目的是针对某种资源的访问情况而创建的。例如，在网络上有一个激光打印机，针对该打印机的使用情况，可以创建一个"激光打印机使用者"本地域组，然后授权该组使用该打印机。以后哪个用户或全局组需要使用打印机，可以直接将用户或组添加到"激光打印机使用者"，就等于授权使用打印机了。自己创建的本地域组，可以授权访问本域计算机上的资源，它代表的是访问资源的权限；其成员可以是本域的用户、组或其他域的用户组；只能授权其访问本域资源，其他域中的资源不能授权其访问。

这些内置的本地域组位于活动目录的 Builtin 容器内，如图 3-50 所示，下面列出几个较常用的本地域组。

1）Account Operator：系统默认其组成员可以在任何一个容器（Builtin 容器和域控制器组织单元除外）或组织单元内创建、删除账户、更改用户账户、组账户和计算机账户组，但不能更改和删除 Administrators 组与 Domain Admins 组的成员。

图 3-50 本地域组

2）Administrator：成员可以在所有域控制器上完成全部管理工作，默认的成员有 Administrator 用户、Domain Admins 全局组、Enterprise Admins 全局组等。

3）Backup Operators：成员可以备份和还原所有域控制器内的文件和文件夹，可以关闭域控制器。

4）Guest：成员只能完成授权的任务、访问授权的资源，默认时 Guest 和全局组 Domain Guests 是该组的成员。

5）Network Configuration Operators：其成员可以域控制器上执行一般的网络设置工作。

6）pre-Windows 2000 Compatible Access：该组主要是为了与 Windows NT 4.0（或更旧的系统）兼容，其成员可读取 Windows Server 2008 域中所有用户与组账户。其默认成员为特殊组 Everyone。只有在用户使用的计算机是 Windows NT 4.0 或更旧的系统时，才将用户加入该组中。

7）Printer Operators：其成员可以创建、停止或管理在域控制器上的共享打印机，也可以关闭域控制器。

8）Remote Desktop Users：其成员可以通过远程计算机登录。

9）Server Operators：其成员可以创建、管理、删除域控制器上的共享文件夹与打印机，备份与还原域控制器内的文件，锁定与解开域控制器，将域控制器上的硬盘格式化，更改域控制器的系统时间，关闭域控制器等。

10）Users：默认时，Domain Users 组是其成员，可以用该组来指定每个在域中账户应该具有的基本权限。

8．内置全局组、通用组与特殊组

当创建一个域时，系统会在活动目录中创建一些内置的全局组，其本身并没有任何权利与权限，但是可以通过将其加入到具备权利或权限的域本地组内，或者直接为该全局组指派权利或权限。

这些内置的全局组位于 Users 容器内，图 3-51 中所示为较为常用的全局组。

（1）内置全局组。

1）Domain Admins：域内的成员计算机会自动将该组加入到其 Administrators 组中，此该组内的每个成员都具备系统管理员的权限。该组默认成员为域用户 Administrator。

2）Domain Computers：所有加入该域的计算机都被自动加入到该组内。

3）Domain Controllers：域内的所有域控制器都被自动加入到该组内。

4）Domain Users：域内的成员计算机会自动将该组加入到其 Users 组中，该组默认的成员为域用户 Administrator，以后添加的域用户账户都自动属于该 Domain Users 全局组。

图 3-51　内置全局组

5）Domain Guests：Windows Server 2008 会自动将该组加入到 Guests 域本地组内，该组默认的成员为用户账户 Guest。

6）Enterprise Admins：只存在于整个域目录林的根域中，其成员具有管理整个目录林内的所有域的权利。

7）Schema Admins：只存在于整个域目录林的根域中，其成员具备管理架构的权利。

8）Group Policy Creator Owners：该组中的成员可以修改域的组策略。

9）Read-only Domain Controllers：此组中的成员是域中只读域控制器。

（2）内置通用组：和全局组的作用一样，目的是根据用户的职责合并用户。与全局且不同的是，在多域环境中它能够合并其他域中的域用户账户。例如，可以把两个域中的经理账户添加到一个通用组。在多域环境中，可以在任何域中为其授权。

（3）内置的特殊组：特殊组存在于每一台 Windows Server 2008 计算机内，用户无法更改这些组的成员。也就是说，无法在 "Active Directory 用户和计算机" 或 "本地用户与组" 内看到、管理这些组。这些组只有在设置权利、权限时才看得到。以下列出几个较为常用的特殊组。

1）Everyone：包括所有访问该计算机的用户，如果为 Everyone 指定了权限并启用 Guest 账户时一定要小心，Windows 会将没有有效账户的用户当成 Guest 账户，该账户自动得到 Everyone 的权限。

2）Authenticated Users：包括在计算机上或活动目录中的所有通过身份验证的账户，用该组代替 Everyone 组可以防止匿名访问。

3）Creator Owner：文件等资源的创建者就是该资源的 Creator Owner。不过，如果创建属于 Administrators 组内的成员，则其 Creator Owner 为 Administrators 组。

4）Network：包括当前从网络上的另一台计算机与该计算机上的共享资源保持联系的任何账户。

5）Interactive：包括当前在该计算机上登录的所有账户。

6）Anonymous Logon：包括 Windows Server 2008 不能验证身份的任何账户。注意，在 Windows Server 2008 中，Everyone 组内并不包含 Anonymous Logon 组。

7）Dialup：包括当前建立了拨号连接的任何账户。

9．域用户组的创建与管理

只有 Administrators 组的用户才有权限建立域组账户，域组账户要创建在域控制器的活动目录中。以般若公司的财务运行部为例，要在系统中建立一个财务组，名称为 caiwu。创建这个域组账户的步骤如下。

（1）选择"开始"→"管理工具"→"Active Directory 用户和计算机"命令，单击域名，右击某组织单位，选择"新建"→"组"命令，如图 3-52 所示。

（2）进入"新建对象－组"对话框，如图 3-53 所示。输入组名，选择"组作用域"、"组类型"后，单击"确定"按钮即可完成创建工作。

图 3-52　新建：组

图 3-53　新建对象：组-caiwu

和管理本地组的操作相似，在"Active Directory 用户和计算机"窗口中，右击选定的组，选择快捷菜单中的相应命令可以删除组、更改组名，或者为组添加或删除组成员。

10．将域账户加入到域组

默认在域控制器上新建的账户是 Domain Users 组的成员，如果让该用户拥有其他组的权限，可以将该用户加入到其他组中。例如将用户钱二华，登录名为 qianerhua，加入到 caiwu 组中，具体的操作步骤如下。

（1）在"Active Directory 用户和计算机"窗口中，选择 Users 命令，右击账户"钱二华"，弹出"钱二华 属性"对话框，选择"隶属于"选项卡，如图 3-54 所示。

（2）单击"添加"按钮，弹出"选择组"对话框，如图 3-55 所示，单击"高级（A）…"按钮，在弹出的"选择组"对话框中，单击"立即查找（N）"按钮，然后在查找的结果中选择组名 caiwu，如图 3-56 所示，单击"确定"按钮。在上部分内容中，caiwu 组事先已建立好。

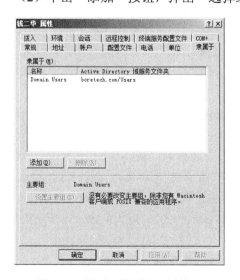

图 3-54　域用户钱用户"属性"

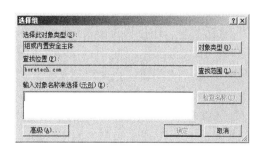

图 3-55　选择组：高级

图 3-56　选择组：caiwu

（3）"技术部"组就加入到"隶属于"列表了，单击"确定"按钮即将域账户加入到组。

▶ 工学结合

1. 从客户机登录到域

般若公司员工的计算机系统主要为两种：一是 Windows XP 专业版（注意：家庭版不能登录到域），另一种是 Windows Server 2003 英文企业版。现以 Windows Server 2003 英文企业版为例，将其视为普通的域工作站，而公司的活动目录服务器将成为域的成员服务器。下面仅以安装 Windows Server 2003 英文企业版操作系统的客户机为例，对于安装了 Windows XP 专业版或其他 Windows 系列操作系统的客户机，可以参照进行。

（1）先以 Windows Server 2003 英文企业版计算机管理员的身份登录本机。由于在设置客户端时，会更改本机的设置，必须先以本机管理员的身份登录，否则系统的许多选项为查看模式，不能更改设置。登录本机时，"用户名"文本框应输入 Administrator，"密码"文本框应输入在系统安装过程中确定的管理员密码。

（2）在需要加入域的计算机上，选择"Start"→"Control Panel"命令，在打开的"Control Panel 控制面板"窗口中，双击"System（系统）"图标，在打开的"System Properties（系统属性）"对话框中，选择"Computer Name（计算机名）"选项卡，如图 3-57 所示。

（3）单击"Change...（更改）"按钮，打开如图 3-58 所示的"Computer Name Changes（计算机名称更改）"对话框。在此对话框中，确认计算机名正确。在"Member of（隶属于）"选项区中，选中"Domain（域）"单选钮，输入 Windows Server 2003 英文企业版工作站要加入的域名，本例是 boretech.com，最后单击 OK 按钮。

（4）在如图 3-59 所示的对话框中，输入在域控制器中具有将工作站加入"域"权利的用户账号，而不是工作站本身的系统管理员账户或其他账户。此处使用 qianerhua 用户进行远程域登录。

（5）如果成功地加入了域，将打开提示对话框，显示"Welcome to the boretech domain（欢迎加入 boretech 域）"的信息，否则提示出错信息，最后单击 OK 按钮，如图 3-60 所示。

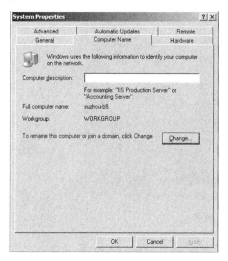

图 3-57 客户计算机：系统属性

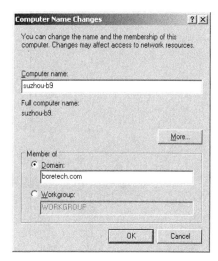

图 3-58 加入域：boretech.com

图 3-59 以 qianerhua 域用户登录域

图 3-60 钱二华成功加入域 boretech.com

（6）当出现重新启动计算机的询问对话框时，单击 OK 按钮。重新启动计算机后，出现如图 3-61 所示的三栏登录窗口。由于此时的目的是登录域，因此先在"Log on to:（登录到）"下拉列表框中选择拟加入域的域控制器的 NetBIOS 名称，如 BORETECH，前两栏则应输入在活动目录中有效的用户名及相应的密码，即可登录到该域。

登录成功后，界面如图 3-62 所示。

2. 创建和使用漫游用户配置文件

漫游用户文件只适用于域用户，它存储在网络

图 3-61 钱二华登录域

服务器中，无论用户从域内哪台计算机登录，都可以读取它的漫游用户配置文件。用户注销时，发生的改变会被同时存储到网络服务器中的漫游配置文件夹和本地用户配置文件。若相同，则直接使用本地用户配置文件，提高读取效率。

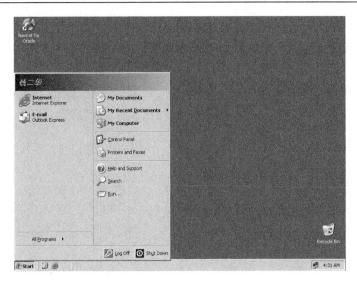

图 3-62　钱二华登录域成功

若无法访问漫游用户配置文件,用户首次登录时会以 Default User 配置文件的内容设置环境,当用户注销时不会被存储;若以前登录过,则使用它在计算机中的本地用户配置文件。

假设要指定域用户"钱二华"(登录名为 qianerhua)来使用漫游用户配置文件,并设置将这个漫游用户配置文件存储在服务器"config_file"的共享文件夹内,操作步骤如下。

(1)在 Windows Server 2008 服务器上,以域管理员的身份在域控制器上登录并创建一个共享名为"config_file"的共享文件夹,如图 3-63 所示。右击该文件夹,在弹出的快捷菜单中选择"共享"命令。

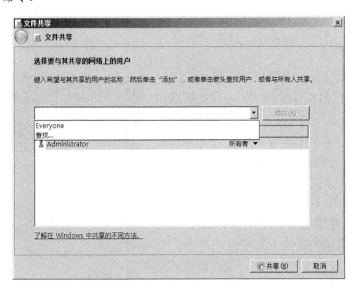

图 3-63　设置 config_file 文件夹的共享

(2)在出现的选择要与其共享的网络上的用户或组对话框中,选择查找选项,如图 3-64

所示。

（3）在出现的"选择用户或组"对话框中，单击"立即查找"按钮，单击选择用户"钱二华"，然后单击"确定"按钮，如图 3-65 所示。

（4）完成共享。将钱二华的权限级别选为"共有者"，然后单击"共享"按钮，如图 3-66 所示。随后进入共享完成窗口，可以单击共享文件夹的地址，在地址栏中复制，以便后来使用，如图 3-67 所示。

（5）在域控制器上，打开"Active Directory 用户和计算机"窗口，双击"钱二华"账户，在用户属性对话框中，单击"配置文件"选项卡，输入"\\WIN-I8IVRTKXRQM\config_file\%username%"，如图 3-68 所示。（注意，地址格式为：\\机器名\共享文件夹名\%username%"。）

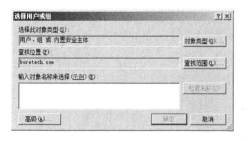

图 3-64　文件夹的共享查找用户　　　　　　图 3-65　查找用户钱二华

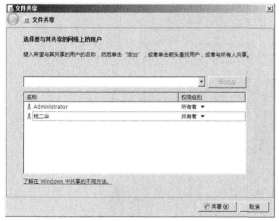

图 3-66　钱二华为文件夹的共有者　　　　　图 3-67　共享文件夹的地址

（6）为检查效果，在 Windows Server 2008 服务器上的共享文件 Desktop 文件夹中新建一个文档，并命名为"通知.txt"，如图 3-69 所示。

（7）再次从 Windows Server 2003 英文企业版客户端登录，就能够发现此时桌面上已经有通知.txt。通过这种方法，可以进行通知类的信息的直接分发到用户桌面，如图 3-70 所示。

漫游用户配置文件的用户在登录域时，其计算机会读取存储在服务器端的漫游用户配置文件，以便根据该配置文件来决定用户的桌面设置。而用户注销时，用户的桌面设置会被同时保存在漫游用户配置文件与本地用户配置文件内。

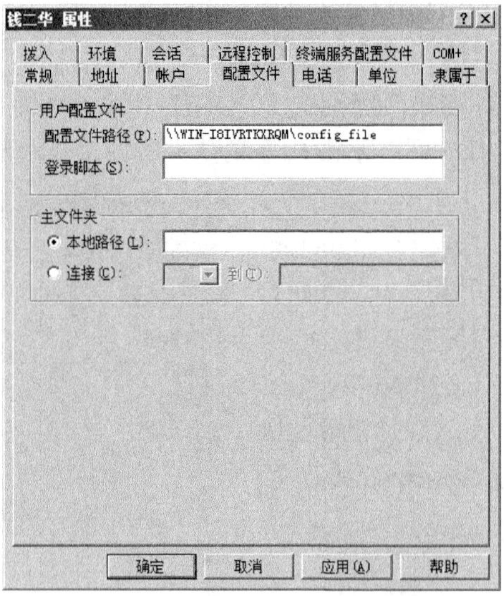

图 3-68　用户配置文件中文件路径

图 3-69　用户配置文件详细文件路径

图 3-70　用户配置文件中桌面效果

（8）创建和使用强制性用户配置文件。若希望无论从网络中哪台计算机登录，都只能使用同一种工作环境，也就是使得用户无法修改工作环境，可以通过创建和使用强制用户配置文件来实现。创建强制性用户配置文件的方法是：将漫游用户配置文件夹中的 Ntuser.dat 文件名改为 Ntuser.man 即可。

3．创建子域

（1）注意事项。创建子域，通常情况下应注意以下四个方面的问题。

1）使用具有充分权限的用户账户登录域控制器：被提升为子域的计算机必须是已加入域的成员，并且以 Active Directory 中 Domain Admins 组或 Enterprise Admins 组的用户账户登录到域控制器，否则将会被提示无权提升域控制器。

2）操作系统版本的兼容性：被提升为子域控制器的计算机必须安装 Windows Server 2008（Windows Server 2008 Web Edition 除外）或 Windows Server 2003 操作系统。

3）正确配置 DNS 服务器：必须将当前计算机的 DNS 服务器指向主域控制器，并且保证域控制器的 DNS 已经被正确配置，否则将会被提示无法联系到 Active Directory 域控制器。

4）域名长度：Active Directory 域名最多包含 64 字符或 155 字节。

（2）VirtualBox 虚拟机克隆方法。为了研究与学习的方便，在 VirtualBox 虚拟机中，将已经完成安装的 Windows Server 2008 简体中文 64 位企业版系统，进行克隆。具体的方法如下。

1）打开命令行方式。在命令行窗口中输入 vboxmanage.exe clonevdi 命令对已经安装好的虚拟机进行复制。命令中第一个引号部分，"e：\w2008_ep_64b\windows server 2008.vdi" 表示原始系统虚拟盘的存放位置，而"e：\w2008_sh\w08_sh.vdi"表示目标系统虚拟盘打算存放的目录位置与文件名。

具体命令为：C：\Program Files\Oracle\VirtualBox>VBoxManage.exe clonevdi "e：\w2008_ep_64b\windows server 2008.vdi" "e：\w2008_sh\w08_sh.vdi""，如图 3-71 所示。

2）新建一个虚拟机。VirtualBox 虚拟机软件中，选择"新建"命令，设定好名称、操作系统类型，然后在"内存"设定完成后，在下一步"虚拟硬盘"设定中，选择"使用现有的虚拟硬盘"项。在右边浏览图标中选择上一步复制好的 VDI 文件即可，如图 3-72 所示。复制完成。在虚拟机创建完成后，建议更改计算机名称，避免 NETBIOS 冲突，且配置好静态 IP。

图 3-71　VirtualBox 虚拟机克隆

此次复制的虚拟机计划安装上海子公司的管理域，域名在域规划、域树、域林等图中已经有所说明，子域名为 sh.boretech.com，是 boretech.com 的子域，且子域的 IP 地址规划为 192.168.1.11。

（3）创建子域。创建子域的过程和创建主域控制器的过程基本相似，以在 boretech.com 的域下面创建的 sh 子域为例，介绍其具体的操作步骤。

1）启动克隆成功的虚拟机。首先打开"网络和共享中心"，选择"管理网络连接功能"项，在"本地连接"属性中，TCP/IP 首选 DNS 指向域控制器（本例为 192.168.1.1），同时确认本地 IP 地址（本例设置为 192.168.1.11）和域控制器在同一个网段。如图 3-73 所示。

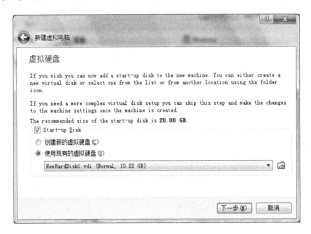
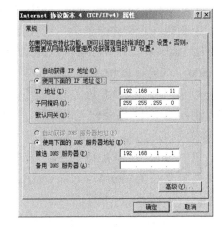

图 3-72　选择复制过的虚拟硬盘　　　　　　图 3-73　子域 IP 地址设定

2）选择"开始"→"服务器管理器"命令打开服务器管理器，启动"Active Directory 域服务安装向导"，进行至"选择某一部署配置"窗口中，选择"现有林"下的"在现有林中新建域"选项，如图 3-74 所示。

3）单击"下一步"按钮，进入"网络凭据"窗口，如图 3-75 所示，在文本框中输入域控制器的域名称，此处为 boretech.com。

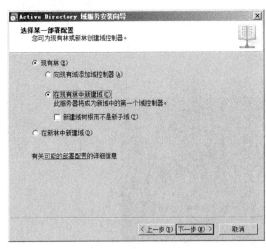
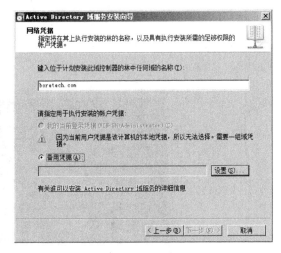

图 3-74　在现有林中新建域　　　　　　　图 3-75　网络凭据

4）单击"设置"按钮，进入"网络凭据"界面，输入登录到域控制器的用户名和密码，"域"文本框中会默认显示当前主域控制器的完整域名，单击"确定"按钮后完成备用凭据设定，如图 3-76 和图 3-77 所示。

5）单击"下一步"按钮，进入"命名新域"界面，在"父域的 FQDN"文本框中输入当前域控制器的 DNS 全名 boretech.com，在"子域的单标签 DNS 名称"文本框中输入子域名称 sh，如图 3-78 所示。

6）单击"下一步"按钮，进入"NetBIOS 域名"界面，系统会出现默认的 NetBIOS 名称，建议不要更改。建成后的子域虽然仍要接受来自父域的管理，但是它已经是一台全新的域控制器，其下所有的用户均可直接登录到该域控制器，如图 3-79 所示。

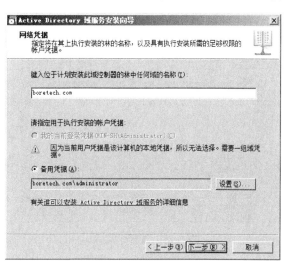

图 3-76　网络凭据设定　　　　图 3-77　完成网络凭据设定

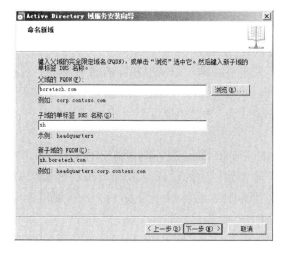
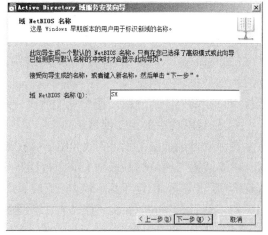

图 3-78　命名新域　　　　图 3-79　新域 NETBIOS 名称

7）接下来为新域控制器选择一个站点，如图 3-80 所示。利用安装向导连续单击"下一步"按钮，直至进入"摘要"界面，如图 3-81 所示。此时会发现新的域名中包含父域的域名，可以单击"上一步"按钮，返回前面的界面重新设置。

8）单击"下一步"按钮即可开始安装子域，安装完成后再重新启动计算机，即可完成子域的创建。

4. 创建附加的域控制器

通常情况下，一个功能强大的网络中至少应设置两台域控制器，即一台主域控制器和一台附加域控制器。网络中的第一台安装活动目录的服务器通常会默认被设置为主域控制器，其他域控制器（可以有多台）称为附加域控制器，主要用于主域控制器出现故障时及时接替其工作，继续提供各种网络服务，以及备份数据的作用。具体操作步骤如下。

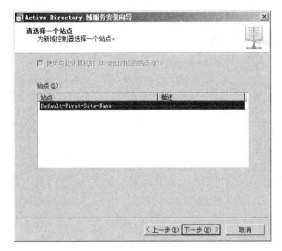

图 3-80　选择站点

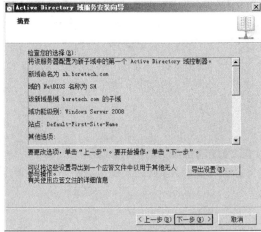

图 3-81　新域摘要信息

（1）确认"本地连接"属性 TCP/IP 首选 DNS 是否指向了域控制器（本例为 192.168.1.1），同时确认本地 IP 地址（本例设置为 192.168.1.12）和域控制器在同一个网段。然后选择"开始"→"服务器管理器"命令打开服务器管理器，按照上述"安装活动目录"的方法启动"Active Directory 域服务安装向导"，进行至"选择某一部署配置"界面中，选择"现有林"下的"在现有域添加域控制器"选项，将该计算机设置为域外控制器。

（2）单击"下一步"按钮，在"网络凭据"界面中，输入主域控制器的名称及用户名和密码。该用户名必须隶属于目的域的 Domain Admins 组、Enterprise Admins 组，或者是其他授权用户。其他安装过程，请参见上述"安装活动目录"相关内容。

5．创建域林中的第二棵域树

在活动目录的安装里，多次介绍了域控制器的安装和 DNS 服务器有密切的关系。所以在域林中安装第二棵域树 boretech.net 时，DNS 服务器要做一定的设置：在 boretech.com 域树中，首选 DNS 服务器 IP 地址为 192.168.1.1，仍然使用该 DNS 服务器作为 boretech.net 域的 DNS 服务器，然后在 boretech.com 服务器上创建新的 DNS 域 boretech.net。

（1）在 DNS 中增加 boretech.net 域。

1）选择"开始"→"管理工具"→DNS 选项，弹出 DNS 管理窗口，如图 3-82 所示。展开左部的列表，右击"正向查找区域"项，在弹出的快捷菜单中选择"新建区域"命令。

2）在"欢迎使用新建区域向导"界面中，单击"下一步"按钮，进入"区域类型"界面，如图 3-83 和图 3-84 所示，选择"主要区域"单选按钮。

3）单击"下一步"按钮，进入"Active Directory 区域传送作用域"界面，如图 3-85 所示。根据需要选择如何复制 DNS 区域数据，这里选择第二项"至此域中的所有 DNS 服务器：boretech.com"。

4）单击"下一步"按钮，进入"区域名称"界面，如图 3-86 所示，输入 DNS 区域名称 boretech.net。

图 3-82　在 DNS 中的正向查找区域新建区域

5）单击"下一步"按钮，如图 3-87 所示，选择"只允许安全的动态更新"或者"允许非安全和安全动态更新"单选按钮中的任一个，不要选择"不允许动态更新"单选按钮。

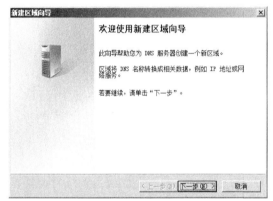

图 3-83　启动新建区域向导

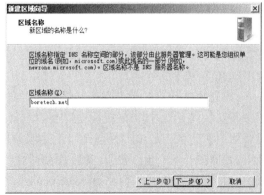

图 3-84　设置区域类型

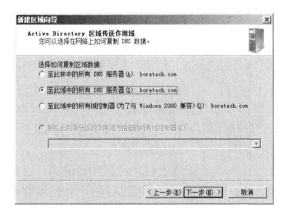
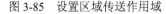

图 3-85　设置区域传送作用域

图 3-86　设定区域名称

6）单击"下一步"按钮，在"正在完成新建区域向导"界面中单击"完成"按钮，如图 3-88 所示。

7）然后在"DNS 管理"窗口中，可以看到已经创建的 DNS 域 boretech.net，如图 3-89 所示。

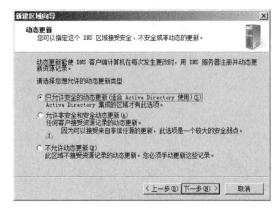

图 3-87　设定动态更新

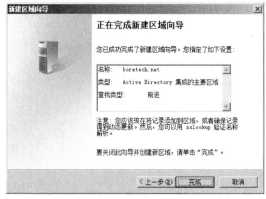

图 3-88　完成新建区域向导

图 3-89　boretech.net 成功加入 DNS 正向查找区域

（2）安装与设置 boretech.net 域树的 DC。在 DNS 服务器上做好相应的准备后，在另外一台服务器上安装与设置 boretech.net 域树的域控制器，具体的操作步骤如下。

1）首先确认"本地连接"属性 TCP/IP 首选 DNS 是否指向了域控制器（本例为192.168.1.1），同时确认本地 IP 地址（本例设置为 192.168.1.10）和域控制器在同一个网段，如图 3-90 所示。

2）选择"开始"→"服务器管理器"命令，打开服务器管理器，启动"Active Directory 域服务安装向导"。按向导提示进行至"选择某一部署配置"界面，选择"现有林"下的"在现有林中新建域"选项，并选择"新建域树根而不是新子域"复选框，如图 3-91 所示。

3）单击"下一步"按钮，输入网络凭据，在"输入位于计划安装此域控制器的林中任何域的名称"文本框中，输入 boretech.com。注意，此时该域必须处于活动状态，并且能够访问成功。在"备用凭据"的"设置"按钮中，输入已有域树根域的管理员的账户、密码。这里已有域树的根域的域名为 boretech.com，单击"下一步"按钮，如图 3-92 所示。

4）输入新域树根域的 DNS 名，这里应为 boretech.net。如图 3-93 所示。单击"下一步"按钮，由于新域的 NetBIOS 名有冲突，将弹出错误提示窗口。之后，系统自动更改为 boretech0，单击"下一步"按钮继续安装。如图 3-94 和图 3-95 所示。

图 3-90　boretech.net IP 与 DNS 设置

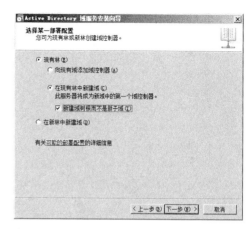

图 3-91　选择在现有林中新建域，非新子域

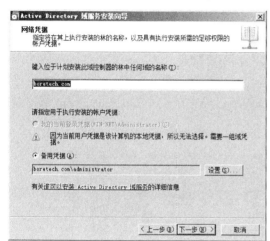

图 3-92　网络凭据

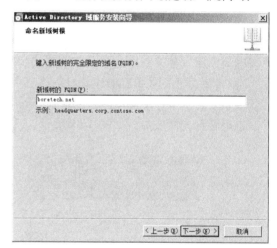

图 3-93　新域树根域的 DNS：boretech.net

图 3-94　网络名称冲突提示窗

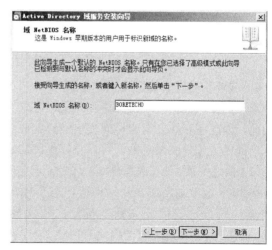

图 3-95　新域 NETBIOS 名称：boretech0

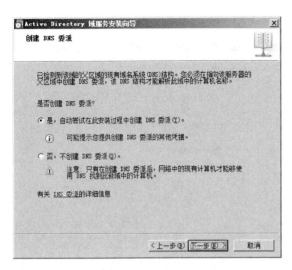

图 3-96　创建 DNS 委派

5）创建 DNS 委派，选择"是，自动尝试在此安装过程中创建 DNS 委派"选项，如图 3-96 所示。填写管理员密码，单击"确定"按钮，如图 3-97 所示。

图 3-97　输入 DNS 委派管理员密码

6）指定源控制器，本例为 WIN-I8IVRTKXRQM.boretech.com。单击"下一步"按钮。后继步骤和创建域林中的第一个域控制器的步骤类似，不再赘述。

7）安装完毕后重新启动计算机，单击"开始"→"管理工具"→"Active Directory 域和信任关系"菜单项打开窗口，可以看到 boretech.net 域已经存在了。在 boretech.com 域控制器中，也可看到同样效果，如图 3-98 所示。

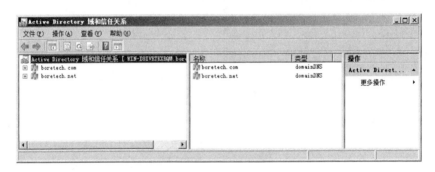

图 3-98　第二个域树创建完成

6．域控制器间的信任关系

众所周知，任何一个网络中都可能存在两台甚至多台域控制器，而对于企业网络而言更是如此，因此域和域之间的访问安全自然就成了主要问题。Windows Server 2008 的活动目录为用户提供了信任关系功能，可以很好地解决这些问题。

（1）信任关系。信任关系是两个域控制器之间实现资源互访的重要前提，任何一个 Windows Server 2008 域被加入到域目录树后，这个域都会自动信任父域，同时父域也会自动信任这个新域，而且这些信任关系具备双向传递性。由于这个信任关系的功能是通过所谓的 Kerberos 安全协议完成的，因此有时也被称为 Kerberos 信任。有时候信任关系并不是由加入域目录树或用户创建产生的，而是由彼此之间的传递得到的，这种信任关系也被称为隐含的信任关系。

（2）创建信任关系。当网络中有多个不同的域，想要让每个用户都可以自由访问网络中的每台服务器（不管用户是否属于这个域）时，域之间需要创建信任关系。在前面的章节中，已创建了一个 boretech.com 域，主域计算机名为 WIN-I8IVRTKXRQM，IP 地址为 192.168.1.1。现在再创建一个 prajna.net 域，主域计算机名为 WIN-pra，IP 地址为 192.168.1.20。

下面就以这两个域为例，介绍信任关系的创建。创建信任关系时，首先在计算机 WIN-pra（192.168.1.20）上进行操作，具体的操作步骤如下。

1）单击"开始"→"管理工具"→"Active Directory 域和信任关系"命令，从主窗口中右击 boretech.com 域名，从出现的菜单中选择"属性"命令，进入"域属性"界面，接着单击"信任"标签，打开如图 3-99 所示的"信任"选项卡。由于当前域尚未与其他任何域建立信任关系，所以此时列表为空。

2）单击"新建信任"按钮，打开"新建信任向导"，单击"下一步"按钮，进入如图 3-100 所示对话框。

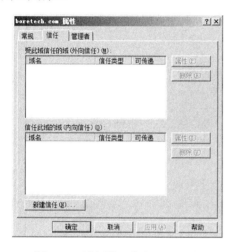

图 3-99　域属性"信任"选项夹

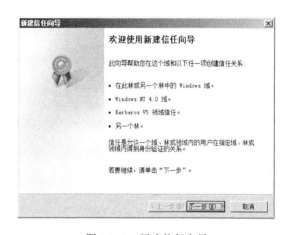

图 3-100　新建信任向导

3）在"信任名称"对话框中，在"名称"文本框中输入要与之建立信任关系的 NetBIOS 名称或者 DNS 名称，这里为 prajna.net，如图 3-101 所示。

4）单击"下一步"按钮，进入如图 3-102 所示"信任类型"对话框，选择"与一个 windows 域建立信任"项。

5）在"信任方向"界面中选择信任关系的方向，可以是"双向"、"单向：内传"、"单向：外传"。双向的信任关系实际上是由两个单向的信任关系组成的，因此也可以通过分别建立两个单向的信任关系来建立双向信任有关系。这里为了方便，选择"双向"单选按钮。如图 3-103 和图 3-104 所示。

6）单击"下一步"按钮，继续按向导提示进行。由于信任关系要在一方建立传入，在另一方建立传出，为了方便，选择"这个域和指定的域"单选按钮，同时创建传入和传出信任，单击"下一步"按钮，否则必须在 boretech.com 域上重复以上的步骤。

7）在对话框中输入 boretech.com 域中管理员的账户和密码，单击"下一步"按钮。接下来，在传出信任窗口，选择"是，确认传出信任"按钮，即确认 boretech.com 域信任 prajna.net 域，单击"下一步"按钮。

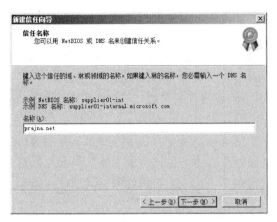

图 3-101　信任名称 NETBIOS：prajna.net

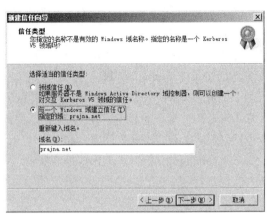

图 3-102　信任类型 1

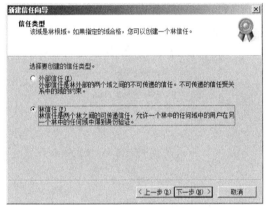

图 3-103　信任类型 2

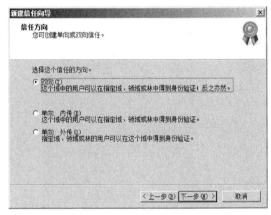

图 3-104　信任方向

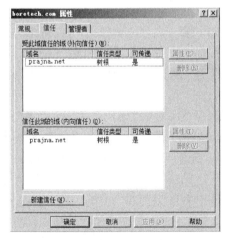

图 3-105　boretech.com 与 prajna.net
完成信任关系创建

8）在传入信任窗口，选择"是，确认传入"按钮，即确认 prajna.net 域信任 boretech.com 域，单击"下一步"按钮，信任关系成功创建，如图 3-105 所示。此时在"受此域信任的域"和"信任此域的域"列表框中均可看到刚才创建的信任关系。

▶ 技能实训

1．实训目标

（1）熟悉 Windows Server 2008 各种账户类型。

（2）熟悉 Windows Server 2008 用户账户的创建和管理。

（3）熟悉 Windows Server 2008 组账户的创建和管理。

（4）掌握用户配置文件的创建与使用。

（5）熟悉 Windows Server 2008 域控制器，掌握域的规划、创建与使用。理解域环境中计算机四种不同的类型。

（6）掌握子域的规划、创建与使用，熟悉额外域控制器及子域的安装。

（7）掌握确认域控制器安装成功的方法。

（8）熟悉创建域之间的信任关系。

2．实训条件

（1）硬件要求。处理器 CPU 工作频率 2GHz 或以上，双核，内存 2GB RAM 以上，硬盘空间 80GB 以上，光盘驱动器 DVD-ROM，显示·Super VGA（800×600）或者更高级的显示器，标准键盘，鼠标。

（2）网络环境：100Mb 或 1000Mb 以太网络，包含交换机（或集线器）、超五类网络线等网络设备、附属设施。

（3）软件准备：基于 Windows XP（64 位）或 Windows 7 操作系统平台，VirtualBox4.0.12。

3．实训内容

实训第一部分，完成下述操作。

（1）在域控制器 boretech.com 上建立本地域组 xiaoshou（销售），域账户 User1、User2、User3、User4、User5，并将这五个账户加入到 xiaoshou（销售）组中。

（2）设置用户 User1、User2 下次登录时要修改密码。

（3）设置用户 User3、User4、User5 不能更改密码并且密码永不过期。

（4）设置用户 User1、User2 登录时间是星期一到星期五 9：00～17：00。

（5）设置用户 User3、User4、User5 登录时间周一至周五的 17 点至第二天 9 点及周六、周日全天。

（6）设置用户 User3 只能从计算机 WIN2003D 上登录。

（7）设置用户 User4 只能从计算机 WIN2003E 上登录。

（8）设置用户 User5 只能从计算机 WIN2003D-Client 上登录。

（9）设置用户 User5 的账户过期日为当前日期的三个月后的日期。

（10）将 Windows Server 2008 内置的账户 Guest 加入到本地域组 xiaoshou（销售）。

（11）User1、User2 用户创建并使用漫游配置文件，要求桌面显示"计算机"、"网络"、"控制面板"、"用户文件"等常用的图标。

（12）User3、User4、User5 创建并使用强制用户配置文件，要求桌面显示"计算机"、"网络"、"控制面板"、"用户文件"等常用的图标。

实训第二部分，完成下述操作。

分别安装五台 Windows Server 2008 独立服务器和一台 Windows XP Professional 的客户机，要求这六台服务器在一个局域网中，并分别设置如下。

（1）为计算机 WIN2008A（WIN2008A 为计算机名，后同）安装操作系统 Windows Server 2008 Enterprise Edition（简体中文 64 位，以下同），IP 地址为 192.168.1.1，子网掩码为 255.255.255.0，首选 DNS 服务器为 192.168.1.1，在服务器上安装域名为 student.com 的域控制器。

（2）为计算机 WIN2008B 安装操作系统 Windows Server 2008 Enterprise Edition，IP 地址为 192.168.1.2，子网掩码为 255.255.255.0，首选 DNS 服务器为 192.168.1.1，在服务器上安装域 student.com 的额外域控制器。

（3）为计算机 WIN2008C 安装操作系统 Windows Server 2008 Enterprise Edition，IP 地址为 192.168.1.3，子网掩码为 255.255.255.0，首选 DNS 服务器为 192.168.1.1，在服务器上安装域名为 teacher.com 的域控制器，teacher.com 和 student.com 在同一域林中。

（4）为计算机 WIN2008D 安装操作系统 Windows Server 2008 Enterprise Edition，IP 地址为 192.168.1.4，子网掩码为 255.255.255.0，首选 DNS 服务器为 192.168.1.1，在服务器上安装域名为 test.student.com 的域控制器。

（5）为计算机 WIN2008E 安装操作系统 Windows Server 2008 Enterprise Edition，IP 地址为 192.168.1.5，子网掩码为 255.255.255.0，首选 DNS 服务器为 192.168.1.1，为 test.student.com 中的成员服务器。

（6）为计算机 WIN2008-Client 安装操作系统 Windows XP Professional，IP 地址为 192.168.1.6，子网掩码为 255.255.255.0，首选 DNS 服务器为 192.168.1.1，为域 student.com 的客户机。

（7）分别测试域 student.com、域 teacher.com 及子域 test.student.com 域是否安装成功。

（8）分别将计算机 WIN20083E 和 WIN2008-Client 加入到域 student.com 中。

（9）建立 student.com 和 teacher.com 域的双向快捷信任关系。

4．实训考核

序号		规　定　任　务	分值（分）	项目组评分
第一部分	1	在域控制器 boretech.com 上建立本地域组 xiaoshou（销售），域账户 User1、User2、User3、User4、User5，并将这五个账户加入到 xiaoshou（销售）组中	10	
	2	设置用户 User1、User2 下次登录时要修改密码	10	
	3	设置用户 User3、User4、User5 不能更改密码并且密码永不过期	10	
	4	设置用户 User1、User2 登录时间是星期一到星期五 9：00～17：00	10	
	5	设置用户 User3、User4、User5 登录时间周一至周五的 17 点至第二天 9 点及周六、周日全天	10	
	6	设置用户 User3 只能从计算机 WIN2003D 上登录 设置用户 User4 只能从计算机 WIN2003E 上登录 设置用户 User5 只能从计算机 WIN2003D-Client 上登录	10	
	7	设置用户 User5 账户过期日为当前日期的三个月后的日期	10	
	8	将 Windows Server 2008 内置的账户 Guest 加入到本地域组 xiaoshou（销售）	10	
	9	User1、User2 用户创建并使用漫游配置文件，要求桌面显示"计算机"、"网络"、"控制面板"、"用户文件"等常用的图标	10	
	10	User3、User4、User5 创建并使用强制用户配置文件，要求桌面显示"计算机"、"网络"、"控制面板"、"用户文件"等常用的图标	10	
第二部分	11	为计算机 WIN2008A（WIN2008A 为计算机名，后同）安装操作系统 Windows Server 2008 Enterprise Edition（简体中文 64 位，以下同），IP 地址为 192.168.1.1，子网掩码为 255.255.255.0，首选 DNS 服务器为 192.168.1.1，在服务器上安装域名为 student.com 的域控制器	15	
	12	为计算机 WIN2008B 安装操作系统 Windows Server 2008 Enterprise Edition，IP 地址为 192.168.1.2，子网掩码为 255.255.255.0，首选 DNS 服务器为 192.168.1.1，在服务器上安装域 student.com 的额外域控制器	15	
	13	为计算机 WIN2008C 安装操作系统 Windows Server 2008 Enterprise Edition，	15	

续表

	序号	规　定　任　务	分值（分）	项目组评分
第二部分	13	IP 地址为 192.168.1.3，子网掩码为 255.255.255.0，首选 DNS 服务器为 192.168.1.1，在服务器上安装域名为 teacher.com 的域控制器，teacher.com 和 student.com 在同一域林中		
	14	为计算机 WIN2008D 安装操作系统 Windows Server 2008 Enterprise Edition，IP 地址为 192.168.1.4，子网掩码为 255.255.255.0，首选 DNS 服务器为 192.168.1.1，在服务器上安装域名为 test.student.com 的域控制器	10	
	15	为计算机 WIN2008E 安装操作系统 Windows Server 2008 Enterprise Edition，IP 地址为 192.168.1.5，子网掩码为 255.255.255.0，首选 DNS 服务器为 192.168.1.1，为 test.student.com 中的成员服务器	5	
	16	为计算机 WIN2008-Client 安装操作系统 Windows XP Professional，IP 地址为 192.168.1.6，子网掩码为 255.255.255.0，首选 DNS 服务器为 192.168.1.1，为域 student.com 的客户机	10	
	17	分别测试域 student.com、域 teacher.com 以及子域 test.student.com 域是否安装成功	10	
	18	分别将计算机 WIN20083E 和 WIN2008-Client 加入到域 student.com 中	10	
	19	建立 student.com 和 teacher.com 域的双向快捷信任关系	10	
拓展任务（选做）	20	活动目录站点复制	10	
	21	活动目录还原	10	
	22	活动目录删除	10	

注　1. 完成并测试成功方可得满分。

　　2. 未完成的任务除记录存在问题外，由同项目组成员打分。

　　3. 拓展任务的完成情况与得分，由教师负责记录。

▶ 技能拓展

1. 活动目录站点复制服务

活动目录站点复制服务，就是将同一 Active Directory 站点的数据内容，保存在网络中不同的位置，以便于所有用户的快速调用，同时还可以起到备份的目的。Active Directory 站点复制服务使用的是多主机复制模型，允许在任何域控制器上（而不只是委派的主域控制器上）更改目录。Active Directory 依靠站点概念来保持复制的效率，并依靠知识一致性检查器（KCC）来自动确定网络的最佳复制拓扑。

Active Directory 站点复制可以分为站点间复制和站点内复制。

（1）站点间的复制。站点间的复制，主要是指发生在处于不同地理位置的主机之间的 Active Directory 站点复制。站点之间的目录更新可根据可配置的日程安排自动进行。在站点之间复制的目录更新被压缩以节省带宽。

（2）站点内的复制。站内复制可实现速度优化，站点内的目录更新根据更改通知自动进行。在站点内复制的目录更新并不压缩。

（3）管理复制。Active Directory 依靠站点配置信息来管理和优化复制过程。在某些情况下，Active Directory 可自动配置这些设置。此外，用户可以使用"Active Directory 站点和服务"为自己的网络配置与站点相关的信息，包括站点链接、站点链接桥和桥头服务器的设置等。

2．域控制器与子域数量

域控制器和操作主机角色方面主要是要考虑到域控制器的多少，以及各种操作主机角色的分布。在一般的小型（100 个用户以内）局域网中，域只需一个域控制器，而且所有操作主机角色都集中在域控制器上（第一台服务器）。

当网络规模大了后，考虑到域控制器的负荷，通常建议在安装了第一台服务器之后再配置另一台，或几台额外域控制器，以均衡分担第一台域控制器的负荷。这些额外域控制器同样具有第一台服务器的 Active Directory 目录副本，所以它们也可在其他域控制器失效时接替所有的工作继续提供网络服务，直到失效域控制器恢复，这其实在一定方面又起冗余的目的。在安装有多台域控制器时，此时建议把五种操作主机角色分布在不同域控制器上，这样不至于第一台服务器崩溃后所有操作主机角色也跟着失效，影响网络的正常工作。

至于要安装多少台额外域控制器，这就要视具体的网络规模和网络应用了。前面说了通常 100 个用户以内只需一台域控制器，而每增加 100 个用户建议增加一台额外域控制器。对于网络应用较复杂（如基于大型数据库系统、大容量多媒体应用等）的环境下，则建议每增加 50 个用户增加一台额外域控制器。当然以上一些通常意义上的经验总结，而且还受域控制器硬件配置的影响，并不是固定的标准，具体要根据自己企业的实际应用状况和企业网络投资预算而定。

项目4 基于组策略的域管理

▶ 基础技能

在前导课程中，学生应该了解或掌握以下知识与技能：
（1）掌握系统中域用户和域用户组的管理操作。
（2）掌握域的概念及建立、管理与信任的基本操作。
（3）掌握组织单位的创建与管理方法。
（4）了解网络规划的一般步骤与方法。

▶ 项目情境

1．需求简述

企业内部能够实现企业客户端的集中管理，根据目前企业组织结构图，合理地规划组织单位（OU），如有需要也希望能够根据实际工作所需进行组织单位的合理规划与调整。

（1）希望能够针对不同部门进行不同的管理。

（2）为了提高企业文化意识和企业品牌效应，要求所有员工的计算机桌面必须统一。

（3）对用户账户、用户配置文件、文件夹重定向、脱机文件、共享文件资源进行有效管理，为员工提供最佳使用方式，减少各部门的管理负担。

（4）根据需求，统一发布常用的应用软件。

（5）根据企业的管理条例与规章制度，能够限制某些软件的运行。

2．网络拓扑

公司活动目录网络拓扑如图4-1所示。

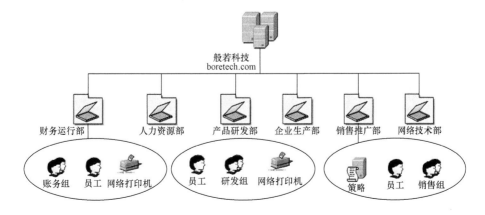

图4-1 基于域管理的般若科技公司网络拓扑图

▶ **任务目标**

（1）理解并能够规划中小公司的域，实现统一的域管理。

（2）掌握组策略的常规应用案例。

（3）根据企业需要，规划与实施员工账户信息建设。

（4）根据企业需要，设立内网各资源访问权限。

（5）根据企业需要，限制部分软件的运行。

（6）根据企业需要，进行资源发布与软件部署。

（7）采取企业统一内定账户，实行统一管理。如每个员工的 IE 浏览器的首页为公司网站的首页。

▶ **知识准备**

1．组策略基础

组策略是一种让管理员集中计算机和用户的手段或方法。组策略适用于众多方面的配置，如软件、安全性、IE 浏览器、注册表等。在活动目录中利用组策略可以在站点、域、OU 等对象上进行配置，以管理其中的计算机和用户对象。可以说组策略是活动目录的一个非常大的功能体现。在 Windows Server 2008 环境中，组策略在功能特性都有了不少的扩大与加强。目前已有了超过 5000 个设置，拥有更多的管理能力。使组策略来简化 IT 环境管理，已成为用户必须了解的技术。

组策略有如下一些特点。

（1）组策略的设置数据保存在 AD 数据库中，因此必须在域控制器上设置组策略。

（2）组策略主要管理计算机与用户。

（3）组策略不能应用到组，只能够应用到站点、域或组织单位（SDOU），即组策略的链接遵从的是 SDOU 原则，即组策略只能作用于 S——Site（站点）、D——Domain（域）、OU——Organization Unit（组织单位）。

（4）组策略不会影响未加入域的计算机和用户，对于这些计算机和用户，应使用本地安全策略来管理。

通过此部分的学习，将让系统管理员更擅长、高效的管理组策略的设计、实施、应用和排错。

2．本地组策略

本地组策略编辑器是一个 Microsoft 管理控制台（MMC）管理单元，可以用来编辑本地组策略对象（GPO）。Windows Server 2008 R2 及 Windows 7 专业版、Windows 7 旗舰版和 Windows 7 企业版都包含本地组策略编辑器和策略的结果集管理单元。本地组策略的设置都存储在各个计算机内部，不论该计算机是否属于某个域。本地组策略包含的设置要少于非本地组策略的设置，像在"安全设置"上就没有域组策略那么多的配置，也不支持"文件夹重定向"和"软件安装"这些功能。

3．域组策略

与本地组策略的"一机一策略"不同，在域环境内可以有成百上千个组策略能够创建和存在于活动目录中，并且能够通过活动目录这个集中控制技术实现整个计算机、用户网络的基于组策略的控制管理。在活动目录中我们可以为站点、域、OU 创建不同管理要求的组策略，而且允许每一个站点、域、OU 能同时设施多套组策略。

授权用户或管理员可以去创建更多的组策略，并且能够根据需求将组策略应用到相应的站点、域、OU 去，实现对整个站点、整个域、或某个特定 OU 的计算机和用户的管理控制。

4．组策略管理器的启动

（1）命令行启动本地组策略编辑器。若要打开本地组策略编辑器，请依次单击"开始"→"运行"命令，然后键入 gpedit.msc。如图 4-2 和图 4-3 所示。

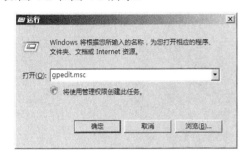

图 4-2　启动本地策略编辑器　　　　图 4-3　本地策略编辑器界面

也可以通过另外的方法启动本地组策略。在任意一台非域控制器的计算机上编辑管理本地组策略步骤如下。

1）在"开始"菜单中的"运行"对话框中输入 MMC 命令。

2）在 MMC 控制台单击"文件"→"添加删除管理单元"项。

3）在列表中选择"组策略对象编辑器"项，并单击"添加"按钮。

4）在向导界面上默认出现"本地计算机策略"，单击"完成"按钮。

5）展开"本地计算机策略"项，展开"计算机配置"和"用户配置"项。

需要注意的是，当一台计算机升级为域控制器后，本地用户和组将被系统禁用。"本地计算机策略"项在"添加删除管理单元"中可能不会出现。

（2）图形化启动基于域的组策略编辑器。以图形化方式启动组策略编辑器需要运行GPMC，Windows Server（R）2008 和更高版本中包含组策略管理控制台（GPMC）。但是，此功能并不是随操作系统安装的。因此，在使用前，必须先安装 GPMC。要安装 GPMC，可用如下两种方法来完成。

1）使用用户界面安装 GPMC。使用服务器管理器用户界面安装 GPMC 的步骤如下。

单击"开始"→"管理工具"→"服务器管理器"命令，在控制台树中，单击"功能"项。在"功能"窗格中，单击"添加功能"项。在"添加功能向导"对话框中，从可用功能列表中选择"组策略管理控制台"项。单击"安装"按钮。安装完成后，关闭服务器管理器。

2）使用命令行安装 GPMC。首先以管理员身份打开命令提示符。在命令提示符下输入ServerManagerCmd -install gpmc 命令。安装完成后关闭命令提示符。

GPMC 安装完成后，运用命令行启动域组策略编辑器。若要打开域组策略编辑器，请依次单击"开始"→"运行"命令，然后输入 gpmc.msc 命令，如图 4-4 和图 4-5 所示。

然后在 Default Domain Policy（默认域策略）上，右击选择"属性"→"编辑"命令，启动基于域的组策略管理器，如图 4-6 所示。

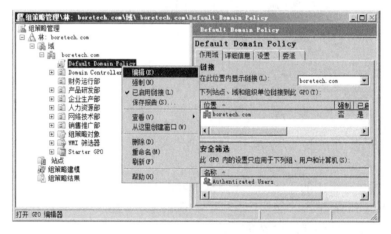

图 4-4　启动域策略编辑器　　　　　　　图 4-5　域策略编辑器界面

图 4-6　域的组策略管理器

同样，也可以按单击"开始"→"管理工具"→"组策略管理"命令，启动基于域的组策略管理。本例为 boretech.com 域。

▶ 实施指导

1．组策略管理器的构成与应用

运行 GPMC 后，启动了如图 4-7 所示的组策略管理器。首先来详细介绍组策略管理器的构成与简单应用。

在如图 4-7 所示的窗口中，组策略管理器控制台的根节点是一个称为 boretech.com 的森林根节点（这是本书的示例域），展开以后，可见如下几个主要节点。

（1）域：默认情况下是与森林同名的域。

（2）组策略对象（Group Policy Objects——GPO）：存放所有组策略的节点，包括用户创建的和默认域策略及默认域控制器策略。

（3）Starter GPOS（初级使用者 GPO）：它衍生自一个 GPO，并且具有将一组管理模板策略集成在一个对象中的能力。这是 Windows 2008 中新增的功能，可以把它理解为事先订制好的、针对不同使用环境的模板，对于不熟悉组策略配置的用户只要拿过来用就好了。这会大大简化简单环境中组策略的配置及复杂环境组策略的部署，是一个非常实用的功能。

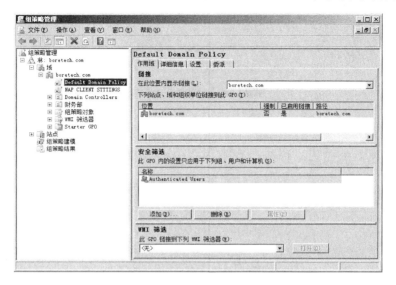

图 4-7　域的组策略管理器

以下以一个 GPO 的创建及应用过程来演示其基本用法。

（1）创建第一个 GPO。由于 GPO 只能链接到容器上，所以，要建立 GPO，必须先建立一个组织单元（OU）。在图 4-1 中，公司有一个财务部，我们就以这个部门为例来创建组织单元。

1）在 boretech.com 的域节点上单击右键，在弹出的快捷菜单中选择"新建组织单位"命令，如图 4-8 所示。然后，在弹出的对话框中输入名称为"财务部"即可。

2）在创建好的"财务部"OU 上单击右键，从菜单中选择"在此域中创建 GPO 并链接于此"命令。在弹出的对话框中，为 GPO 起一个有意义的名字，如 GPO_CW，在此处就可以选择系统上已经存在的或是导入的

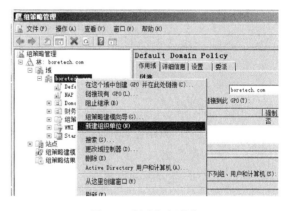

图 4-8　新建组织单位

STARTER GPO。我们此时不选，单独创建一个用于"财务部"这个 OU 的 GPO，如图 4-9 所示。创建了 GPO 后，发现在 OU 节点下有一个到该对象的链接，而真正的 GPO 是在"组策略对象"节点下的，如图 4-10 所示。

（2）配置 GPO。接下来，需要配置 GPO 并验证效果。为了便于测试效果，需要建立一个域用户，以便登录域测试组策略的应用情况。

1）打开管理工具中的"AD 的用户和计算机"管理控制台，在新建的"财务部"中创建一个叫 zhangsan 的用户，等一下要用这个用户验证组策略的

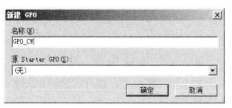

图 4-9　新建 GPO（一）

配置，如图 4-11 所示。

图 4-10 组织单元及 GPO

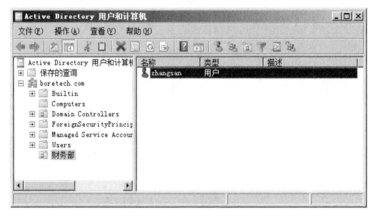

图 4-11 新建用户

2）返回到"组策略管理控制台"，导航到刚刚创建并已经链接到"财务部"OU 上的 GPO 上单击右键，在弹出菜单上选择"编辑"命令，打开"组策略编辑器"，如图 4-12 所示。在如图 4-12 所示的组策略编辑器中，有两个节点——计算机配置和用户配置。

注意：无论在编辑的是哪一个 GPO，都有且只有这两个节点。这两个节点中的配置项分别针对域中的计算机和用户生效。但每一个部分都有自己的独立性，因为他们配置的对象类型不同。计算机账户部分控制计算机账户，同样用户配置部分控制用户账户。其中有部分配置在计算机部分拥有在用户部分也有同样的配置，他们是不会跨越执行的。假设某个配置选项希望计算机账户启用、用户账户也启用，那么就必须在计算机配置和用户配置部分都进行设置。总之计算机配置下的设置仅对计算机对象生效，用户配置下的设置仅对用户对象生效。

为了简单测试其应用，我们将利用组策略编辑器编辑一条有关用户配置的组策略，然后去验证它是否生效。展开"用户配置"节点下的子节点"策略"，并依次打开"Windows 设置"→"Internet Explorer 维护"→"浏览器用户界面"项，如图 4-13 所示。双击位于右边的"浏览器标题"项目，对它进行设置，如设置为"般若科技欢迎您！"。这个配置在企业中比较常见，现在的企业都比较讲究对外对内的形象，统一用户界面是常用的一种方法。编辑好选项后，单击"确定"按钮退出编辑。

图 4-12　组策略管理编辑器

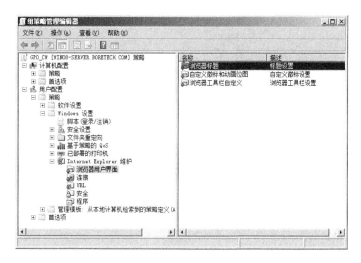

图 4-13　用户配置（一）

（3）强制策略生效。单击"开始"→"运行"命令，在弹出的对话框中输入命令 gpupdate/
force 来强制策略的更新，以便可以立刻验证，如图 4-14 所示。

（4）客户机验证。打开一台客户机，首先加
入域 boretech.com，然后以用户 zhangsan 的身份
登录至域中。登录后，打开 IE 浏览器，将看到在
IE 的标题栏中显示出了在策略中设置的字符串
"般若科技欢迎您！"，说明策略对 zhangsan 生效。

2．GPO 的组成

在上述操作中，GPO 是组策略管理器中管理
的对象，它是组策略的载体，在它的内部"装载"
了对于计算机和用户的大大小小的配置选项，即

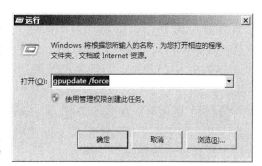

图 4-14　强制策略生效

"组策略"。在 Windows 2008 R2 中，这些策略一共有 3000 多条，涉及域管理的方方面面。

接下来，我们来看一看 GPO 的组成。

在如图 4-15 所示的窗口，单击左侧窗口中的"财务部" OU 下的 GPO_CW，在右侧窗体中单击 GPO_CW，则会显示如图 4-15 所示的四个选项卡。这四个选项卡分别为作用域、详细信息、设置、委派，它就是用来对 GPO 进行设置的。

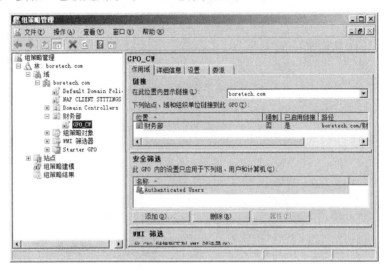

图 4-15　作用域

"作用域"选项卡：如图 4-15 所示，此页分上、中、下三个部分，最上面是"链接"部分。在此，可以选择此 GPO 能够在什么位置显示，默认是在所属域中；还可以看到该 GPO 所链接的位置，以及目前的状态是否启用，是否是强制的，路径是什么。这样你可以非常直观地了解此 GPO 的状态。在中部，显示"安全筛选"项。此处你可以了解此 GPO 作用的对象，并可以添加和删除对象，这些对象包括组、用户和计算机。默认情况下，授权用户这个内置安全主体为授权对象。最下面是 WMI 筛选器，用来配合 Windows 脚本自动定义该 GPO 的作用域。此内容属于组策略高级管理范畴。

注意：虽然组策略被链接在了 OU 上，但是通过调整 GPO 的安全设置（在"安全筛选"中进行，例如为某一用户添加权限等），可以做到为处于同一个 OU 容器中的不同对象配置不同的选项。

"详细信息"选项卡：如图 4-16 所示，在该页面中，可以查看该 GPO 的详细信息，包括所属域、所有者、创建及修改时间，最重要的是用户版本和计算机版本。这两个版本指明了该 GPO 中关于用户配置和计算机配置被更改的次数，以及这种更改在 AD 数据库和 SYSVOL 中的状态，即是否已经被同步到 AD 的数据库中了。还有就是唯一 ID 和 GPO 状态。

"设置"选项卡：如图 4-17 所示，单击"设置"标签时，系统会收集该 GPO 的详细配置信息，并在结果集中呈现给用户，以便用户详细了解对于哪些配置项进行了什么样的配置，并可以将其导出或打印，非常方便。

"委派"选项卡：如图 4-18 所示，熟悉 Windows 管理的用户应该了解这是做权限配置的地方，类似于 Windows 中的权限设置，在此可以添加用户、组，并为它们设置对于该 GPO

的权限。这里要强调的是：如果想让一个用户应用该 GPO 的配置项，那么最少要给他读取的权限。除此以外，还可以设置 GPO 的继承性。

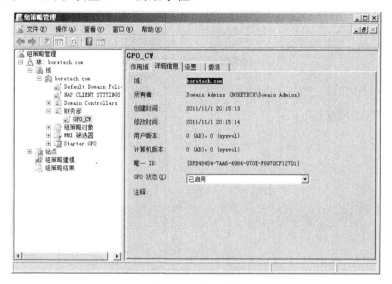

图 4-16　详细信息

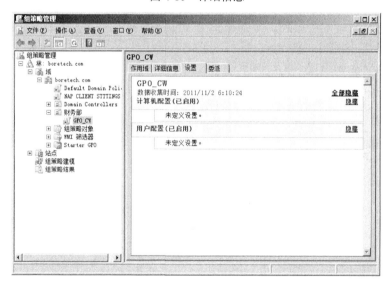

图 4-17　GPO 设置

3．组策略编辑器节点

在组策略编辑器中，每一个 GPO 都会有两个节点——计算机配置和用户配置，这两个节点中的配置项分别针对域中的计算机和用户生效。下面，详细介绍一下两个节点的组成。

（1）计算机配置。展开计算机配置部分会看到如图 4-19 所示，有两个子节点的"策略"和"首选项"项，其中"策略"项的组成有以下三个主要的部分。

1）软件设置。软件设置可以实现 MSI、ZAP 等软件部署分发，可以使用组策略"软件安装"按需进行软件安装和应用程序的自动修复。组策略提供了用于发送软件的一种简便方法，特别是在已经将组策略用于其他目的时，如保证客户端和服务器计算机的安全。

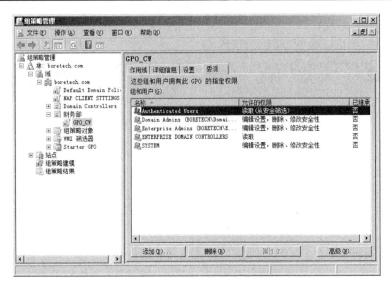

图 4-18　委派

2）Windows 设置。这一部分更复杂一些，包含很多子项，如图 4-20 所示。每个子项都提供很多选择，账户策略能够对用户账户密码等进行管理控制；本地策略则提供了更多的控制如审核、用户权利、安全设置。特别是安全设置包括了超过 75 个的策略配置项。还有其他的一些设置，如防火墙设置、无线网络设置、PKI 设置、软件限制等。

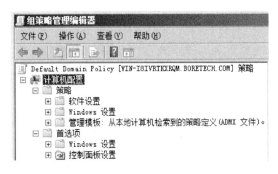

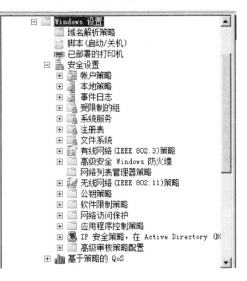

图 4-19　计算机配置节点　　　　　　图 4-20　Windows 设置（一）

3）管理模板。管理模板是基于注册表的策略设置，显示在"计算机配置"和"用户配置"节点的"管理模板"节点下。当组策略管理控制台读取基于 XML 的管理模板文件（.admx）时，便会创建此层次结构。

这一部分使设置项最多的，包含各式各样的对计算机的配置，如图 4-21 所示。

这里有五个主要的配置管理方向，Windows 组件、打印机、控制面板、网络、系统。其中包含了超过 1250 个设置选项，涵盖了一台计算的非常多的配置管理信息。

（2）用户配置部分。用户配置部分类似于计算机配置，主要不同在于这一部分配置的目标是用户账户的，而相对于用户账户而言会有更多对用户使用上的控制，如图 4-22 所示。

图 4-21　管理模板（一）

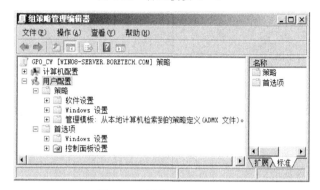

图 4-22　用户配置（二）

这一部分同样也包含以下三大部分。

1）软件设置。可以通过在这里配置实现针对用户进行软件部署分发。

2）Windows 设置。这一部分就与计算机配置里的 Windows 设置有了很多的不同，如图 4-23 所示。可以看到其中多了"远程安装服务"、"文件夹重定向"、"IE 维护"等，而在安全设置中只有"公钥策略"和"软件限制"。

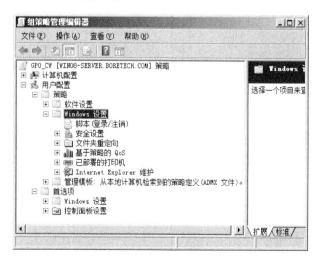

图 4-23　Windows 设置（二）

3）管理模板。在这一部分展开后，用户会发现比起计算机配置里的管理模板这里有更多的配置，如图 4-24 所示。

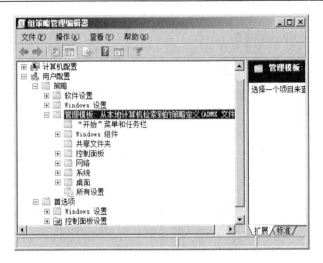

图 4-24　管理模板（二）

用户部分的管理模板可以用来管理控制用户配置文件，而用户配置文件是可以影响用户对计算机使用体验，所以这里面出现了"开始菜单"、"桌面"、"任务栏"、"共享文件夹"等配置。

4．组策略的管理和维护

（1）创建组策略。在域环境中已经有了一套默认的域组策略，可以通过对默认域策略进行配置，实现对全域里的计算机和用户管理配置。但这不是一种好的做法，通常需要进行配置管理时都将新建一套组策略来进行配置实现管理。要新建立一个组策略步骤如下。

打开"组策略管理"控制台，右键单击"组策略对象"项，在弹出的快捷的菜单中单击"新建"命令，如图 4-25 所示。

在"新建 GPO"对话框输入要新建的组策略名称，一般推荐命名时体现该组策略将要实现的管理功能及应用的范围，如图 4-26 所示。这样有利于将来对大量的组策略进行管理，甚至排错。输入完成后单击"确定"按钮，完成创建。接下来就可以选择创建好的组策略进行编辑配置。

图 4-25　新建组策略

图 4-26　新建 GPO（二）

（2）链接组策略。在建立好了一些新的组策略后，还需要将组策略与容器对象链接起来，以实现管理目的。可以链接的容器有站点、域和 OU。通过对不同的容器进行链接，可以达到对管理范围的控制。例如，只需要对研发部门的计算机或用户进行一些基于组策略的管理配置，那么就可以将某个新建立的组策略与研发部门的 OU 进行链接。链接组策略步骤如下。

首先打开"组策略管理"控制台，在控制台上选择好需要链接策略站点、域或者 OU（以研发部 OU 链接"研发部软件策略"组策略为例），在需链接的位置上单击右键后选择"链接现有 GPO"项，如图 4-27 所示。打开如图 4-28 所示对话框，选择已经存在的组策略对象即可。

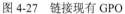

图 4-27　链接现有 GPO

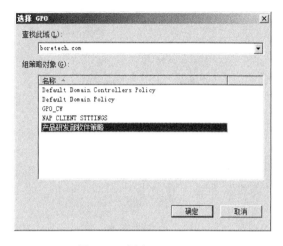

图 4-28　新建 GPO（三）

（3）组策略应用顺序。组策略由于应用范围划分可以分为站点级别组策略、域级别组策略、OU 级别组策略及本地计算机策略。对于一台客户端一定是属于某一个站点、某一个域、某一个 OU 的，那么各个级别的组策略客户端都将应用。它们的应用生效的顺序是最接近目标计算机的组策略优先于组织结构中更远一点的组策略，如图 4-29 所示。

该顺序意味着首先会处理本地组策略，最后处理链接到计算机或用户直接所属的组织单位的组策略。后处理的组策略会覆盖先处理的组策略中有冲突的设置。如果不存在冲突，则只是将之前的设置和之后的设置进行结合。

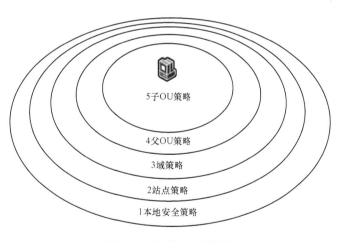

图 4-29　组策略应用顺序

（4）组策略的阻止和强制继承。组策略应用顺序其实就是一个默认继承的规则。在域内次一级的容器会默认继承使用上一级的容器链接的组策略。假设在域策略中已经设置了用户不允许更改桌面的策略配置，那么该域内的 OU 中的用户默认情况下都会应用该策略配置。但是可以根据实际应用需求去人为干预默认的继承规则，可以阻止或强制继承。

1）阻止继承：在"组策略管理"控制台中，右键单击不继承上一级容器组策略的容器，在弹出的快捷菜单中选择"阻止"选项。如图 4-30 所示（阻止研发部继承）。

2）强制继承：在实际应用中有时需要上一级容器的组策略配置被应用到子容器中去，并且要求在冲突时不被子容器的策略覆盖，这时就可以使用强制继承。同样在"组策略管理控制台"上，右键单击上一级的组策略对象，然后选择"强制"选项，如图 4-31 所示。

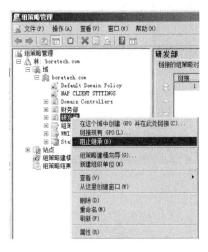

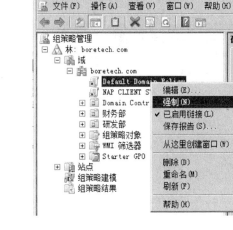

图 4-30　阻止继承　　　　　　　　　　　　图 4-31　强制继承

（5）组策略备份。打开组策略管理控制台，在控制台树中，展开"组策略对象"。要备份单个 GPO，右键单击该 GPO，然后单击"备份"命令，如图 4-32 所示。要备份域中的所有 GPO，右键单击"组策略对象"项，然后单击"全部备份"命令，如图 4-33 所示。

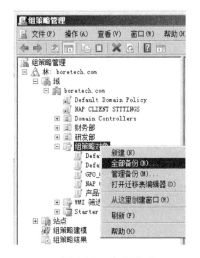

图 4-32　备份单个 GPO　　　　　　　　　　图 4-33　全部备份

以上两种备份，会产生"备份组策略对象"对话框，在对话框中输入保存备份的路径到"位置"框，或单击"浏览"定位到想保存备份的文件夹，然后单击"确定"按钮。在"描述"框中，输入要备份的描述，然后单击"备份"按钮即可完成。

▶ 工学结合

1．应用组策略设置用户工作环境

假定要对整个域内的用户工作环境做一些统一的设定，因此需要新建一套组策略"全域用户工作环境策略"并链接到域级别容器上，而后开始逐项配置（好的做法是在逐项配置完成后再链接到相应容器），如图 4-34 所示。

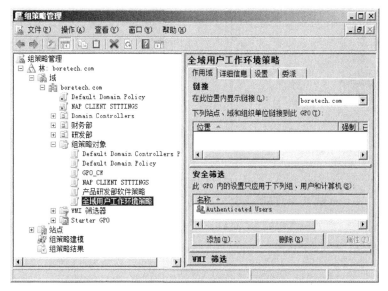

图 4-34 全域用户组策略

应用组策略来设定工作环境的配置项非常多，下面分四个情况来介绍其应用。

（1）实现"我的文档"文件夹重定向，确保用户在网络中任意节点登录，都可访问各自的数据，且确保不因为客户端故障导致"我的文档"中文件丢失。

实现过程如下。

1）在域内文件服务器上新建一个共享文件夹，并赋予此文件所有用户都有通过网络访问的读写权限。这里假定共享文件夹的访问路径为\\win08-server\shareroot。

2）在组策略对象中，右击"全域用户工作环境策略"项，选择"编辑"命令，打开编辑"全域用户工作环境策略"，定位到"用户配置"→"策略"→"Windows 设置"→"文件夹重定向"→"文档"项，右键选择"属性"命令，如图 4-35 所示。

3）在打开的"文档 属性"对话框中，首先启用配置，然后进行属性配置与编辑，如图 4-36 所示。设置完成后，单击"确定"按钮即可。

4）在单击"开始"→"运行"命令，输入 gpupdate /force 命令，刷新策略。

5）在客户端进行测试即可。

（2）控制客户端显示统一桌面壁纸设定，实现企业工作环境统一的形象。为了实现统一桌面，需要事先准备一个桌面壁纸文件，并将其放入域控制器中的一个共享文件夹下。假设已准备好文件放置在\\win08-server\share\1.jpg，实现步骤如下。

1）在组策略对象中，右击"全域用户工作环境策略"项，选择"编辑"命令，打开编辑"全域用户工作环境策略"，定位到"用户配置"→"策略"→"管理模板"→"桌面"→active desktop 项，如图 4-37 所示。

2）在右侧的窗体中双击"桌面墙纸"选项，用来设定统一的桌面墙纸文件，如图 4-38 所示，输入墙纸的 UNC 路径。

图 4-35　文件夹重定向

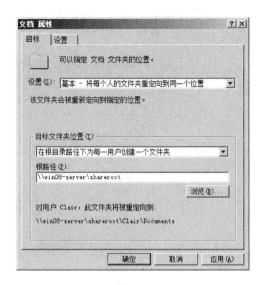

图 4-36　文档属性

图 4-37　桌面墙纸

3）为了让用户不能自行修改桌面，还需继续设定。双击"桌面墙纸"所在窗格位置之上的配置项"不允许更改"进行启用配置，将其改为"已启用"，如图 4-39 所示。

4）配置完成后，在单击"开始"→"运行"命令，输入 gpupdate /force 命令，刷新策略。

5）启动客户端进行测试，会发现所有的客户端已实现桌面统一显示了。

注意：一定要保证桌面壁纸图片的 UNC 路径位置要正确，否则，客户端不能正确显示。

（3）实现客户端驱动器不自动播放。有时由于光驱的自动播放文件不好读取时会导致系统资源占用甚至死机，还有些时候只是系统读取一个 U 盘就让计算机中了病毒，这些现象全都可以通过禁止驱动器自动播放的策略得到终结。

实现步骤如下。

1）在组策略对象中，右击"全域用户工作环境策略"，选择"编辑"选项，打开编辑"全域用户工作环境策略",定位到"用户配置"→"策略"→"管理模板"→"Windows 组件"→"自动播放策略",如图 4-40 所示。

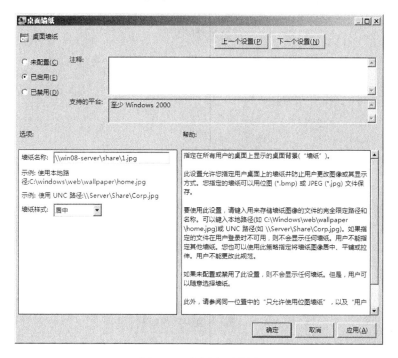

图 4-38　启用桌面墙纸

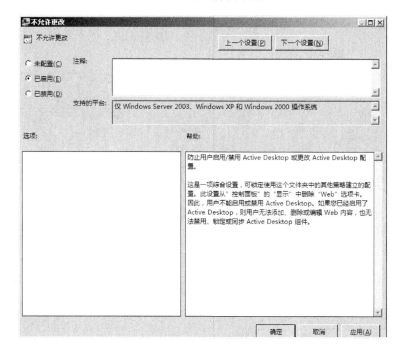

图 4-39　不允许更改

2）在右边工作区双击"关闭自动播放"项进行配置,将其启用。

图 4-40　关闭自动播放

3）单击"开始"→"运行"命令，输入 gpupdate /force 命令，刷新策略。

4）启动客户端测试效果即可。

（4）限制移动磁盘使用，加强企业文件安全性。

1）在组策略对象中，右击"全域用户工作环境策略"项，选择"编辑"命令，打开编辑"全域用户工作环境策略"，定位到"用户配置"→"策略"→"管理模板"→"系统"→"可移动存储访问"项，如图 4-41 所示。

图 4-41　可移动存储

2）在右边工作区选择相应需求的配置进行启用设定"所有可移动存储类：拒绝所有权限"，将其设置为"已启用"即可。

3）运行命令 gpupdate /force，刷新策略。

4）启动客户端测试效果即可。

2. 应用组策略设置计算机工作环境

应用组策略来设定计算机的配置项有许多种，接下来选择有代表性的几个来介绍其应用。

（1）应用组策略配置高级安全 Windows 防火墙。般若公司所有计算机都在统一域环境内，并且该企业要求较高的安全网络通信，希望做到非域内的计算机或者非域内的用户无法正常访问域内数据。

使用组策略配置过程如下。

1）打开组策略管理控制台，定位到"组策略对象"分支，新建一个名为"域内安全网络通信策略"的对象，如图 4-42 所示。

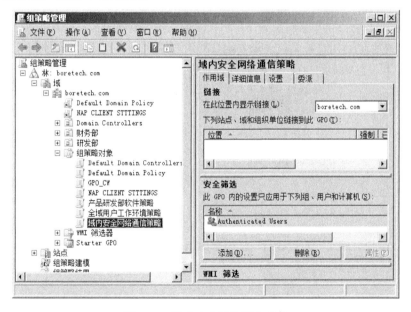

图 4-42 域内安全网络通信策略

2）利用组策略管理编辑器打开"域内安全网络通信策略"进行编辑，定位到"计算机配置"→"策略"→"Windwos 设置"→"安全设置"→"高级安全 Windows 防火墙"→"高级安全 Windows 防火墙"→"连接安全规则"项，如图 4-43 所示。

3）在"连接安全规则"选项上单击右键，选择"新规则"命令，弹出"新建安全规则向导"对话框，如图 4-44 所示，选择"隔离"选项，单击"下一步"按钮。

4）如图 4-45 所示，选择"入站和出站连接要求身份验证"项，单击"下一步"按钮。

5）如图 4-46 所示，选择"计算机和用户（kerberos V5）"项，单击"下一步"按钮。

6）如图 4-47 所示，选择"计算机连接到域时应用规则"项，单击"下一步"按钮。

7）在如图 4-48 所示对话框中输入规则名称，这里取名为"安全的域内连接规则"。

8）将编辑好的"域内安全网络通信策略"链接到域，完成配置。

9）在客户端登录测试即可。

（2）应用组策略实现软件部署。研发部的人员有大量扫描图片需要查看，以便进行图片处理，因此需要给研发部门的计算机都安装上 Photoshop 这个图片工具。利用组策略来实现对研发部门的软件部署的步骤如下。

图 4-43　连接安全规则

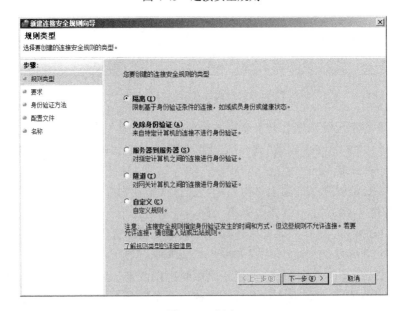

图 4-44　隔离

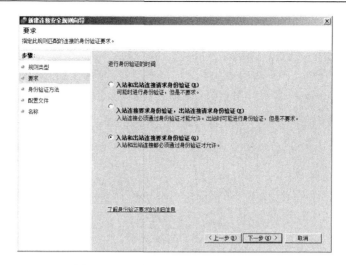

图 4-45　入站和出站连接要求身份验证

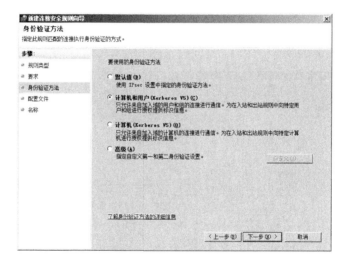

图 4-46　计算机和用户

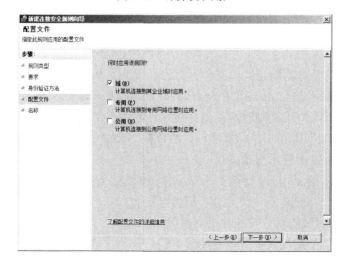

图 4-47　域应用规则

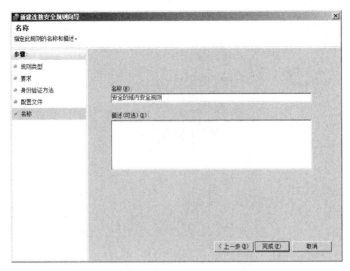

图 4-48　安全的域内安全规则

1）打开组策略管理控制台，定位到"组策略对象"分支，新建名为"研发部门软件部署策略"的对象，如图 4-49 所示。

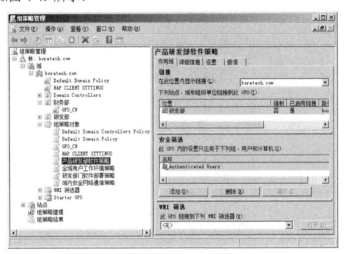

图 4-49　新建 GPO（四）

2）在域中的文件服务器新建共享文件夹允许研发人员访问，并将需要安装的软件放入该文件夹，在此，将准备好的文件放置在\\win08-server\boretech\setup。

3）打开" 研发部门软件部署策略"进行编辑，定位到 "计算机配置"→"策略"→ "软件设置"→"软件安装"项，如图 4-50 所示，然后在"软件安装"选项上单击右键后选择"属性"命令，弹出如图 4-51 所示对话框。

4）在如图 4-51 所示的进行软件分发站点的设置对话框中，输入共享文件夹路径\\win08-server\boretech\setup。

5）在如图 4-50 所示的软件安装分支上单击鼠标右键，选择"新建"→"数据包"命令。在"打开"对话框中，使用搜索框并找到要部署的应用程序，单击 Windows Installer 程序包，单击"打开"命令。在"部署软件"对话框中，单击"已指派"项，单击"确定"按钮。

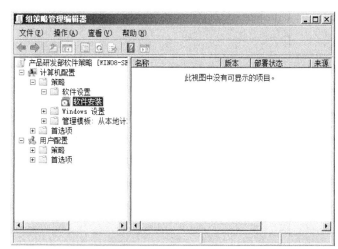

图 4-50　软件安装

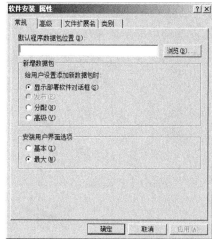

图 4-51　软件安装属性

注意：要安装的软件格式一般应为 windows installer 数据包格式（*.msi）。

6）将"研发部门软件部署策略"链接到"研发部 PC" OU，如图 4-52 所示。

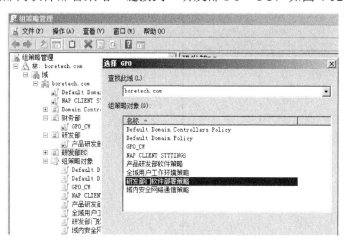

图 4-52　链接 GPO

7）刷新策略，然后重新启动研发部门的 PC，完成软件安装。

（3）应用组策略实现 QoS 带宽管理。QoS 带宽管理是网管在管理网络中一种必不可少的手段，可以有效地提高带宽的使用率，特别是针对企业的关键应用，使之得到优先的带宽保证。Windows Server 2008 提供了以前任何版本 Windows 服务器都不具备的 QoS 带宽管理策略。这就使得我们进行 QoS 带宽管理可以不再依赖于专用的设备，而且设置更为灵活简单。一般的 QoS 带宽管理设备都会有一定并发数量的限制，而用组策略来控制就没有这个问题，因为这些带宽的控制全都分布到每一个客户端自己网卡上去了。

使用组策略分配域内所有计算机的出口带宽的步骤如下。

1）打开"组策略管理"控制台，新建组策略名为"全域出口带宽限制策略"，并打开进行配置，如图 4-53 所示。

2）打开"全域出口带宽限制策略"进行编辑，定位到"计算机配置"→"策略"→"计算机配置"→"基于策略的 QoS"项，如图 4-54 所示。在"基于策略的 QoS"上单击鼠标右键，在弹出的快捷菜单中选择"新建策略"命令。

图 4-53　新建出口带宽限制 GPO

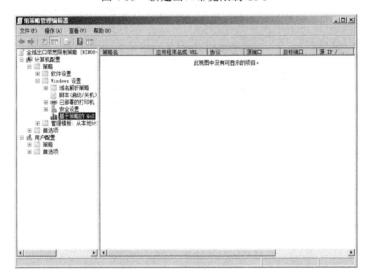

图 4-54　新建策略

3）在弹出的如图 4-55 所示的"基于策略的 QoS"对话框中，设定策略名称，指定最高使用带宽。"指定 DSCP"复选框可启用 DSCP 标记功能，然后键入一个介于 0～63 的 DSCP 值。"指定出站调节率"复选框可对出站流量启用中止功能，然后指定一个大于 1 的值（以千字节/秒（KB/s）或兆字节/秒（MB/s）为单位）。

4）选择"下一步"后，弹出如图 4-56 所示的对话框，设定相关的应用程序，也就是说可以把上一步设定的带宽绑定到某个特定的应用程序上，如 FTP 软件。这里选择"所有应用程序"选项。

5）继续单击"下一步"按钮，在如图 4-57 所示的对话框中设定要控制的数据流量的来源和方向。由于要控制出口带宽，那么这里只需要配置上网关服务器的地址作为目标。

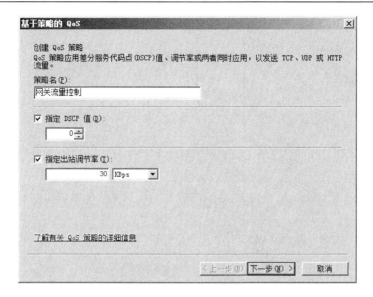

图 4-55　创建 QoS 策略

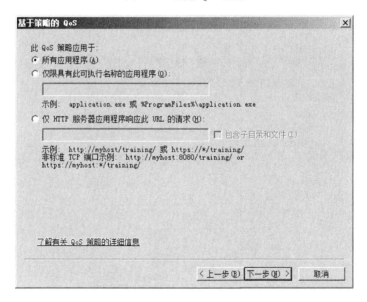

图 4-56　策略应用于所有应用程序

6）继续单击"下一步"按钮，在如图 4-58 所示对话框中设定需要参与控制的协议及端口号，由于要控制任何到出口网关的流量，所以选择了所有协议和所有端口。

7）继续单击"完成"按钮，将配置好的组策略对象链接到域，完成配置。

8）将策略生效后，可以在客户端测试策略应用前后网络带宽使用情况。可以通过客户端的"性能监视器"来查看策略使用前后的变化情况。

注意：基于策略的 QoS 不但可以控制出口带宽，还可以应用到更多场景。如某些客户端访问特定服务器的流量控制，某些应用程序在网络中的流量控制。并且由于这个策略在组策略的用户配置部分也有，那么就可以用来控制不同的人在不同的计算机上使用不同的应用而被控制着使用被管理的带宽。

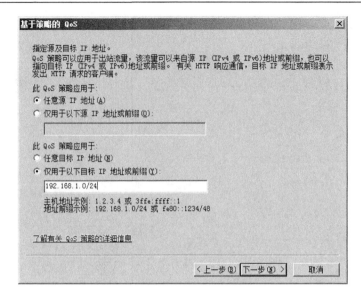

图 4-57　指定源及目标 IP 地址

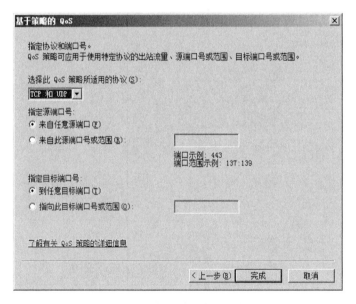

图 4-58　指定协议和端口

● 技能实训

1．实训目标

（1）熟悉 Windows Server 2008 中组策略的组成及原理。

（2）掌握 Windows Server 2008 利用组策略设置用户工作环境的应用。

（3）掌握 Windows Server 2008 利用组策略设置计算机工作环境的应用。

2．实训条件

（1）硬件要求。处理器 CPU 工作频率 2GHz 或以上，双核，内存 2GB RAM 以上，硬盘空间 80GB 以上，光盘驱动器 DVD-ROM，显示·Super VGA（800×600）或者更高级的显示器，标准键盘，鼠标。

（2）网络环境：已建好的 100M 以太网络，包含交换机（或集线器）、五类（或超五类）UTP 直通线若干、两台及以上数量的计算机。

（3）软件环境：Windows Server 2008 安装光盘，或硬盘中有全部的安装程序软件准备；基于 Windows XP（64 位）或 Windows 7 操作系统平台，VirtualBox4.0.12，Windows Server 2008 虚拟机。

3．实训内容

在安装了 Windows Server 2008 的虚拟机上完成如下操作。

（1）将虚拟操作系统 Windows Server 2008 设置其 IP 地址为 192.168.1.1，子网掩码为 255.255.255.0，DNS 地址为 192.168.1.1，网关设置为 192.168.1.254，其他网络设置暂不修改，为其安装为 AD 服务器，域名为 boretech.com。

（2）在域上创建 OU：研发部、财务部、工程部。

（3）为每一个 OU 下创建一个用户，用于测试组策略的应用。

（4）在域控制器上为研发部设置软件分发策略，让研发部的计算机可以自动安装软件。

（5）在域控制器上为财务部的所有用户设置桌面策略，要求财务部的工作环境桌面全部统一。

（6）为全域出口带宽制定限制策略。

（7）分别为以上情况用不同的客户端登录测试。

4．实训考核

序　号		规 定 任 务	分值（分）	项目组评分
1		安装域控制服务器	10	
2		创建 OU	10	
3		添加用户	10	
4		软件分发策略及测试	20	
5		统一工作环境策略及测试	20	
6		全域出口带宽制定限制策略及测试	20	
拓展任务（选做）	7	策略结果分析策略应用	10	

注　1．完成并测试成功方可得满分。

　　2．未完成的任务除记录存在问题外，由同项目组成员打分。

　　3．拓展任务的完成情况与得分，由教师负责记录。

▶ 技能拓展

组策略管理控制台使用进阶

使用 GPMC（组策略管理控制台）除了可以对组策略对象进行创建、编辑、链接、阻止、继承等操作，还可以对组策略进行策略结果分析和策略应用结果模拟测试。

（1）使用策略结果分析策略应用情况。可以使用 Gpresult 命令或"组策略结果"选项知道客户端拿到了哪些策略。前者是命令行模式，后者是图形界面，功能都是相同的。下面介绍"组策略结果"选项的使用。

1）在组策略管理控制台（GPMC）控制台树中，双击要在其中创建组策略结果查询的林，右键单击"组策略结果"项，然后单击"组策略结果向导"命令，如图 4-59 所示。

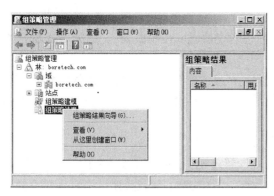

图 4-59 组策略结果向导

2）在组策略结果向导中，单击"下一步"按钮，出现如图 4-60 所示计算机选择对话框，输入相应的信息。可以选择需要查看的计算机或用户，如图 4-61 所示。单击"下一步"按钮，显示如图 4-62 所示的"选择的摘要"界面。

3）在显示完摘要后，单击"完成"按钮，可以查看报告。可以选择全部显示，也可以选择逐项显示，从而进行检查该计算机应用了哪些组策略对象，如图 4-63 所示。也可以选择将结果打印或保存文件，在界面上单击鼠标右键"选择""打印"命令即可。

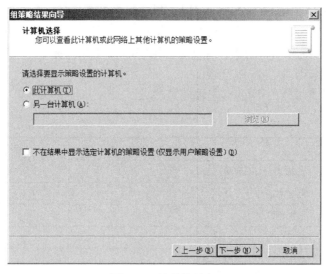

图 4-60 计算机选择

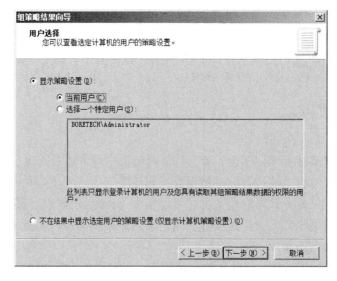

图 4-61 用户选择

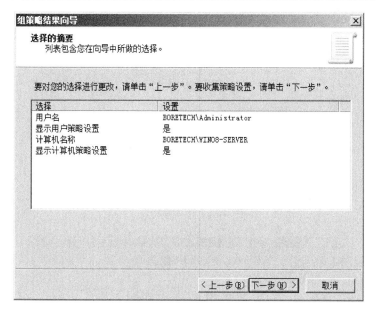

图 4-62　选择的摘要

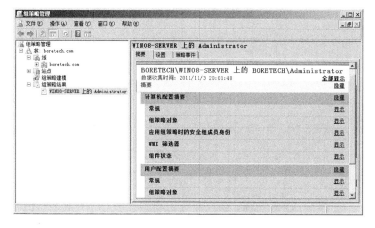

图 4-63　组策略结果

（2）使用组策略建模模拟策略应用结果。如果在一个域环境内可能设置了多条组策略，其中有一些继承或者阻止继承的策略，那么多条策略最终将会对计算机和用户产生什么样的影响，就成为管理员常常关心的问题。可以使用 GPMC 内置的"组策略建模"功能对相应的某个域容器做一个策略应用结果的综合模拟。使用步骤如下。

1）打开组策略管理控制台，定位到"组策略建模"项，单击右键，在快捷菜单中选择"组策略建模向导"命令，如图 4-64 所示。

2）在弹出的向导中，使用向导建模，如图 4-65 所示。

3）单击"下一步"按钮，出现如图 4-66 所示的对话框，选择模拟的域控制器。

4）单击"下一步"按钮，显示如图 4-67 所示对话框，选择为该容器下的计算机和用户模拟策略应用即可。

5）根据向导选择完成安全组、站点等设置。完成模拟后，察看模拟结果即可。

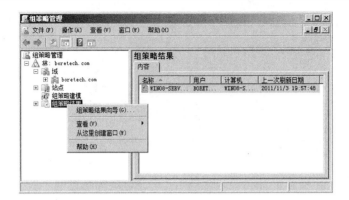

图 4-64　组策略建模

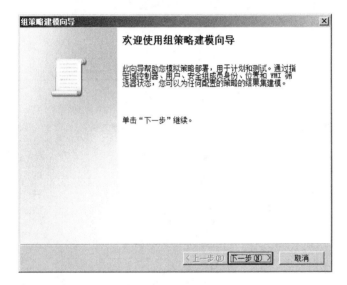

图 4-65　向导建模

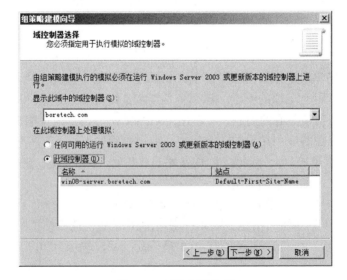

图 4-66　域控制器选择

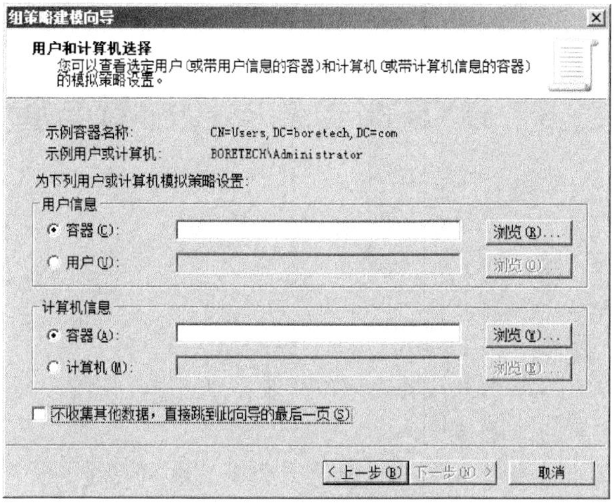

图 4-67 用户和计算机选择

项目5 DNS 服务器安装配置与管理

▶ 基础技能

在前导课程中，学生应该了解以下知识与技能：

（1）互联网的各个组成要素及其在网络中发挥的基本作用。

（2）域名及其应用的基本知识。

（3）DNS 服务器的在网络中充当的角色或能够发挥的功能。

（4）所在地区 DNS 服务器的设置与应用。

▶ 项目情境

1．网络概况

般若科技有限公司为了实现对外宣传与公司内部管理，公司建立了专门的信息化系统，建立了 Web 服务器，制作并发布了公司的网站。网站建设的初期，公司员工与客户访问网站的主要方式是采用输入 IP 地址的方式进行访问。许多客户由于记不住公司网站的 IP 地址而无法访问，造成了许多不便。作为公司的网络管理员，应充分考虑如何让员工与客户更方便地访问公司的网站，不再使用 IP 地址的方式，而使用人们常用的输入网址的方式（如访问中央电视台，输入 www.cctv.com 即可），为用户提高访问效率，让大家更容易记住公司的网址。

在这种情形下，在般若公司的网络拓扑中，服务器群中需要建立一个 DNS 服务器，用于将公司的各个字符域名与 IP 地址相对应进行解释。公司在中国电信江苏公司进行了域名注册，其 DNS 服务器的地址为 61.177.7.1。公司内网架设 DNS 服务器，用于局域网的域名解析。出于节约成本考虑，本服务器与域服务器使用同一台服务器，域名为 boretech.com，DNS 服务器在公司内部网络中的地址为 192.168.1.1，别名为 dns.boretech.com，如图 5-1 所示。

具体 DNS 服务器配置要求如下。

操作系统：Windows server 2008；IPv4：192.168.1.1，别名：dns.boretech.com；

IPv6 1000::2，别名：dns.boretecipv6.com。

2．DNS 功能与规划

DNS 服务器在公司网络环境中的作用如表 5-1 所示。

表 5-1 般若科技公司 DNS 服务器配置一览表

图 标	名 称	域名与对应 IP	说 明
DNS	DNS 服务器 （域名解析服务器）	boretech.com 192.168.1.1 别名： dns.boretech.com	用于将公司的各个字符域名与 IP 地址相对应进行解释。公司在中国电信江苏公司进行了域名注册，其 DNS 服务器的地址为 61.177.7.1。公司内网架设 DNS 服务器，用于局域网的域名解析。出于节约成本考虑，本服务器与域服务器使用同一台服务器

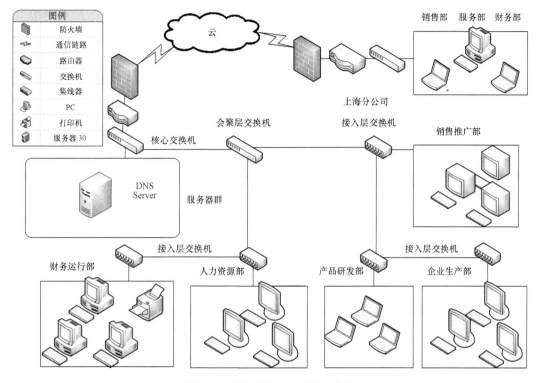

图 5-1　般若科技公司网络拓扑图

▶ **任务目标**

（1）熟悉 DNS 基本概念和原理。
（2）掌握在 Windows Server 2008 中安装 DNS 服务器的过程。
（3）掌握在 Windows Server 2008 中配置与管理 DNS 服务器。
（4）掌握 DNS 客户端的设置与应用测试。

▶ **知识准备**

1．DNS 的基本概念与原理

在网络中唯一能够用来标识计算机身份和定位计算机位置的方式就是 IP 地址。但网络中往往存在许多服务器，如 E-mail 服务器、Web 服务器、FTP 服务器等，记忆这些服务器所对应的纯数字的 IP 地址不仅枯燥无味，而且容易出错。通过 DNS 服务器，将这些 IP 地址与形象易记的域名一一对应，使得网络服务的访问更加简单，而且可以完美地实现与 Internet 的融合，对于一个网站的推广发布起到极其重要的作用。因此，DNS 服务可视为网络服务的基础。

2．域名空间与区域

域名系统（DNS）是一种采用客户/服务器机制，实现名称与 IP 地址转换的系统，是由名字分布数据库组成的。它建立了称为域名空间的逻辑树结构，是负责分配、改写、查询域名的综合性服务系统，该空间中的每个节点或域都有唯一的名字。

（1）DNS 的域名空间规划：要在 Internet 上使用自己的 DNS，将企业网络与 Internet 能够很好地整合在一起，实现局域网与 Internet 的相互通信，用户必须先向 DNS 域名注册颁发机构申请合法的域名，获得至少一个可在 Internet 上有效使用的 IP 地址。这项业务通常可由 ISP 代理。如果准备使用 Active Directory，则应从 Active Directory 设计着手，并用适当的 DNS 域名空间支持它。若要实现其他网络服务（如 Web 服务、E-mail 服务等），DNS 服务是必不可少的。没有 DNS 服务，就无法将域名解析为 IP 地址，客户端也就无法享受相应的网络服务。若欲实现服务器的 Internet 发布，就必须申请合法的 DNS 域名。

（2）DNS 服务器的规划：确定网络中需要的 DNS 服务器的数量及其各自的作用，根据通信负载、复制和容错问题，确定在网络上放置 DNS 服务器的位置。为了实现容错，至少应该对每个 DNS 区域使用两台服务器，一个是主服务器，另一个是备份或辅助服务器。在单个子网环境中的小型局域网上仅使用一台服务器时，可以配置该服务器扮演区域的主服务器和辅助服务器两种角色。

（3）DNS 域名空间：组成 DNS 系统的核心是 DNS 服务器，它的作用是回答域名服务查询，它允许为私有 TCP/IP 网络和连接公共 Internet 的用户服务器保存了包含主机名和相应 IP 地址的数据库。例如，如果提供了域名 dns.boretech.com，DNS 服务器将返回网站的 IP 地址 192.168.1.1。图 5-2 显示了顶级域的名字空间及下一级子域之间的树型结构关系，每一个节点及其下的所有节点叫一个域，域可以有主机（计算机）和其他域（子域）。域名和主机名只能用字母 a～z（在 Windows 服务器中大小写等效，而在 UNIX 中则不同）、数字 0～9 和连线一组成，其他公共字符如连接符"&"、斜杠"/"、句点"."和下划线"＿"都不能用于表示域名和主机名。

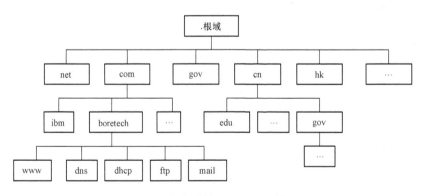

图 5-2 　般若科技公司网络拓扑图

1）根域：代表域名命名空间的根，这里为空。

2）顶级域：直接处于根域下面的域，代表一种类型的组织或一些国家。在 Internet 中，顶级域由 InterNIC（Internet Network Information Center）进行管理和维护。

3）二级域：在顶级域下面，用来标明顶级域以内的一个特定的组织。在 Internet 中，二级域也是由 InterNIC 负责管理和维护。

4）子域：在二级域的下面所创建的域，它一般由各个组织根据自己的需求与要求，自行创建和维护。

5）主机：是域名命名空间中的最下面一层，它被称之为完全合格的域名（Fully Qualified

Domain Name，FQDN），例如，dns.boretech.com 就是一个完全合格的域名。

（4）Zone。Zone（区域）是一个用于存储单个 DNS 域名的数据库，它是域名称空间树状结构的一部分。它将域名空间分为较小的区段，DNS 服务器是以 Zone 为单位来管理域名空间的，Zone 中的数据保存在管理它的 DNS 服务器中。在现有的域中添加子域时，该子域既可以包含在现有的 Zone 中，也可以为它创建一个新 Zone 或包含在其他的 Zone 中。一个 DNS 服务器，可以管理一个或多个 Zone，一个 Zone 也可以由多个 DNS 服务器来管理。用户可以将一个域划分成多个区域分别进行管理，以减轻网络管理的负担。

（5）启动区域传输和复制。用户可以通过多个 DNS 服务器，提高域名解析的可靠性和容错性。当一台 DNS 服务器发生问题时，用其他 DNS 服务器提供域名解析。这就需要利用区域复制和同步方法，保证管理区域的所有 DNS 服务器中域的记录相同。在 Windows Server 2008 服务器中，DNS 服务支持增量区域传输（incremental Zone transfer），也就是在更新区域中的记录时，DNS 服务器之间只传输发生改变的记录，因此提高了传输的效率。在以下情况区域传输启动：管理区域的辅助 DNS 服务器启动、区域的刷新时间间隔过期、在主 DNS 服务器记录发生改变并设置了 DNS 通告列表。在这里，所谓 DNS 通告是利用"推"的机制，当 DNS 服务器中的区域记录发生改变时，它将通知选定的 DNS 服务器进行更新，被通知的服务器启动区域复制操作。

3．名称解析与地址解析

在网络系统中，一般存在着以下三种计算机名称的形式。

（1）计算机名：通过计算机"系统属性"对话框或 hostname 命令，可以查看和设置本地计算机名（Local Host Name）。

（2）NetBIOS 名：NetBIOS（Network Basic Input/Output System）使用长度限制在十六个字符的名称来标识计算机资源，这个标识也称为 NetBIOS 名。在一个网络中 NetBIOS 名是唯一的，在计算机启动、服务被激活、用户登录到网络时，NetBIOS 名将被动态地注册到数据库中。该名字主要用于 Windows 早期的客户端，NetBIOS 名可以通过广播方式或者查询网络中的 WINS 服务器进行解析。伴随着 Windows 2000 Server 的发布，网络中的计算机不再需要 NetBIOS 名称接口的支持，Windows Server 2003/2008 也是如此，只要求客户端支持 DNS 服务就可以了，不再需要 NetBIOS 名。

（3）FQDN：FQDN（Fully Qualified Domain Name，完全合格域名）是指主机名加上全路径，全路径中列出了序列中所有域成员。完全合格域名可以从逻辑上准确地表示出主机在什么地方，也可以说它是主机名的一种完全表示形式。该名字不可超过 256 字符，我们平时访问 Internet 使用的就是完整的 FQDN，如 www.163.com，其中 www 就是 163.com 域中的一台计算机的 NetBIOS 名。

实际上在客户端计算机上输入命令提交地址的查询请求之后，相关名称的解析会遵循以下的顺序来应用。

（1）查看是不是自己（Local Host Name）。

（2）查看 NetBIOS 名称缓存。通常在本地会保存最近与自己通信过的计算机的 NetBIOS 名和 IP 地址的对应关系，可以在 DOS 下使用 nbtstat -c 命令查看缓存区中的 NetBIOS 记录。

（3）查询 WINS 服务器。WINS（Windows Internet Name Server），原理和 DNS 有些类似，可以动态地将 NetBIOS 名和计算机的 IP 地址进行映射。它的工作过程为：每台计算机开机时，先在 WINS 服务器注册自己的 NetBIOS 名和 IP 地址，其他计算机需要查找 IP 地址时，只要向 WINS 服务器提出请求，WINS 服务器就将已经注册了 NetBIOS 名的计算机的 IP 地址响应给它。当计算机关机时，也会在 WINS 服务器中把该计算机的记录删除。

（4）在本网段广播中查找。

（5）Lmhosts 文件。该文件与 hosts 文件的位置和内容都相同，但是要从 Lmhosts.sam 模板文件复制过来。

（6）host 文件。在本地的%systmeroot%\system32\drivers\etc 目录下有一个系统自带的 hosts 文件，用户可以在 hosts 文件中自主定制一些最常用的主机名和 IP 地址的映射关系，以提高上网效率。

（7）查询 DNS 服务器。Internet 利用地址解析的方法将用户使用的域名方式的地址解析为最终的物理地址，中间经历了两层地址的解析工作。

1）FQDN 与 IP 地址之间的解析。DNS 的域名解析包括正向解析和逆向解析两个不同方向的解析。正向解析是指从主机域名到 IP 地址的解析，逆向解析是指从 IP 地址到域名的解析。

2）IP 地址与物理地址之间的解析。在 TCP/IP 网络中，IP 地址统一了各自为政的物理地址，这种统一仅表现在自 IP 层以上使用了统一形式的 IP 地址。然而，这种统一并非取消了设备实际的物理地址，而是将其隐藏起来。因此，在使用 Internet 技术的网络中必然存在着两种地址，即 IP 地址和各种物理网络的物理地址。若想把这两种地址统一起来，就必须建立两者之间的映射关系。

正向地址解析是指从 IP 地址到物理地址之间的解析，在 TCP/IP 中，正向地址解析协议（ARP）完成正向地址解析的任务。逆向地址解析是指从物理地址到 IP 地址的解析，逆向地址解析协议（RARP）完成逆向地址的解析任务。

与 DNS 不同的是，用户只要安装和设置了 TCP/IP，就可以自动实现 IP 地址与物理地址之间的转换工作。TCP/IP 及 DNS 服务器与客户端配置完成之后，计算机名字的查找过程是完全自动的。

4. 查询模式

当客户机需要访问 Internet 上某一主机时，首先向本地 DNS 服务器查询对方的 IP 地址，往往本地 DNS 服务器继续向另外一台 DNS 服务器查询，直到解析出需访问主机的 IP 地址，这一过程称为查询。DNS 查询模式有三种，即递归查询、迭代查询和反向查询。

（1）递归查询。递归查询（Recursive Query）是指 DNS 客户端发出查询请求后，如果 DNS 服务器内没有所需的数据，则 DNS 服务器会代替客户端向其他的 DNS 服务器进行查询。在这种方式中，DNS 服务器必须向 DNS 客户端做出回答。DNS 客户端的浏览器与本地 DNS 服务器之间的查询通常是递归查询，客户端程序送出查询请求后，如果本地 DNS 服务器内没有需要的数据，则本地 DNS 服务器会代替客户端向其他 DNS 服务器进行查询。本地 DNS 会将最终结果返回给客户端程序。因此从客户端来看，它是直接得到了查询的结果。

（2）迭代查询。迭代查询（Iterative Query）多用于 DNS 服务器与 DNS 服务器之间的查询方式。它的工作过程是：当第一台 DNS 服务器向第二台 DNS 服务器提出查询请求后，如果在第二台 DNS 服务器内没有所需要的数据，则它会提供第三台 DNS 服务器的 IP 地址给第一台 DNS 服务器，让第一台 DNS 服务器直接向第三台 DNS 服务器进行查询。依次类推，直到找到所需的数据为止。如果到最后一台 DNS 服务器中还没有找到所需的数据时，则通知第一台 DNS 服务器查询失败。

（3）反向查询。反向查询（Reverse Query）是依据 DNS 客户端提供的 IP 地址，来查询它的主机名。由于 DNS 名字空间中域名与 IP 地址之间无法建立直接对应关系，所以必须在 DNS 服务器内创建一个反向型查询的区域，该区域名称的最后部分为 in-addr.arpa。由于反向查询会占用大量的系统资源，因而会给网络带来不安全，因此通常均不提供反向查询。

5. AD 与 DNS 之间的关联

（1）DNS 与活动目录的区别。DNS 与活动目录集成，并且共享相同的名称空间结构，但是这两者之间存在差异。

1）DNS 是一种独立的名称解析服务。DNS 的客户端向 DNS 服务器发送 DNS 名称查询的请求，DNS 服务器接收名称查询后，先向本地存储的文件解析名称进行查询，有返回结果，没有则向其他 DNS 服务器进行名称解析的查询。由此可见，DNS 服务器并没有向活动目录查询就能够运行。因此，使用 Windows 2000/Server 2003/Server 2008 服务器各个版本的计算机，无论是否建立了域控制器或活动目录，都可以单独建立 DNS 服务器。

2）AD（活动目录）是一种依赖 DNS 的目录服务。活动目录采用了与 DNS 一致的层次划分和命名方式。当用户和应用程序进行信息访问时，活动目录提供信息存储库及相应的服务。AD 的客户使用"轻量级目录访问协议（LDAP）"向 AD 服务器发送各种对象的查询请求时，都需要 DNS 服务器来定位 AD 所在的域控制器。因此，活动目录的服务必须有 DNS 的支持才能工作。

（2）DNS 与活动目录的联系。

1）活动目录与 DNS 具有相同的层次结构。虽然活动目录与 DNS 具有不同的用途，并分别独立地运行，但与 AD 集成的 DNS 的域名空间和活动目录的具有相同的结构。例如，域控制器 AD 中的 boretech.com 既是 DNS 的域名，也是活动目录的域名。

2）DNS 区域可以在活动目录中直接和存储：当用户需要使用 Windows Server 2008 域中的 DNS 服务器时，其主要区域的文件可以建立活动目录时一并生成，并存储在 AD 中，这样才能方便地复制到其他域控制器的活动目录中。

3）活动目录的客户需要使用 DNS 服务定位域控制器：活动目录的客户端查询时，需要使用 DNS 服务来定位指定的域控制器，即活动目录的客户会把 DNS 作为查询定位的服务工具来使用，通过与活动目录集成的 DNS 区域将域中的域控制器、站点和服务的名称解析为所需要的 IP 地址。例如，当活动目录的客户要登录到 AD 所在的域控制器时，首先向网络中的 DNS 服务器进行查询，获得指定域的"域控制器"上运行的 LDAP 主机的 IP 地址之后，才能完成其他工作。

▶ 实施指导

为完成 DNS 服务器的创建与应用，一般分为三个阶段：一是创建 DNS 服务器，二是配置与管理 DNS 服务器，三是进行本地与客户端测试。

1. 安装 DNS 服务器

默认情况下，Windows Server 2008 系统中没有安装 DNS 服务器，因此管理员需要手工进行 DNS 服务器的安装操作。（注意，如果服务器已经安装了活动目录域服务 ADDS，则 DNS

服务器已经自动安装，不必进行 DNS 服务器的再次安装操作。）如果希望该 DNS 服务器能够解析 Internet 上的域名，还需保证该 DNS 服务器能正常连接 Internet。

安装 DNS 服务器的具体操作步骤如下。

（1）在服务器中选择"开始"→"管理工具"→"服务器管理器"命令，打开服务器管理器窗口，选择左侧"角色"项之后，单击右侧的"添加角色"链接，如图 5-3 所示。此时，出现"添加角色向导"对话框。在如图 5-4 所示的对话框中，首先显示的是"开始之前"选项，此选项提示用户，在开始安装角色之前，请验证以下事项：Administrator 账户具有强密码；已配置网络设置，如配置静态 IP 地址；已安装 Windows Update 中的最新安全更新。

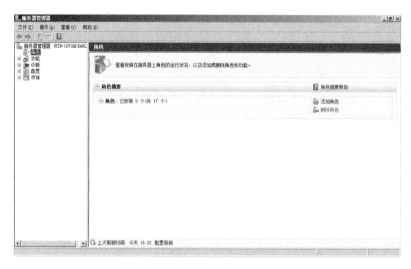

图 5-3　添加角色

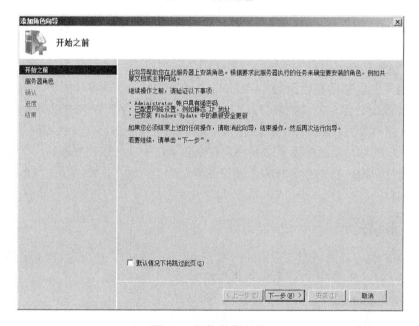

图 5-4　添加角色向导

（2）单击"下一步"按钮，在如图 5-5 所示的对话框中勾选"DNS 服务"复选框，然后单击"下一步"按钮。在如图 5-6 所示的"DNS 服务器简介"界面中，对 DNS 服务进行了简要介绍，在此单击"下一步"按钮继续操作。

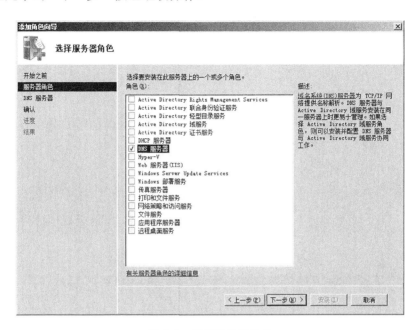

图 5-5　选择服务器角色

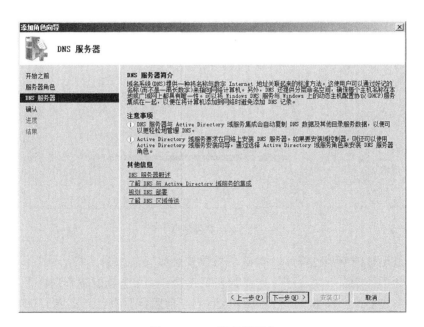

图 5-6　DNS 服务器简介

（3）在如图 5-7 所示的"确认安装选择"界面中，单击"安装"，出现如图 5-8 所示的"安装进度"对话框。

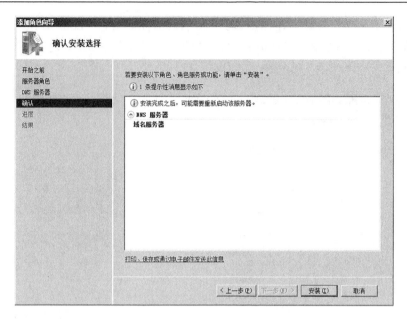

图 5-7　确认安装选择

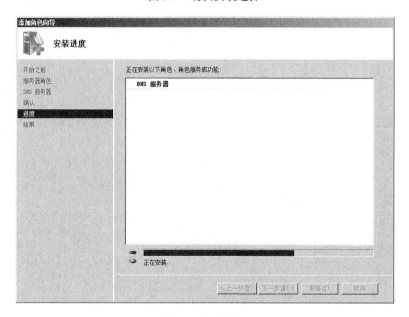

图 5-8　安装进度

（4）在经过短暂的安装过程后，DNS 服务器安装成功，如图 5-9 所示。

此时，选择"开始"→"程序"→"管理工具"→"服务器配置管理器"命令，返回服务器管理器界面之后，可以在"角色"项中查看到当前服务器中已经安装了 DNS 服务器，如图 5-10 所示。

提示：DNS 服务器安装成功后会自动启动，并且会在系统目录%systemroot%\system32\下生成一个 dns 文件夹，其中默认包含了缓存文件、日志文件、模板文件夹、备份文件夹等与 DNS 相关的文件，如果创建了 DNS 区域，还会生成相应的区域数据库文件。

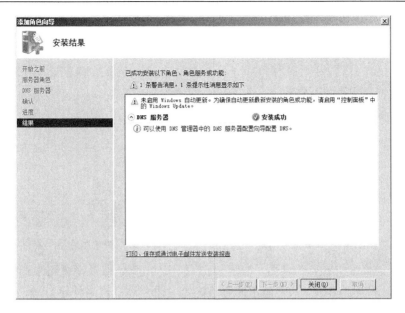

图 5-9　安装结果

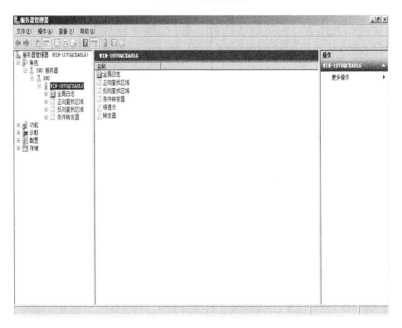

图 5-10　DNS 服务器

2．创建正向查找区域

安装完成 DNS 服务器后，系统的管理工具中会增加一个 DNS 选项，管理员可以通过这个选项完成 DNS 服务器的前期设置与后期的运行管理等工作，具体的操作步骤如下。

（1）选择"开始"→"程序"→"管理工具"→"DNS 服务器"命令，在 DNS 管理器窗口中右键单击当前计算机名称项，从弹出快捷菜单中选择"配置 DNS 服务器"命令，如图 5-11 所示，激活 DNS 服务器配置向导，进入"欢迎使用 DNS 服务器配置向导"界面，如图 5-12 所示，单击"下一步"按钮。

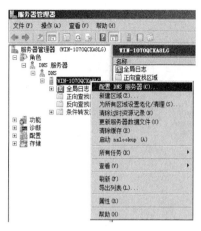

图 5-11　服务器管理器

图 5-12　DNS 服务器配置向导

（2）进入"选择配置操作"界面，如图 5-13 所示。在此处可以设置网络查找区域的类型，在默认的情况下系统自动选择"创建正向查找区域（适合小型网络使用）"单选按钮。如果用户设置的网络适合于小型网络，则可以保持默认选项并单击"下一步"按钮继续操作（本次操作选择这一项）。如果用户配置应用于大型网络，则可以选择第二项"创建正向和反向查找区域（适合于大型网络使用）"。也可以选择第三项"只配置提示"，此项适合于高级用户使用。

（3）进入"主服务器位置"界面，如图 5-14 所示。如果当前所设置的 DNS 服务器是网络中的第一台 DNS 服务器，则选择"这台服务器维护该区域"单选按钮，将该 DNS 服务器作为主 DNS 服务器使用，否则可以选择"ISP 维护该项区域，一份只读的次要副本常驻在这台服务器上"单选按钮。本次操作选择第一项。

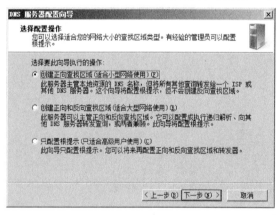

图 5-13　选择配置操作

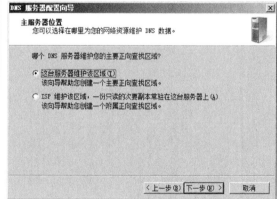

图 5-14　主服务器位置

（4）选择好"主服务器位置"单选按钮，单击"下一步"按钮，进入"区域名称"界面，如图 5-15 所示。此时，输入区域名称 boretech.com，单击"下一步"按钮，进入"区域文件"界面，如图 5-16 所示。系统会根据用户所填的区域默认填入了一个文件名。该文件是一个 ASCII 文本文件，其中保存着该区域的信息，默认情况下保存在%systemroot%\system32\dns 文件夹中，通常情况下不需要更改默认值。单击"下一步"按钮继续操作。

（5）单击"下一步"按钮后，进入"动态更新"界面，如图 5-17 所示。选择"不允许动态更新"单选按钮，不接受资源记录的动态更新，以安全的手动方式更新 DNS 记录。

（6）单击"下一步"按钮，进入"转发器"界面，如图 5-18 所示。选项"是，应当将查询转送到有下列 IP 地址的 DNS 服务器上"为默认设置，可以在 IP 地址编辑框中键入 ISP 或者上级 DNS 服务器提供的 DNS 服务器 IP 地址，如果没有上级 DNS 器则可以选择"否，不向前转发查询"单选按钮。本次操作选择第二项。

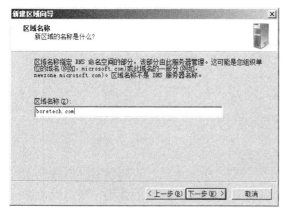

图 5-15　区域名称

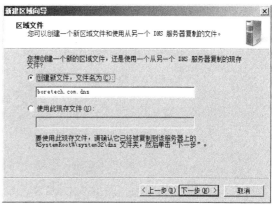

图 5-16　区域文件

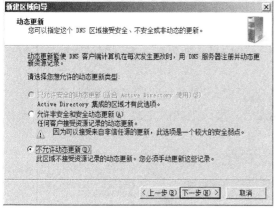

图 5-17　动态更新

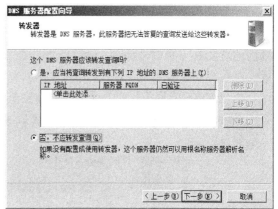

图 5-18　转发器

（7）单击"下一步"按钮，进入"正在完成 DNS 服务器配置向导"界面，如图 5-19 所示，可以查看到有关 DNS 配置的信息，单击"完成"按钮关闭向导。

至此，DNS 服务器配置完成。此时，选择"开始"→"管理工具"→"DNS"命令，在如图 5-20 所示的"DNS 管理器"窗口中，依次展开 DNS→当前计算机名称→正向查找区域项，boretech.com 区域已经创建完成。

接下来，需要在 DNS 服务中创建 IP 地址与主机域名间的对应关系，以便用户在访问主机时不需要输入 IP 地址，只需要输入域名地址即可。

3．添加 DNS 记录

创建新的主区域后，"域服务管理器"会自动创建起始机构授权、名称服务器等记录。除此之外，DNS 数据库还包含其他的资源记录，用户可根据需要，自行向主区域或域中添加资源记录，常用记录类型如下。

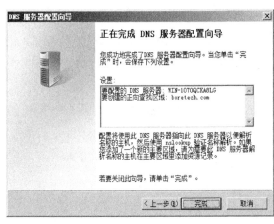
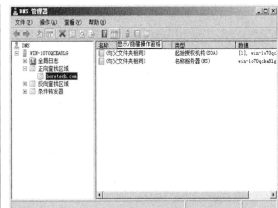

图 5-19   正在完成 DNS 服务器配置向导   图 5-20   DNS 管理器

（1）主机记录。主机（A 类型）记录在 DNS 区域中，用于记录在正向搜索区域内建立的主机名与 IP 地址的关系，以供从 DNS 的主机域名、主机名到 IP 地址的查询，即完成计算机名到 IP 地址的映射。在实现虚拟机技术时，管理员通过为同一主机设置多个不同的 A 类型记录，来达到同一 IP 地址的主机对应不同主机域名的目的。

在本章的项目任务中，需要在 Windows Server 2008 服务器上创建域名为 dns.boretech.com 的域名地址，对应的 IP 地址为主机地址（192.168.1.1）。再搭建域名为 dns.boretecipv6.com 的域名地址，对应的 IP 地址为（1000::2）。接下来，以项目任务为例，来详细说明创建主机记录的过程，创建步骤如下。

1）在 DNS 管理窗口中，选择要创建主机记录的区域（本项目区域名称为 boretech.com），右击并选择快捷菜单中的"新建主机（A 或 AAAA）"命令，如图 5-21 所示，弹出如图 5-22 所示窗口。

图 5-21   新建主机命令

2）由于项目任务中，需要创建的主机名称为 dns.boretech.com，则在如图 5-22 所示的"名称"文本框中输入主机名称为 dns。注意：这里应输入相对名称，而不能是全称域名（输入名称的同时，域名会在"完全合格的域名"中自动显示出来）。在"IP 地址"框中输入主机对应的 IP 地址，输入后的效果如图 5-23 所示。然后单击"添加主机"按钮，弹出如图 5-24 所示的提示框，则表示已经成功创建了主机记录。

 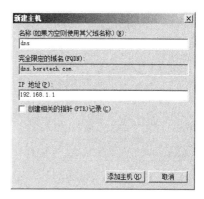

图 5-22　"新建主机"对话框　　　　　　　图 5-23　输入名称与 IP 地址

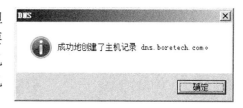

　　说明：并非所有计算机都需要主机资源记录，但是在网络上以域名来提供共享资源的计算机，都需要该记录。一般为具有静态 IP 地址的服务器创建主机记录，也可以为分配静态 IP 地址的客户端创建主机记录。

图 5-24　创建主机记录成功

　　（2）起始授权机构（SOA）记录。起始授权机构（Start of Authority，SOA）用于记录此区域中的主要名称服务器及管理此 DNS 服务器的管理员的电子邮件信箱名称。在 Windows Server 2008 操作系统中，每创建一个区域就会自动建立 SOA 记录，因此这个记录就是所建区域内的第一条记录。

　　修改和查看该记录的方法如下：在 DNS 管理窗口中，选择要创建主机记录的区域（如 boretech. com），在窗口右侧，用鼠标右键单击"起始授权机构"记录，如图 5-25 所示，在快捷菜单中选中"属性"命令，打开如图 5-26 所示的"boretech.com 属性"对话框。

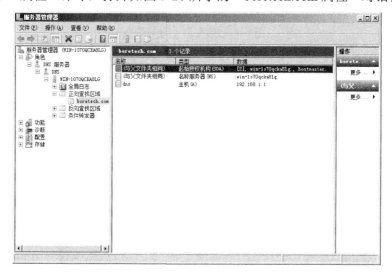

图 5-25　起始授权机构记录

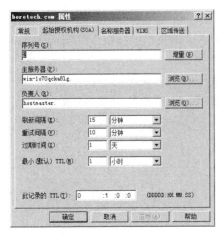

图 5-26 起始授权机构属性

（3）名称服务器（NS）记录。名称服务器记录的英文全称是 Name Server。它用于记录管辖此区域的名称服务器，包括主要名称和辅助名称服务器。在 Windows Server 2008 操作系统的 DNS 管理工具窗口中，每创建一个区域就会自动建立这个记录。如果需要修改和查看该记录的属性，可以在如图 5-27 所示的对话框中，右键单击该记录，在弹出的快捷菜单中选择"属性"命令，打开"名称服务器"选项卡，如图 5-28 所示，单击其中的项目即可修改 NS 记录。

（4）别名（CNAME）记录。别名用于将 DNS 域名映射为另一个主要的或规范的名称。有时一台主机可能担当多个服务器，这时需要给这台主机创建多个别名。例如，一台主机既是 DNS 服务器，也是 FTP 服务器，这时就要给这台主机创建多个别名，也就是根据不同的用途所起的不同名称，如 DNS 服务器和 FTP 服务器分别为 dns.boretech.com 和 ftp.boretech.com，而且还要知道该别名是由哪台主机所指派的。

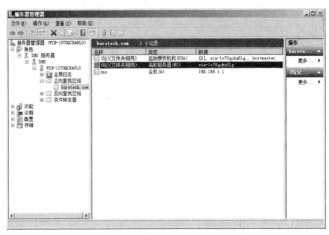

图 5-27 名称服务器记录

在 DNS 管理窗口中右击已创建的主要区域（boretech. com），选择快捷菜单中的"新建别名"选项，如图 5-29 所示，显示"新建资源记录"对话框，如图 5-30 所示。输入主机别名（ftp）和指派该别名的主机名称，如 dns.boretech.com。

在图 5-30 中，也可以通过单击"浏览"按钮来选择目标主机完全合格的域名，如图 5-31 所示。别名创建成功后，如图 5-32 所示，在 DNS 服务器管理窗口中会进行显示。[注意：在类型中显示的是"别名（CNAME）"。]

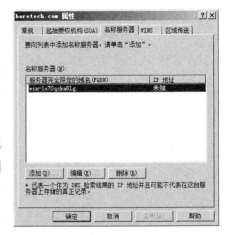

图 5-28 名称服务器属性

图 5-29　新建别名

图 5-30　新建资源记录

图 5-31　浏览

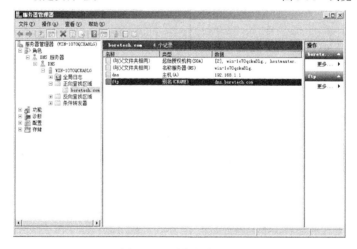

图 5-32　别名创建成功

（5）邮件交换器（MX）记录。邮件交换器（Mail Exchanger）记录为电子邮件服务专用，它根据收信人地址后缀来定位邮件服务器，使服务器知道该邮件将发往何处。也就是说，根据收信人邮件地址中的 DNS 域名，向 DNS 服务器查询邮件交换器资源记录，定位到要接收邮件的邮件服务器。

　　例如，将邮件交换器记录所负责的域名设为 boretech.com，发送"admin@boretech.com"邮箱时，系统对该邮件地址中的域名 boretech.com 进行 DNS 的 MX 记录解析。如果 MX 记录存在，系统就根据 MX 记录的优先级，将邮件转发到与该 MX 相应的邮件服务器上。

　　在 DNS 管理窗口中选取已创建的主要区域（boretech.com），右击并在快捷菜单中选择"新建邮件交换器"选项，如图 5-33 所示，弹出如图 5-34 所示的新建资源记录—邮件交换器对话框。

图 5-33　新建邮件交换器

相关选项的功能如下。

　　1）主机或子域：邮件交换器（一般是指邮件服务器）记录的域名，也就是要发送邮件的域名，如 mail，得到的用户邮箱格式为 user@mail.boretech.com，但如果该域名与"父域"的名称相同，则可以不填或为空，得到的邮箱格式为 user@boretech.com。

　　2）邮件服务器的完全合格的域名：设置邮件服务器的全称域名 FQDN（如 mail.boretech.com），也可单击"浏览"按钮，在如图 5-35 所示的"浏览"窗口列表中选择。

图 5-34　新建资源记录

图 5-35　浏览

　　3）邮件服务器优先级：如果该区域内有多个邮件服务器，可以设置其优先级，数值越低优先级越高（0 最高），范围为 0～65 535。当一个区域中有多个邮件服务器时，其他的邮件服务器向该区域的邮件服务器发送邮件时，它会先选择优先级最高的邮件服务器。如果传送失败，则会再选择优先级较低的邮件服务器。如果有两台以上的邮件服务器的优先级相同，系统会随机选择一台邮件服务器。

设置完成以上选项后，单击"确定"按钮，一个新的邮件交换器记录便添加成功，如图 5-36 所示。

图 5-36　邮件交换器创建成功

（6）创建其他资源记录。在区域中可以创建的记录类型还有很多，如 HINFO、PTR、MINFO、MR、MB 等。用户需要，可以查询 DNS 管理窗口的帮助信息，或者是有关书籍。

具体的操作步骤为：选择一个区域或域（子域），右击并选择快捷菜单中的"其他新记录"选项，如图 5-37 所示，弹出如图 5-38 所示的"资源记录类型"对话框。从中选择所要建立的资源记录类型，如 ATM 地址（ATM），单击"创建记录"按钮，即可打开如图 5-39 所示的记录定义窗口，指定主机名称和值。在建立资源记录后，如果还想修改，可右击该记录，选择快捷菜单中的"属性"命令。

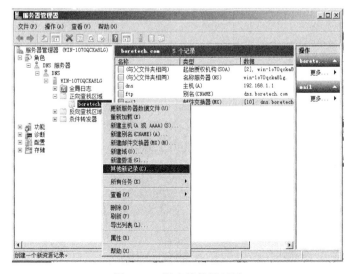

图 5-37　新建其他新记录

图 5-38　资源记录类型

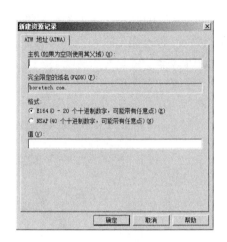

图 5-39　新建资源记录

设置完成以上选项以后单击"确定"按钮，一个新的记录便添加成功，如图 5-40 所示。

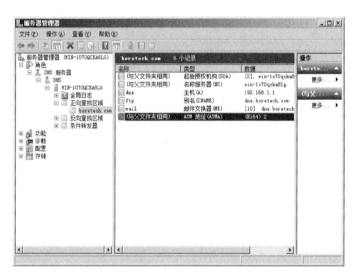

图 5-40　ATM 地址创建成功

以上的创建过程演示如何创建不同的 DNS 记录类型。回到本章的项目任务中，需要在 Windows server 2008 服务器上创建域名为 dns.boretech.com 的域名地址，对应的 IP 为主机地址（192.168.1.1），通过上面的创建过程已经实现，请读者根据上面的过程再搭建域名为 dns.boretecipv6.com 的域名地址，对应的 IP 为（1000::2）。

提示：创建步骤如下。

（1）创建主要区域，名称为 boretechipv6.com。

（2）在区域上新建主机（A 或 AAAA），名称为 dns，IP 地址为 1000::2。

4．创建反向查找区域

反向查找就是和正向查找相对应的一种 DNS 解析方式。在网络中，大部分 DNS 搜索都是正向查找。但为了实现客户端对服务器的访问，不仅需要将一个域名解析成 IP 地址，还需要将 IP 地址解析成域名，这就需要使用反向查找功能。在 DNS 服务器中，通过主机名查询其 IP 地址的过程称为正向查询，而通过 IP 地址查询其主机名的过程称为反向查询。

（1）反向查找区域：DNS 提供了反向查找功能，可以让 DNS 客户端通过 IP 地址来查找其主机名称，如 DNS 客户端，可以查找 IP 地址为 192.168.1.1 的主机名称。反向区域并不是必须的，可以在需要时创建。例如，若在 IIS 网站利用主机名称来限制联机的客户端，则 IIS 需要利用反向查找来检查客户端的主机名称。当利用反向查找来将 IP 地址解析成主机名时，反向区域的前面半部分是其网络 ID（Network ID）的反向书写，而后半部分必须是 in-addr.arpa。in-addr.arpa 是 DNS 标准中为反向查找定义的特殊域，并保留在 Internet DNS 名称空间中，以便提供切实可靠的方式执行反向查询。例如，如果要针对网络 ID 为 192.168.1 的 IP 地址来提供反向查找功能，则此反向区域的名称必须是 1.168.192.in-addr.arpa。

（2）创建反向查找区域。这里，创建一个 IP 地址为 192.168.1 的反向查找区域，具体的操作步骤如下。

1）选择"开始"→"程序"→"管理工具"→"DNS 服务器"命令，在 DNS 管理器窗口中左侧目录树中计算机名称处单击鼠标右键，在弹出的快捷菜单中选择"新建区域"命令，如图 5-41 所示，显示"新建区域向导"对话框，如图 5-42 所示。

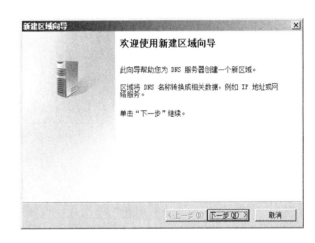

图 5-41　新建区域　　　　　　　　　　　　图 5-42　新建区域向导

2）单击"下一步"按钮，弹出如图 5-43 所示"区域类型"界面，选择"主要区域"选项。单击"下一步"按钮，进入如图 5-44 所示"正向或反向查找区域"界面，选择"反向查找区域"单选按钮。

提示：在本书的上一章节中，当前的服务器被配置为 ADDS，则此时，当前 DNS 服务器同时也是一台域控制器。那么，在图 5-43 中单击"下一步"按钮时，会进入 "Active Directory 区域传送作用域"界面，请选择"至此域中所有域控制器（为了与 Windows 2000 兼容）：boretech.com"单选按钮。单击"下一步"按钮，会出现如图 5-44 所示界面。）

3）单击"下一步"按钮，进入如图 5-45 所示的"反向查找区域名称"界面，根据目前网络的状况，一般建议选择"IPv4 反向查找区域"项。

4）单击"下一步"按钮，进入如图 5-46 所示的"反向查找区域名称"界面，输入 IP 地址 192.168.1，同时它会在"反向查找名称"文本框中显示为 1.168.192.in-addr.arpa。

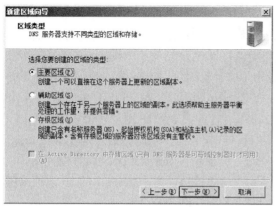

图 5-43　区域类型　　　　　　　　　　　图 5-44　正向或反向查找区域

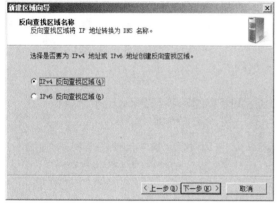
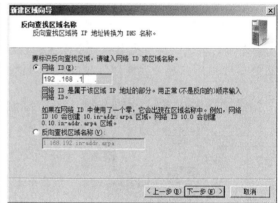

图 5-45　反向查找区域名称　　　　　　　图 5-46　反向查找区域 ID

5）单击"下一步"按钮，弹出如图 5-47 所示"区域文件"界面。此时，系统会自动给出文件名，在此不需要改动，直接单击"下一步"按钮，进入如图 5-48 所示"动态更新"界面。在此，选择"不允许动态更新"单选项，以减少来自网络的攻击。

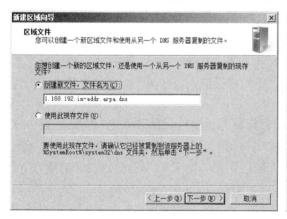
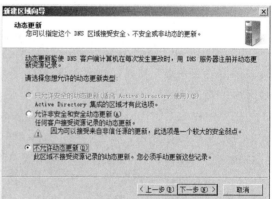

图 5-47　区域文件　　　　　　　　　　　图 5-48　动态更新

6）继续单击"下一步"按钮，即可完成"新建区域向导"，如图 5-49 所示。当反向区域创建完成以后，该反向主要区域就会显示在 DNS 的"反向查找区域"项中，且区域名称显示为 1.168.192.in-addr.arpa，如图 5-50 所示。

提示：添加 IPv6 地址的反向查找区域的过程同上，在此不一一赘述。

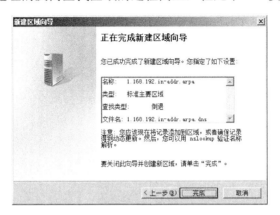

图 5-49　完成新建区域向导

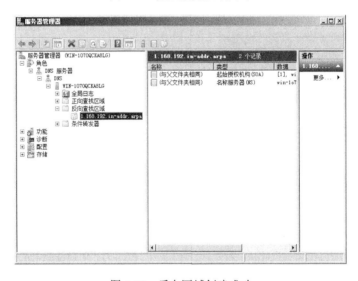

图 5-50　反向区域创建成功

（3）创建反向记录。当反向区域创建完成以后，还必须在该区域内创建指针记录数据，即建立 IP 地址与 DNS 名称之间的搜索关系，只有这样才能提供用户反向查询功能，在实际的查询中才是有用的。增加指针记录具体的操作步骤如下。

1）右键单击反向主要区域名称 1.168.192.in-addr.arpa，选择快捷菜单中的"新建指针（PTR）"项，如图 5-51 所示，弹出如图 5-52 所示"新建资源记录"对话框。在"主机 IP 地址"文本框中，输入主机 IP 地址的最后一段（前 3 段是网络 ID），并在"主机名"后输入或单击"浏览"按钮，选择该 IP 地址对应的主机名。

2）输入完成后，效果如图 5-53 所示。最后单击"确定"按钮，一个反向记录就创建成功了，如图 5-54 所示。

在创建正向区域的主机记录时也可以顺便建立指针记录，如图 5-55 所示。只要勾选"创建相关的指针（PTR）记录"选项，就会自动创建反向查找区域的指针记录，如图 5-56 所示。

图 5-51　完成新建区域向导

图 5-52　新建资源记录—指针（一）

图 5-53　新建资源记录—指针（二）

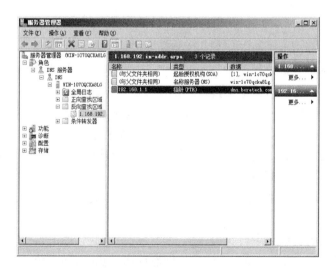

图 5-54　指针创建成功

图 5-55　新建主机

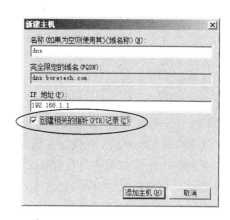
图 5-56　创建相关的指针记录

5. 缓存文件与转发器

缓存文件内存储着根域内的 DNS 服务器的名称与 IP 地址的对应信息，每一台 DNS 服务器内的缓存文件都是一样的。企业内的 DNS 服务器要向外界 DNS 服务器查询时，需要用到这些信息，除非企业内部的 DNS 服务器指定了"转发器"。

本地 DNS 服务器就是通过名为 cache.dns 的缓存文件找到根域内的 DNS 服务器的。在安装 DNS 服务器时，缓存文件就会被自动复制到%systemroot%system32\dns 目录下，位置如图5-57 所示。

除了直接查看缓存文件，还可以在"服务器管理器"窗口中查看。用鼠标右键单击 DNS服务器名，在弹出的菜单中选择"属性"命令，打开如图 5-58 所示的 DNS 服务器属性对话框，选择"根提示"选项卡，在"名称服务器"列表中就会列出 Internet 的 13 台根域服务器的 FQDN 和对应的 IP 地址。

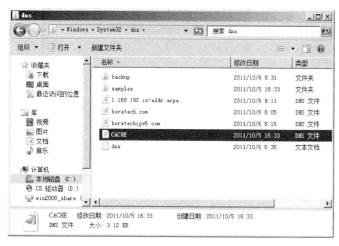
图 5-57　CACHE.DNS 位置

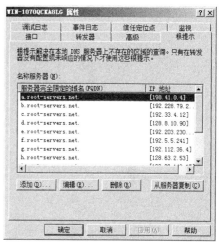
图 5-58　根提示

这些自动生成的条目一般不需要修改，当然如果企业的网络不需要连接到 Internet，则可以根据需要将此文件内根域的 DNS 服务器信息更改为企业内部最上层的 DNS 服务器。最好不要直接修改 cache.dns 文件，而是通过 DNS 服务器所提供的根提示功能来修改。

如果企业内部的 DNS 客户端要访问公网，有两种解决方案：在本地 DNS 服务器上启用根提示功能或者为它设置转发器。转发器是网络上的一台 DNS 服务器，它将以外部 DNS 名称的查询转发给该网络外的 DNS 服务器。转发器可以管理对网络外的名称（如 Internet 上的名称）的解析，并改善网络中计算机的名称解析效率。

对于小型网络，如果没有本网络域名解析的需要，则可以只设置一个与外界联系的 DNS 转发器。对于公网主机名称的查询，将全部转发到指定的公用 DNS 的 IP 地址或者转发到"根提示"选项卡中提示的 13 个根服务器。

对于大中型企事业单位，可能需要建立多个本地 DNS 服务器。如果所有 DNS 服务器都使用根提示向网络外发送查询，则许多内部和非常重要的 DNS 信息都可能暴露在 Internet 上。除了安全和隐私问题，还可导致大量外部通信，而且通信费用昂贵，效率比较低。为了内部网络的安全，一般只将其中的一台 DNS 服务器设置为可以与外界 DNS 服务器直通的服务器，这台负责所有本地 DNS 服务器查询的计算机就是 DNS 服务的转发器。

如果在 DNS 服务器上存在一个"."域（如在安装活动目录的同时安装 DNS 服务，就会自动生成该域），根提示和转发器功能就会全部失效。解决的方法就是直接删除"."域。设置转发器的具体操作步骤如下。

（1）选择"开始"→"程序"→"管理工具"→"DNS 服务器"命令，在左侧的目录树中右键单击 DNS 服务器名称，并在快捷菜单中选择"属性"选项，弹出如图 5-59 所示"WIN-1070QCKA8LG 属性"窗口。

（2）选择"转发器"选项卡，如图 5-60 所示，单击"编辑"按钮，进入"编辑转发器"对话框，可添加或修改转发器的 IP 地址。

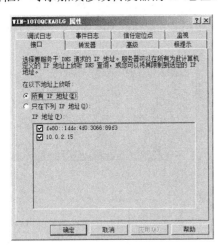

图 5-59　属性窗口

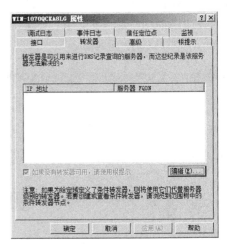

图 5-60　转发器选项卡

（3）在"转发服务器的 IP 地址"列表框中，输入 ISP 提供的 DNS 服务器的 IP 地址即可。重复上述操作，可添加多个 DNS 服务器的 IP 地址。需要注意的是，除了可以添加本地 ISP 的 DNS 服务器的 IP 地址外，也可以添加其他著名 ISP 的 DNS 服务器的 IP 地址。

（4）在转发器的 IP 地址列表中，选择要调整顺序或删除的 IP 地址，单击"上移"、"下移"或"删除"按钮，即可执行相关操作。应当将反应最快的 DNS 服务器的 IP 地址调整到最高端，从而提高 DNS 查询速度。单击"确定"按钮，保存对 DNS 转发器的设置。

6．配置 DNS 客户端

在 C/S 模式中，DNS 客户端就是指那些使用 DNS 服务的计算机。从系统软件平台来看，有可能安装的是 Windows 的服务器版本，也可能安装的是 Linux 工作站系统。DNS 客户端分为静态 DNS 客户和动态 DNS 客户。静态 DNS 客户是指管理员手工配置 TCP/IP 协议的计算机，对于静态客户，设置的主要内容就是指定 DNS 服务器，一般只要设置 TCP/IP 的 DNS 选项卡的 IP 地址即可。动态 DNS 客户是指使用 DHCP 服务的计算机，对于动态 DNS 客户重要的是在配置 DHCP 服务时，指定域名称和 DNS 服务器。

下面仅以 Windows 7 操作系统中配置静态 DNS 客户为例进行介绍，具体的操作步骤如下。

（1）在"控制面板"中双击"网络和 Internet"图标，打开"网络和共享中心"窗口，列出的所有可用的网络连接，右击"本地连接"图标，并在快捷菜单中选择"属性"项，弹出如图 5-61 所示"本地连接　属性"窗口。

（2）在"此连接使用下列项目"列表框中，选择"Internet 协议版本 4（TCP/IPv4）"项，并单击"属性"按钮，弹出如图 5-62 所示"Internet 协议版本 4（TCP/IPv4）属性"窗口。选择"使用下面的 DNS 服务器地址"选项，分别在"首选 DNS 服务器"和"备用 DNS 服务器"文本框中，输入主 DNS 服务器和辅 DNS 服务器的 IP 地址。单击"确定"按钮，保存对设置的修改即可。根据上面的设置，首选 DNS 服务器地址为 192.168.1.1。

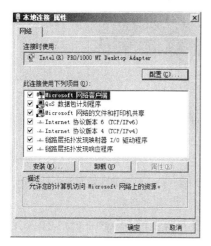

图 5-61　本地连接属性

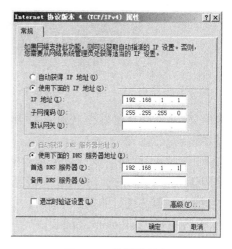

图 5-62　常规选项卡

7．测试 DNS 服务器安装

DNS 服务器安装与配置之后，还要在服务器端与 DNS 客户端测试 DNS 服务器是否正常工作，一般测试使用 DOS 命令比较方便。

（1）ping 命令测试连通性。ping 命令是用来测试 DNS 能否正常工作最为简单和实用的工具。如果想测试 DNS 服务器能否解析域名 dns.boretech.com，直接在客户端命令行直接输入，根据输出结果，可以很容易判断出 DNS 解析是成功的。

在客户机上单击"开始"→"运行"命令，在弹出的"运行"对话框中输入 CMD，进入命令行窗口。直接在命令行中输入以下命令（下划线部分）：

```
C:\>ping dns.boretech.com
C:\>ping 192.168.1.1
```

如图 5-63 所示为 ping 域名服务器的效果。图 5-64 所示为 ping IP 地址的效果。

图 5-63　ping 域名

图 5-64　ping IP 地址

注意：为了能更准确地测试出 DNS 服务器安装是否正确，以及客户机是否能够正常使用，上面的测试请在客户机上进行。

（2）nslookup 命令。nslookup 是一个监测网络中 DNS 服务器是否能正确实现域名解析的命令行工具，它用来向 Internet 域名服务器发出查询信息。下面通过实例介绍如何使用交互模式对 DNS 服务进行测试。注意：下划线部分为输入的相关命令。

1）查找主机。nslookup 命令用来查找默认 DNS 服务器主机 boretech.com 的 IP 地址。命令使用及相关结果如图 5-65 和图 5-66 所示。

图 5-65　nslookup 命令 1

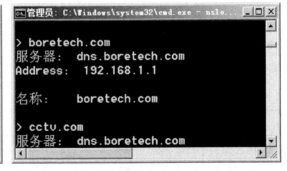

图 5-66　nslookup 命令 2

```
C:\>nslookup
```

>boretech.com

2）查找域名信息。set type 表示设置查找的类型，ns 表示域名服务器，命令及相关效果如图 5-67 所示。

```
> set type=ns
> boretech.com
> sina.com
> cctv.com
```

3）检查反向 DNS。假如已知道客户端 IP 地址，要查找其域名，输入以下命令，命令格式及相关效果如图 5-68 所示。

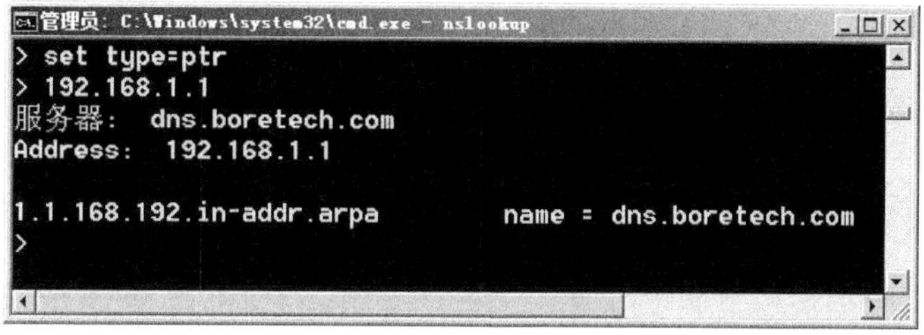

图 5-67　查找域名信息

图 5-68　检查反向 DNS

```
> set type=ptr
> 192.168.1.1
```

4）检查 MX 邮件记录。要查找域名的邮件记录地址，输入以下命令，命令格式及相关效果如图 5-69 所示。

```
> set type=mx
> boretech.com
```

5）检查 CNAME 别名记录。此操作时查询域名主机有无别名。命令格式及相关效果如图 5-70 所示。

```
> set type=cname
>boretech.com
```

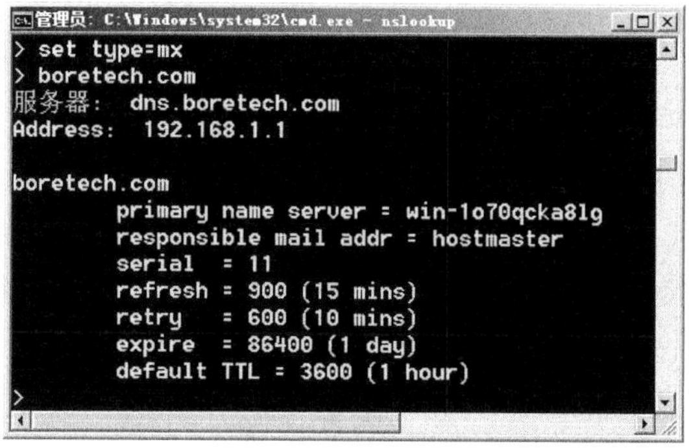

图 5-69　检查 MX 邮件记录　　　　　　　　　图 5-70　检查 CNAME 别名记录

（3）ipconfig 命令查看网络配置。DNS 客户端会将 DNS 服务器发来的解析结果缓存下来，在一定时间内，若客户端再次需要解析相同的名字，会直接使用缓存中的解析结果，而不必向 DNS 服务器发起查询。解析结果在 DNS 客户端缓存的时间取决于 DNS 服务器上响应资源记录设置的生存时间（TTL）。如果在生存时间规定的时间内，DNS 服务器对该资源记录进行了更新，则在客户端会出现短时间的解析错误。此时可尝试清空 DNS 客户端缓存来解决问题，具体的操作使用 ipconfig 命令及其参数来完成。

1）查看 DNS 客户端缓存。在 DNS 客户端输入以下命令查看 DNS 客户端缓存。

C:\>ipconfig/displaydns

2）清空 DNS 客户端缓存。在 DNS 客户端输入以下命令清空 DNS 客户端缓存。

C:>ipconfig/flushdns

再次使用命令 ipconfig /displaydns 来查看 DNS 客户端缓存，可以看到已将其部分内容清空。

▶ 工学结合

（1）根域名服务器。根域名服务器主要用来管理 Internet 的主目录，全球共有 13 台根域名服务器。这 13 台根域名服务器中名字分别为 A～M，1 个为主根服务器，放置在美国；其余 12 个均为辅根服务器，其中 9 个放置在美国；欧洲 2 个，位于英国和瑞典；亚洲 1 个，位于日本。所有根服务器均由美国政府授权的 Internet 域名与号码分配机构 ICANN 统一管理，负责全球 Internet 域名根服务器、域名体系和 IP 地址等的管理

（2）缓存。缓存包括 DNS 服务器缓存和 DNS 客户端缓存。即当查询（或访问）某一主机后，服务器（客户端）会将该记录缓存保留一段时间。当下次再次查询这台主机时，由于缓存的存在，通信流量会大大减少。

缓存条目主要包括两种类型：一是通过查询 DNS 服务器获得；另外就是通过 %systemroot%\system32\drivers\etc\hosts 获得。第一种类型缓存在一段时间后会过期，过期时间由第一次查询时得到的 DNS 应答中所包括的生命周期（TTL）决定。可以通过命令 ipconfig/displaydns 查看缓存内容和过期前的剩余时间。

（3）动态更新。在 AD 环境中，要完成动态更新，必须在 DNS 服务器上配置允许动态更新，同时客户端也要进行相应的设置。默认设置下，客户端会在以下几个时间更新 DNS 记录：计算机启动时、IP 地址或计算机更名后：ipconfig/registerDNS 强制更新。此外客户端每 24h 会重新注册 IP 地址。

（4）根提示。根提示是用来在本地 DNS 服务器上不存在的的域的查询。只有在转发器没有配置或未响应的情况下，才使用这些提示。这是局域网上的访问 Internet 使用的方法之一。如果发现上面根域服务器不完整，可以手工添加或从其他服务器复制这些根域服务器的信息。

（5）转发器（条件转发）。在 DNS 服务器上设置转发器或条件转发，当客户端查询所有其他域（或某一其他域）时，DNS 服务器将查询请求转到某一其他 DNS 服务器。我们可以设置转发器到某一外网 DNS 服务器，这样就能使用局域网的计算机访问 Internet 了。

（6）Round-Robin 循环和 Netmask Ordering 网络掩码排序。通常像 www.microsoft.com 这样的域名会有很多 IP 地址，以便提高负载均衡和性能，这些服务器可能在地理位置上也是分散的。当客户端访问这些主机时，DNS 服务器会使用 Round-Robin 循环在 IP 地址中查找，这

样能有效地将通信分布到不同的服务器上。同时 DNS 服务器使用 Netmask Ordering 网络掩码排序技术，返回与客户端最近的服务器 IP 地址。

▶ 技能实训

1．实训目标

（1）熟悉 Windows Server 2008 中安装 DNS 服务器。

（2）掌握 Windows Server 2008 中配置 DNS 服务器的正向区域、反向区域。

（3）掌握 Windows Server 2008 的主机、别名和邮件交换等记录的含义和管理方法。

（4）掌握 Windows Server 2008 中 DNS 客户机的配置方法及相关的测试命令。

（5）掌握 Windows Server 2008 中测试 DNS 配置的测试命令用法。

2．实训条件

（1）硬件要求。处理器 CPU 工作频率 2GHz 或以上，双核，内存 2GB RAM 以上，硬盘空间 80GB 以上，光盘驱动器 DVD-ROM，显示 Super VGA （800×600）或者更高级的显示器，标准键鼠。

（2）网络环境：已建好的 100M 以太网络，包含交换机（或集线器）、五类（或超五类）UTP 直通线若干、两台及以上数量的计算机。

（3）软件环境：Windows Server 2008 系统环境，或基于 Windows XP（64 位）或 Windows 7 操作系统平台，VirtualBox4.0.12，Windows Server 2008 虚拟机。

3．实训内容

在安装了 Windows Server 2008 的虚拟机上完成如下操作。

（1）运行虚拟操作系统 Windows Server 2008，为虚拟机保存一个还原点，以方便以后的实训调用这个还原点。

（2）将虚拟操作系统 Windows Server 2008 设置其 IP 地址为 192.168.1.1，子网掩码为 255.255.255.0，DNS 地址为 192.168.1.1，网关设置为 192.168.1.254，其他网络设置暂不修改，为其安装 DNS 服务器，域名为 boretech.com。

（3）配置该 DNS 服务器，创建 boretech.com 正向查找区域。

（4）新建主机 dns，IP 为 192.168.1.1，别名为 dns，指向 dns，MX 记录为 mail，邮件优先级为 10。

（5）创建 botretech.com 反向查找区域。

（6）创建一台虚拟机作为客户机（系统可安装为 Windows XP 或 Windows 2008），配置成为前面安装成功的 DNS 服务器的客户端，并用 ping、nslookup、ipconfig 等命令测试 DNS 服务器能否正常工作。

4．实训考核

序号	规 定 任 务	分值（分）	项目组评分
1	安装 DNS 服务器	10	
2	创建正向区域	10	
3	添加主机（三个，WWW\FTP\MAIL）	10	
4	创建反向区域	10	

续表

序号		规 定 任 务	分值（分）	项目组评分
5		本地服务器测试 DNS 服务器	10	
6		虚拟机安装客户机	10	
7		客户机配置 DNS	10	
8		在客户机上测试 DNS 服务器	10	
拓展任务（选做）	9	网络命令的使用	10	
	10	列出并测试 ping 命令的至少三种用法	10	
	11	列出并测试 ipconfig 命令的至少三种用法	10	

注　1. 完成并测试成功方可得满分。

　　2. 未完成的任务除记录存在问题外，由同项目组成员打分。

　　3. 拓展任务的完成情况与得分，由教师负责记录。

▶ 技能拓展

了解和掌握以下常用网络检测命令将会有助于用户更快地检测到网络故障，从而节省时间，提高效率。

1．ping 命令

ping 是测试网络联接状况及信息包发送和接收状况非常有用的工具，是网络测试最常用的命令。ping 向目标主机（地址）发送一个回送请求数据包，要求目标主机收到请求后给予答复，从而判断网络的响应时间和本机是否与目标主机（地址）联通。

如果执行 ping 不成功，则可以预测故障出现在以下几个方面：网线故障，网络适配器配置不正确，IP 地址不正确。如果执行 ping 成功而网络仍无法使用，那么问题很可能出在网络系统的软件配置方面，ping 成功只能保证本机与目标主机间存在一条连通的物理路径。

2．tracert 命令

tracert 命令用来显示数据包到达目标主机所经过的路径，并显示到达每个节点的时间。命令功能同 ping 类似，但它所获得的信息要比 ping 命令详细得多。它把数据包所走的全部路径、节点的 IP 及花费的时间都显示出来。该命令比较适用于大型网络。

3．netstat 命令

netstat 命令可以帮助网络管理员了解网络的整体使用情况。它可以显示当前正在活动的网络连接的详细信息，例如显示网络连接、路由表和网络接口信息，可以统计目前总共有哪些网络连接正在运行。

4．arp 命令

该命令用于显示和修改"地址解析协议（ARP）"缓存中的项目。ARP 缓存中包含一个或多个表，它们用于存储 IP 地址及其经过解析的以太网或令牌环物理地址。计算机上安装的每一个以太网或令牌环网络适配器都有自己单独的表。

5．hostname 命令

hostname 命令用于显示计算机全名中的主机名称部分。有当 TCP/IP 协议在网络连接中安装为网络适配器属性的组件时，该命令才可用。

6．ipconfig 命令

此命令用于显示所有当前的 TCP/IP 网络配置值、刷新动态主机配置协议（DHCP）和域名系统（DNS）设置。使用不带参数的 ipconfig 可以显示所有适配器的 IP 地址、子网掩码、默认网关。

7．nbtstat 命令

此命令用于显示本地计算机和远程计算机的基于 TCP/IP（NetBT）协议的 NetBIOS 统计资料、NetBIOS 名称表和 NetBIOS 名称缓存。nbtstat 可以刷新 NetBIOS 名称缓存和注册的 Windows Internet 名称服务（WINS）名称。使用不带参数的 nbtstat 显示帮助。

8．nslookup 命令

此命令用于显示可用来诊断域名系统（DNS）基础结构的信息。使用此工具之前，应当熟悉 DNS 的工作原理。只有在已安装 TCP/IP 协议的情况下才可以使用 nslookup 命令行工具。

9．获取命令帮助信息

每一命令都有其基本用法，并且可以加入相应的参数，扩展命令用法。对于每一条命令，获取命令帮助的方法如下。

命令名称　/?

例如，要想获取 ping 命令的用法，只需要输入命令：

ping /?

此时，就会显示 ping 的用法及其参数的含义用法等。

项目6　WWW 服务器安装配置与管理

▶ 基础技能

在前导课程中，学生应该了解或掌握以下知识与技能：

（1）了解网络访问与网站链接的基本操作。

（2）了解 BBS、免费博客、QQ 空间等使用与操作过程，了解网络后台管理的一般过程。

（3）掌握网页服务器的在网络中充当的角色或能够发挥的功能。

▶ 项目情境

般若科技有限公司为了实现对外宣传与公司内部管理，公司建立了专门的信息化系统，公司专线接入了 Internet，并计划建立一台 Web 服务器，制作并发布了公司的网站，用于公司的信息发布与管理，以实现信息共享与资源共享。

般若公司的 WWW 网站访问示意图，如图 6-1 所示。

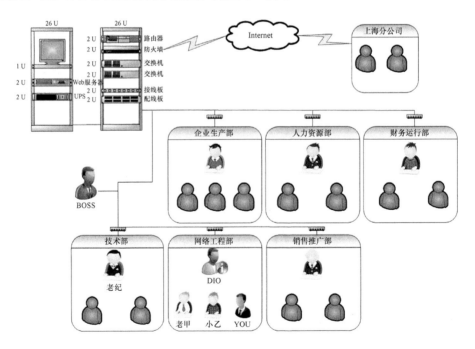

图 6-1　般若科技公司 WWW 网站访问示意图

Web 服务器在公司网络环境中的配置与作用如表 6-1 所示。

表 6-1般若科技公司 Web 服务器配置一览表

图标	名称	域名与对应 IP	说　　　明
	WWW 服务器	www.boretech.com 192.168.1.2	公司网站是对外宣传的窗口，公司的新闻、产品、服务、反馈等相关信息的及时发布，均集中在这一平台之上。与部门级子岗站、个人博客类网站相比，公司网站的安全性、可管理性要求更高
	FTP 服务器 文件服务器	file.boretech.com 192.168.1.2	各部门员工每天都有大量的文档需要上交、备份或交流。FTP 服务让员工拥有集中的存储空间，方便文件的上传与下载。考虑安全因素，各部门账户权限有一定的差异

▶ 任务目标

（1）了解 Windows Server 2008 的 IIS 基本概念。

（2）掌握 Windows Server 2008 的 IIS 安装。

（3）理解 Windows Server 2008 的虚拟目录的相关知识，并掌握其应用。

（4）掌握 Windows Server 2008 的远程管理。

（5）掌握利用 Web 服务器发布网站的过程与应用。

▶ 知识准备

1．IIS 7.0 简介

IIS 是 Internet Information Server 的缩写（Internet 信息服务），它是微软公司主推的 Web 服务器。IIS 的设计目的是建立一套集成的服务器服务，用以支持 HTTP、FTP 和 SMTP，它能够提供快速且集成了现有产品，同时可扩展的 Internet 服务器。Windows Server 2008 家族提供的是 IIS 7.0 版本，IIS 7.0 提供了基本服务，包括发布信息、传输文件、支持用户通信和更新这些服务所依赖的数据存储。

相比较以往的 IIS 版本，Windows Server 2008 中的 IIS 7.0 中有五个最为核心的增强特性。

（1）完全模块化的 IIS。

（2）通过文本文件配置的 IIS 7.0。

（3）MMC 图形模式管理工具。

（4）IIS 7.0 安全方面的增强。

（5）集成 ASP.NET。

在 IIS7.0 中，提供了如下的服务，以便实现网络资源的共享与管理。

（1）WWW 服务。WWW 服务即万维网发布服务。通过将客户端 HTTP 请求，连接到在 IIS 中运行的网站上，万维网发布服务向 IIS 最终用户提供 Web 发布。WWW 服务管理 IIS 核心组件，这些组件处理 HTTP 请求并配置管理 Web 应用程序。

（2）FTP 服务。FTP 服务即文件传输协议服务，通过此服务 IIS 提供对管理和处理文件的完全支持。该服务使用传输控制协议（TCP），这就确保了文件传输的完成和数据传输的准确。该版本的 FTP 支持在站点级别上隔离用户，以帮助管理员保护其 Internet 站点的安全，并使之商业化。

（3）SMTP 服务。SMTP 服务即简单邮件传输协议服务。通过此服务，IIS 能够发送和接收电子邮件。例如，为确认用户提交表格成功，可以对服务器进行编程以自动发送邮件来响应事件，也可以使用 SMTP 服务以接收来自网站客户反馈的消息。SMTP 不支持完整的电子邮件服务，要提供完整的电子邮件服务，可使用 Microsoft Exchange Server。

（4）NNTP 服务。NNTP 服务即网络新闻传输协议，可以使用此服务主控单个计算机上的 NNTP 本地讨论组。因为该功能完全符合 NNTP 协议，所以用户可以使用任何新闻阅读客户端程序，加入新闻组进行讨论。通过 inetsrv 文件夹中的 Rfeed 脚本，IIS NNTP 服务现在支持新闻流。NNTP 服务不支持复制，要利用新闻流或在多个计算机间复制新闻组，可使用 Microsoft Exchange Server。

（5）IIS 管理服务。IIS 管理服务主要用于管理 IIS，配置数据库，并为 WWW 服务、FTP 服务、SMTP 服务和 NNTP 服务更新 Microsoft Windows 操作系统注册表，配置数据库用来保存 IIS 的各种配置参数。IIS 管理服务对其他应用程序公开配置数据库，这些应用程序包括 IIS 核心组件、在 IIS 上建立的应用程序，以及独立于 IIS 的第三方应用程序（如管理或监视工具）。

2．Web 服务器简介

Web 服务器也称为 WWW（WORLD WIDE WEB）服务器，主要功能是提供网上信息浏览服务。Web 服务器就是用来搭建基于 HTTP 的 WWW 网页的计算机，通常这些计算机都采用 Windows Server 版本或者 UNIX/Linux 系统，以确保服务器具有良好的运行效率和稳定的运行状态。

WWW 采用的是浏览器/服务器结构，其作用是整理和储存各种 WWW 资源，并响应客户端软件的请求，把客户所需的资源传送到 Windows XP、Windows 7、UNIX 或 Linux 等平台上。如今 Internet 的 Web 平台种类繁多，各种软硬件组合的 Web 系统更是数不胜数，Windows 平台下的常用的 Web 服务器有 IIS、Apache 和 Tomcat。

（1）IIS。微软公司的 Web 服务器产品是 IIS，它是目前最流行的 Web 服务器产品之一，很多网站都是建立在 IIS 的平台上。

（2）Apache。Apache 源于 NCSAhttpd 服务器，经过多次修改，成为世界上最流行的 Web 服务器软件之一。Apache 的特点是简单、速度快、性能稳定，并可做代理服务器来使用。本来它只用于小型或试验 Internet 网络，后来逐步扩充到各种 UNIX 系统中，尤其对 Linux 的支持相当完美。Apache 是以进程为基础的结构，进程要比线程消耗更多的系统开支，不太适合于多处理器环境。因此，在一个 Apache Web 站点扩容时，通常是增加服务器或扩充群集节点而不是增加处理器。到目前为止 Apache 仍然是世界上用得最多的 Web 服务器，世界上很多著名的网站都是 Apache 的产物。它的成功之处主要在于它的源代码开放、有一支开放的开发队伍、支持跨平台的应用及它的可移植性等方面。

（3）Tomcat。Tomcat 是一个开放源代码、运行 servlet 和 JSP Web 应用软件的基于 Java 的 Web 应用软件容器。Tomcat Server 是根据 servlet 和 JSP 规范进行执行的，因此可以说 Tomcat Server 也实行了 Apache-Jakarta 规范且比绝大多数商业应用软件服务器要好。

除了以上几种大家比较熟悉的 Web 服务器外，还有 IBM WebSphere、BEA WebLogic、IPlanet Application Server、Oracle IAS 等 Web 服务器产品。

▶ 实施指导

1．IIS 7.0 的安装与基本设置

Windows Server 2008 内置的 IIS 7.0 在默认情况下并没有安装，因此使用 Windows Server 2008 架设 Web 服务器进行网站的发布，首先必须安装 IIS 7.0 组件，然后再进行 Web 服务相关的基本设置。

（1）安装 IIS 7.0。安装 IIS 7.0 必须具备条件管理员权限，使用 Administrator 管理员权限登录，这是 Windows Server 2008 新的安全功能，具体的操作步骤如下。

1）在服务器中选择"开始"→"管理工具"→"服务器管理器"命令打开服务器管理器窗口，选择左侧"角色"一项之后，单击右侧的"添加角色"链接，如图 6-2 所示。此时，出现"添加角色向导"对话框，如图 6-3 所示。

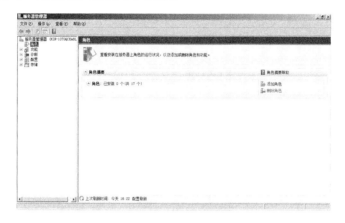

图 6-2　添加角色

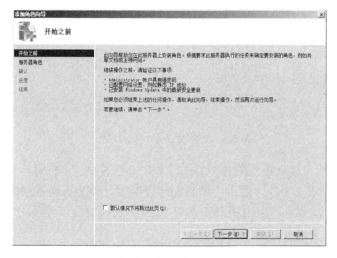

图 6-3　添加角色向导

2）单击"下一步"按钮，进入"选择服务器角色"界面，如图 6-4 所示，勾选"Web 服务器（IIS）"复选框，然后单击"下一步"按钮继续操作。

3）在如图 6-5 所示的"Web 服务器（IIS）"界面中，对 Web 服务器（IIS）进行了简要介绍，在此单击"下一步"按钮继续操作。

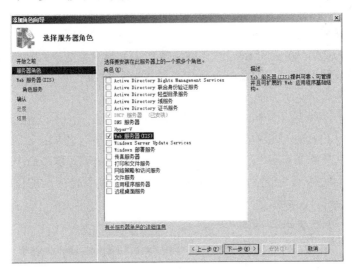

图 6-4   选择服务器角色

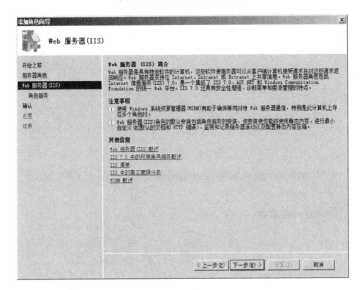

图 6-5   Web 服务器（IIS）简介

4）此时，会进入"选择角色服务"界面，如图 6-6 所示，单击每一个服务选项右侧，会显示该服务相关的详细说明，一般采用默认的选择即可，如果有特殊要求则可以根据实际情况进行选择。在此，增加了"应用程序开发"、"IIS 管理控制台"等项，为了后面便于测试安全性等内容，建议可多选择项目进行安装。

5）单击"下一步"按钮，进入"确认安装选择"界面，如图 6-7 所示，显示了 Web 服务器安装的详细信息，确认安装这些信息后，单击"安装"按钮。

6）系统接下来会显示如图 6-8 所示"安装进度"界面，在安装过程之后，Web 服务器安装完成。在如图 6-9 所示的界面中可以查看到 Web 服务器安装完成的提示，此时单击"关闭"按钮退出添加角色向导。

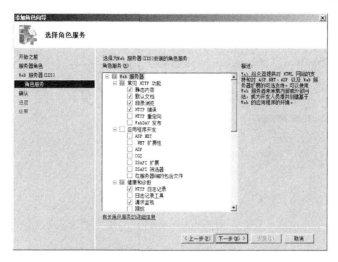

图 6-6　选择角色服务

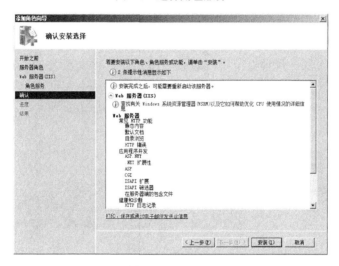

图 6-7　确认安装

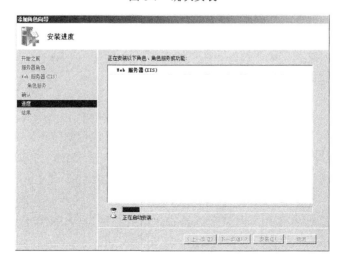

图 6-8　安装进度

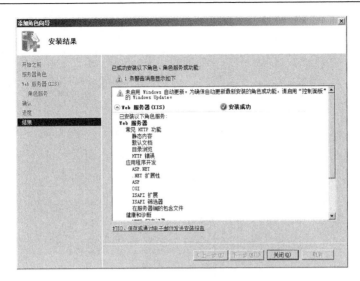

图 6-9   安装完成

7）完成上述操作之后，依次选择"开始"→"管理工具"→"Internet 信息服务管理器"命令打开 Internet 信息服务管理器窗口，如图 6-10 所示，可以发现 IIS7.0 的界面和以前版本有了很大的区别。在起始页中显示的是 IIS 服务的连接任务。也可以在服务器管理器中，依次展开"角色"→"Web 服务器（IIS）"→"Internet 信息服务管理器"项，如图 6-11 所示，一样可以进入管理器。

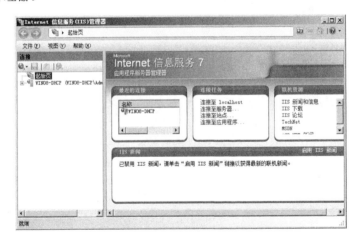

图 6-10   IIS 管理器（一）

（2）测试 IIS 安装是否正确。安装 IIS 7.0 后还要测试是否安装正常，有下面四种常用的测试方法，若链接成功，则会出现如图 6-12 所示的网页，显示 IIS 7.0 安装成功。

1）利用本地回送地址：在本地浏览器中输入 http://127.0.0.1 或 http://localhost 来测试链接网站。

2）利用本地计算机名称：假设该服务器的计算机名称为 WIN2008-web，在本地浏览器中输入 http://win2008-web 来测试链接网站。

3）利用 IP 地址：作为 Web 服务器的 IP 地址最好是静态的，假设该服务器的 IP 地址为

192.168.1.2，则可以通过 http://192.168.1.2 来测试链接网站。如果该 IP 地址是局域网内的，则位于局域网内的所有计算机都可以通过这种方法来访问这台 Web 服务器；如果是 Internet 上的 IP 地址，则 Internet 上的所有用户都可以访问。

图 6-11　另一种方式打开 IIS 管理器

图 6-12　测试 IIS 安装

4）利用 DNS 域名：如果这台计算机上安装了 DNS 服务，网址为 www.boretech.com，并将 DNS 域名与 IP 地址注册到 DNS 服务内，可通过 DNS 网址 http:// www.boretech.com 来测试链接网站。详细配置方法请见本书 DNS 相关章节。

2．Web 服务器的管理

Web 服务器安装完成，并在能够测试正确显示以后，需要进行相关的管理与配置，以满足实际网站管理的需要。

（1）网站主目录的设置。任何一个网站都需要有主目录作为默认目录，当客户端请求链接时，就会将主目录中的网页等内容显示给用户。主目录是指保存 Web 网站的文件夹，当用户访问该网站时，Web 服务器会自动将该文件夹中的默认网页显示给客户端用户。

默认的网站主目录是%SystemDrive%\Inetpub\wwwroot，可以使用 IIS 管理器或通过直接编辑 MetaBase.xml 文件来更改网站的主目录。当用户访问默认网站时，Web 服务器会自动将其主目录中的默认网页传送给用户的浏览器。但在实际应用中通常不采用该默认文件夹，因为将数据文件和操作系统放在同一磁盘分区中，会失去安全保障和系统安装、恢复不太方便等问题。并且当保存大量音视频文件时，可能造成磁盘或分区的空间不足。所以最好将作为数据文件的 Web 主目录保存在其他硬盘或非系统分区中。

网站主目录的设置通过 IIS 管理器进行设置，其操作步骤如下。

1）选择"开始"→"管理工具"→"Internet 信息服务（IIS）管理器"命令，打开"Internet 信息服务（IIS）管理器"窗口。IIS 管理器采用了三列式界面，双击对应的 IIS 服务器，可以看到"功能视图"中有 IIS 默认的相关图标及"操作"窗格中的对应操作，如图 6-13 所示。

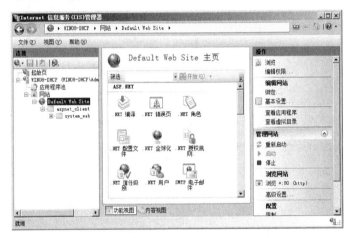

图 6-13　IIS 管理器（二）

2）在"连接"窗格中，展开树中的"网站"节点，有系统自动建立的默认 Web 站点 Default Web Site，可以直接利用它来发布网站，也可以建立一个新网站（单击鼠标右键，在弹出的菜单中选择"新建站点"命令即可），如图 6-14 所示。

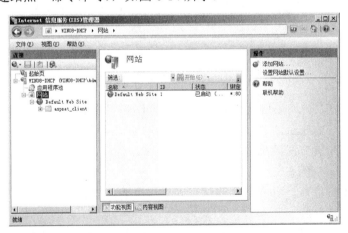

图 6-14　IIS 管理器（三）

3）如果要直接利用系统创建的 Default Web Site 站点进行网站的基本设置，可以按如下操作完成。

在"操作"窗格下，单击"浏览"链接，将打开系统默认的网站主目录 C:\Inetpub\wwwroot，如图 6-15 所示。当用户访问此默认网站时，浏览器将会显示"主目录"中的默认网页，即 wwwroot 子文件夹中的 iisstart 页面。如果需要更改主目录，可以在"操作"窗格下，单击"基本设置"链接。此时，会打开如图 6-16 所示的"编辑网站"对话框。在此，更改网站主目录所在的位置即可，更改完成后，可以进行测试。

注意：如果用户需要利用默认网站建站，可以在此目录下添加需要使用的网页文件。

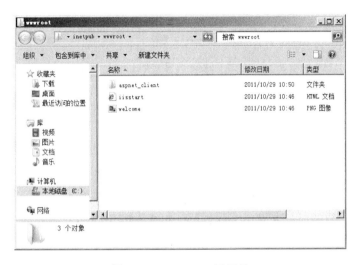

图 6-15　WWWroot 子目录

4）如果要新建一个 Web 站点，可以参考如下步骤完成。在"连接"窗格中选取"网站"项，单击鼠标右键，在弹出的快捷菜单里选择"添加网站"命令开始创建一个新的 Web 站点，在弹出的"添加网站"对话框中设置 Web 站点的相关参数，如图 6-17 所示。例如，网站名称为"般若科技"，物理路径也就是 Web 站点的主目录可以选取网站文件所在的文件夹C:\brkj，Web 站点 IP 地址和端口号可以直接在"IP 地址"下拉列表中选取系统默认的 IP 地址。完成之后返回到 Internet 信息服务器窗口，就可以查看到刚才新建的"般若科技"站点，如图 6-18 所示。

图 6-16　编辑网站

图 6-17　新建站点

提示：也可以在物理路径中输入远程共享的文件夹，就是将主目录指定到另外一台计算机内的共享文件夹。当然该文件夹内必须有网页存在，同时需单击"连接为"按钮，必须指定一个有权限访问此文件夹的用户名和密码。

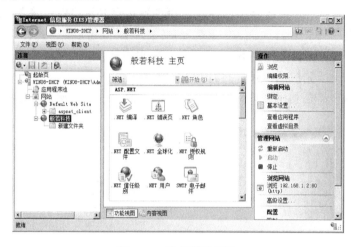

图 6-18　般若科技网站

（2）网站默认页设置。通常情况下，Web 网站都需要一个默认文档，当在 IE 浏览器中使用 IP 地址或域名访问时，Web 服务器会将默认文档回应给浏览器，并显示内容。当用户浏览网页时没有指定文档名时，例如，输入的是 http://192.168.1.2，而不是 http://192.168.1.2/main.htm，IIS 服务器会把事先设定的默认文档返回给用户，这个文档就称为默认页面。在默认情况下，IIS 7.0 的 Web 站点启用了默认文档，并预设了默认文档的名称。

打开 IIS 管理器窗口，在功能视图中选择默认文档图标，如图 6-19 所示。双击查看网站的默认文档，列出的默认文档如图 6-20 所示。利用 IIS 7.0 搭建 Web 网站时，默认文档的文件名有六个，分别为 default.htm、default.asp、index.htm、index.html、iisstart.htm 和 default.aspx，这也是一般网站中最常用的主页名。

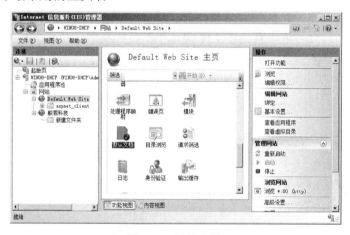

图 6-19　默认文档

当然也可以由用户自定义默认网页文件。在访问时，系统会自动按顺序由上到下依次查找与之相对应的文件名。例如，当客户浏览 http://192.168.1.2 时，IIS 服务器会先读取主目录下的 default.htm（排列在列表中最上面的文件），若在主目录内没有该文件，则依次读取后面的文件（default.asp 等）。可以通过单击"上移"和"下移"按钮来调整 IIS 读取这些文件的

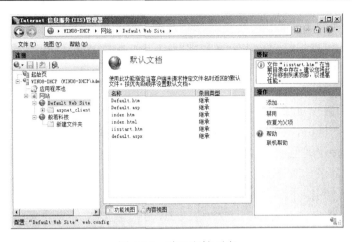

图 6-20　默认文档列表

顺序，也可以通过单击"添加"按钮，来添加默认网页。由于这里系统默认的主目录

%SystemDrive\Inetpub\wwwroot 文件夹内，只有一个文件名为 iisstart.htm 的网页。因此，在上面安装完成并测试时，客户浏览 http://192.168.1.2，IIS 服务器会将此网页传递给用户的浏览器，并进行显示。若在主目录中找不到列表中的任何一个默认文件，则用户的浏览器画面会出现如图 6-21 所示的错误信息。

3．虚拟目录

在对 Web 服务器进行管理过程中，可能会出现如下情况：由于站点磁盘的空间是有限的，随着网站的内容不断增加，同时一个站点只能指向一个主目

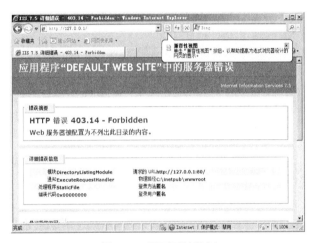

图 6-21　网页无法访问

录，所以可能出现磁盘容量不足的问题。为了解决这个问题，网络管理员可以通过创建虚拟目录的方式来进行控制。

（1）虚拟目录。Web 中的目录分为两种类型：物理目录和虚拟目录。物理目录是位于计算机物理文件系统中的目录，它可以包含文件及其他目录。虚拟目录是在网站主目录下建立的一个友好的名称，它是 IIS 中指定并映射到本地或远程服务器上的物理目录的目录名称。虚拟目录可以在不改变别名的情况下，任意改变其对应的物理文件夹。虚拟目录只是一个文件夹，并不真正位于 IIS 宿主文件夹内（%SystemDrive%\Inetpub\wwwroot）。但在访问 Web 站点的用户看来，则如同位于 IIS 服务的宿主文件夹一样。虚拟目录具有以下特点。

1）便于扩展。随着时间的增长，网站内容也会越来越多，而磁盘的有效空间却有减不增，最终硬盘空间被消耗殆尽。这时，就需要安装新的硬盘以扩展磁盘空间，并把原来的文件都移到新增的磁盘中，然后，再重新指定网站文件夹。而事实上，如果不移动原来的文件，而以新增磁盘作为该网站的一部分，就可以在不停机的情况下，实现磁盘的扩展。此时，就需要借助于虚拟目录来实现了。虚拟目录可以与原有网站文件不在同一个文件夹不在同一

磁盘，甚至可以不在同一计算机。但在用户访问网站时，还觉得像在同一个文件夹中一样。

2）增删灵活。虚拟目录可以根据需要随时添加到虚拟 Web 网站，或者从网站中移除。因此它具有非常大的灵活性。同时，在添加或移除虚拟目录时，不会对 Web 网站的运行造成任何影响。

3）易于配置。虚拟目录使用与宿主网站相同的 IP 地址、端口号和主机头名，因此不会与其标识产生冲突。同时，在创建虚拟目录时，将自动继承宿主网站的配置。并且对宿主网站配置时，也将直接传递至虚拟目录，因此，Web 网站（包括虚拟目录）配置更加简单。

（2）创建虚拟目录。以下就以在"般若科技"站点中来创建一个名为"工程部"虚拟目录为例，来演示具体的操作步骤。

1）在 IIS 服务器 C 盘下新建一个文件夹 gcb，并且在该文件夹内复制网站的所有文件，查看主页文件 index.htm 的内容，并将其作为虚拟目录的默认首页。

2）在 IIS 管理器窗口的"连接"窗格中，选择"般若科技"站点，在"操作"窗格中，单击"查看虚拟目录"链接，然后在"虚拟目录"页的"操作"窗格中，单击"添加虚拟目录"链接，如图 6-22 所示。或者用鼠标右键单击站点，在弹出的菜单中选择"添加虚拟目录"命令。

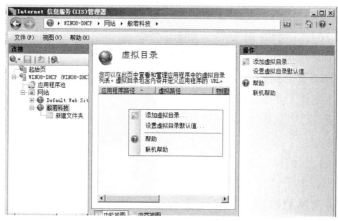

图 6-22　新建虚拟目录

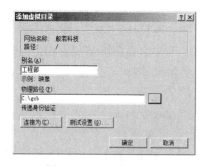

图 6-23　添加虚拟目录

3）在弹出的"添加虚拟目录"对话框中，在"别名"文本框中输入"工程部"，在"物理路径"文本框中，选择 C:\gcb 物理文件夹，如图 6-23 所示。

4）单击"确定"按钮，返回 IIS 管理器窗口，在"连接"窗格中，可以看到"般若科技"站点下新建立的虚拟目录"工程部"，如图 6-24 所示。

5）在"操作"窗格中，单击"管理虚拟目录"下的"高级设置"链接，弹出"高级设置"对话框，可以对虚拟目录的相关设置进行修改，如图 6-25 所示。

4．虚拟主机技术

在对 Web 服务器进行管理过程中，为了节约硬件资源，降低成本，网络管理员可以通过虚拟主机技术在一台服务器上创建多个网站。

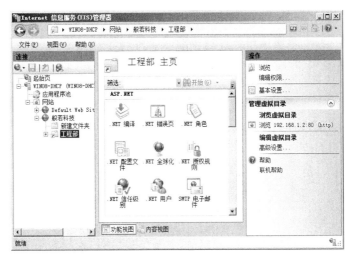

图 6-24   "工程部"虚拟目录

使用 IIS 7.0 可以很方便地架设 Web 网站。虽然在安装 IIS 时系统已经建立了一个默认 Web 网站，直接将网站内容放到其主目录或虚拟目录中即可直接使用，但最好还是重新设置，以保证网站的安全。如果需要，还可以在一台服务器上建立多个虚拟主机，来实现多个 Web 网站，这样可以节约硬件资源、节省空间，降低能源成本。

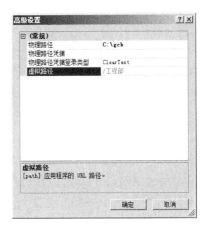

虚拟主机的概念对于 ISP 来讲非常有用，因为虽然一个组织可以将自己的网页挂在具备其他域名的服务器上的下级网址上，但使用独立的域名和根网址更为正式，易为众人接受。传统上，必须自己设立一台服务器才能达到单独域名的目的，然而这需要维护一个单独的服务器，很多小单位缺乏足够的维护能力，所以更为合适的方式是租

图 6-25   虚拟目录高级设置

用别人维护的服务器。ISP 也没有必要为每一个机构提供一个单独的服务器，完全可以使用虚拟主机，使服务器为多个域名提供 Web 服务，而且不同的服务互不干扰，对外就表现为多个不同的服务器。

使用 IIS 7.0 的虚拟主机技术，通过分配 TCP 端口、IP 地址和主机头名，可以在一台服务器上建立多个虚拟 Web 网站，每个网站都具有唯一的由端口号、IP 地址和主机头名三部分组成的网站标识，用来接收来自客户端的请求。不同的 Web 网站可以提供不同的 Web 服务，而且每一个虚拟主机和一台独立的主机完全一样。虚拟技术将一个物理主机分割成多个逻辑上的虚拟主机使用，显然能够节省经费，对于访问量较小的网站来说比较经济实用。但由于这些虚拟主机共享这台服务器的硬件资源和带宽，在访问量较大时就容易出现资源不够用的情况。

使用不同的虚拟主机技术，要根据现有的条件及要求，一般来说有以下三种方式。

（1）使用不同的 IP 地址架设多个 Web 网站：如果要在一台 Web 服务器上创建多个网站，为了使每个网站域名都能对应于独立的 IP 地址，一般都使用多 IP 地址来实现，这种方案称为 IP 虚拟主机技术，也是比较传统的解决方案。当然，为了使用户在浏览器中可使用不同的域名来访问不同的 Web 网站，必须将主机名及其对应的 IP 地址添加到域名解析系统（DNS）。

如果使用此方法在 Internet 上维护多个网站，也需要通过 InterNIC 注册域名。

　　Windows Server 2008 系统支持在一台服务器上安装多块网卡，并且一块网卡还可以绑定多个 IP 地址。将这些 IP 分配给不同的虚拟网站，就可以达到一台服务器多个 IP 地址来架设多个 Web 网站的目的。例如，要在一台服务器上创建两个网站 www.boretech.com 和 www.boretech.net，对应的 IP 地址分别为 192.168.1.2 和 192.168.1.22，需要在服务器网卡中添加这两个地址，具体的操作步骤为。

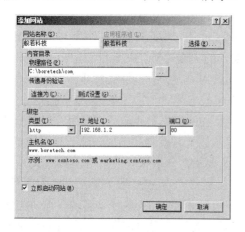

图 6-26　高级 TCP/IP 设置

　　1）在"控制面板"中双击"网络和 internet"项，单击"网络和共享中心"项，单击要添加 IP 地址的网卡的"本地连接"项，选择其对话框中的"属性"项。在"Internet 协议版本（TCP/IPv4）"的"属性"窗口中，单击"高级"按钮，显示"高级 TCP/IP 设置"窗口。单击"添加"按钮将这两个 IP 地址添加到"IP 地址"列表框中，如图 6-26 所示。

　　2）在 DNS 管理器窗口中，分别使用"新建区域向导"新建两个域，域名称分别为 boretech.com 和 boretech.net，并创建相应主机，对应 IP 地址分别为 192.168.1.2 和 192.168.1.22，使不同 DNS 域名与相应的 IP 地址对应起来。这样 Internet 上的用户才能够使用不同的域名来访问不同的网站。

　　3）在"IIS 管理器"窗口的"连接"窗格中选择"网站"节点，在"操作"窗格中单击"添加网站"链接，或用鼠标右键单击"网站"节点，在弹出的菜单中选择"添加网站"命令，弹出"添加网站"对话框。在"网站名称"文本框中输入"般若科技"，"物理路径"文本框中选择 C:\boretech\com，"IP 地址"下位列表中选择 192.168.1.2，主机名文本框输入 www.boretech.com，如图 6-27 所示。

　　4）重复步骤 3），在"添加网站"对话框中"网站名称"文本框中输入"般若教育"，"物理路径"文本框中选择 C:\boretech\net，"IP 地址"下位列表中选择 192.168.1.22，主机名文本框输入 www.boretech.net，如图 6-28 所示。

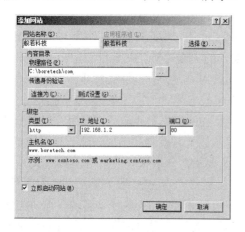 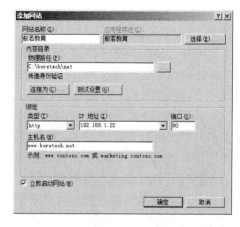

图 6-27　添加网站"般若科技"　　　　　　　图 6-28　添加网站"般若教育"

5）在 IE 浏览器输入 http://www.boretech.com 和 http://www.boretech.net 可以访问在同一个服务器上的两个网站。

（2）使用不同端口号架设多个 Web 网站。IP 地址资源越来越紧张，有时需要在 Web 服务器上架设多个网站。但计算机却只有一个 IP 地址，那么使用不同的端口号也可以达到架设多个网站的目的。其实，用户访问所有的网站都需要使用相应的 TCP 端口，Web 服务器默认的 TCP 端口为 80，如图 6-27 和图 6-28 所示，在用户访问时不需要输入。但如果网站的 TCP 端口不为 80，在输入网址时就必须添加上端口号，而且用户在上网时也会经常遇到必须使用端口号才能访问的网站。利用 Web 服务的这个特点，可以架设多个网站，每个网站均使用不同的端口号，这种方式创建的网站，其域名或 IP 地址部分完全相同，仅端口号不同。

例如，Web 服务器中原来的网站为 www.boretech.com，使用的 IP 地址为 192.168.1.2，现在要再架设一个网站 www.boretech.net，IP 地址仍使用 192.168.1.2，此时可在 IIS 管理器中，将新网站的 TCP 端口设为其他端口（如 8888）。这样，用户在访问该网站时，就可以使用网址 http：//www.boretech.net:8888 或 http：//192.168.1.2:8888 来访问。在访问 www.boretech.com 时，可以采用输入网址 http：//www.boretech.com，此时，系统会使用默认的 80 端口进行访问。

（3）使用不同的主机头名架设多个 Web 网站。使用主机头创建的域名也称二级域名。现在，以 Web 服务器上利用主机头创建 ftp.boretech.com 和 mail.boretech.com 两个网站为例进行介绍，假设其 IP 地址均为 192.168.1.2，具体的操作步骤如下。

1）首先在 DNS 服务器上注册。为了让用户能够通过 Internet 找到 ftp.boretech.com 和 mail.boretech.com 网站的 IP 地址，需将其 IP 地址注册到 DNS 服务器。在 DNS 管理器窗口中，新建两个主机，分别为 ftp 和 mail，IP 地址均为 192.168.1.2。

2）在 IIS 管理器窗口的"连接"窗格中选择"网站"节点，在"操作"窗格中单击"添加网站"链接，或用鼠标右键单击"网站"节点，在弹出的菜单中选择"添加网站"命令，弹出"添加网站"对话框。在"网站名称"文本框中输入"美辰新闻"，"物理路径"文本框中选择 C:\boretech\com\ftp，"IP 地址"下位列表中选择 192.168.1.2，主机名文本框输入 ftp.boretech.com，如图 6-29 所示。

3）在 IIS 管理器窗口的"连接"窗格中选择"网站"节点，在"操作"窗格中单击"添加网站"链接，或用鼠标右键单击"网站"节点，在弹出的菜单中选择"添加网站"命令，弹出"添加网站"对话框。在"网站名称"文本框中输入"电子邮件"，"物理路径"文本框中选择 C:\boretech\com\mail，"IP 地址"下位列表中选择 192.168.1.2，主机名文本框输入 mail.boretech.com，如图 6-30 所示。

4）在客户机的 IE 地址栏中分别输入 http://ftp.boretech.com 和 http://mail.boretech.com，可以访问设置好的网站。

使用主机头来搭建多个具有不同域名的 Web 网站，与利用不同 IP 地址建立虚拟主机的方式相比，这种方案更为经济实用，可以充分利用有限的 IP 地址资源，来为更多的客户提供虚拟主机服务。

注意：①如果使用非标准 TCP 端口号来标识网站，则用户必须知道指派给网站的非标准 TCP 端口号，在访问网站时，在 URL 中指定该端口号才能访问，此方法适用专有网站的开发；②与使用主机头名称的方法相比，利用 IP 地址来架设网站的方法会降低网站的运行效率，它主要用于服务器上提供基于 SSL（Secure Sockets Layer）的 Web 服务。

图 6-29　添加网站"般若文件"　　　　　　　图 6-30　添加网站"般若邮件"

▶ 工学结合

1．网站的安全性与远程管理

网站的安全是每个网络管理员必须关心的事，必须通过各种方式和手段来降低入侵者攻击的机会。如果 Web 服务器采用了正确的安全措施，就可以降低或消除来自怀有恶意的个人及意外获准访问限制信息或无意中更改重要文件的用户的各种安全威胁。

（1）启动和停用动态属性。为了增强安全性，当安装 IIS 7.0 时，Web 服务器被配置为只提供静态内容（包括 HTML 和图像文件）。用户可以自行启动 Active Server Pages、ASP.NET 等服务，以便让 IIS 支持动态网页。

启动和停用动态属性的具体的操作步骤为：打开 IIS 管理器窗口，在功能视图中选择"ISAPI 和 CGI 限制"图标，双击并查看其设置，如图 6-31 所示。选中要启动或停止动态属性服务，右击在弹出的快捷菜单中选择"允许"或"停止"命令，也可以直接单击"允许"或"停止"按钮。

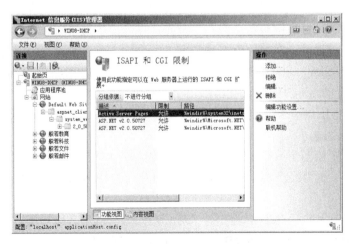

图 6-31　ISAPI 和 CGI 限制

（2）验证用户的身份。在许多网站中，大部分 WWW 访问都是匿名的，客户端请求时不需要使用用户名和密码，只有这样才可以使所有用户都能访问该网站。但对访问有特殊要求或者安全性要求较高的网站，则需要对用户进行身份验证。利用身份验证机制，可以确定哪些用户可以访问 Web 应用程序，从而为这些用户提供对 Web 网站的访问权限。一般的身份验证请求需要输入用户名和密码来完成验证，此外也可以使用诸如访问令牌等进行身份验证。

可以根据网站对安全的具体要求，来选择适当的身份验证方法。设置身份验证的具体操作步骤为：打开 IIS 管理器窗口，在功能视图中选择"身份验证"图标，双击并查看其设置，如图 6-32 所示。选中要启用或禁用的身份验证方式，右击在弹出的快捷菜单中选择"启用"或"禁用"命令，也可以直接单击"启用"或"禁用"按钮。

图 6-32 身份验证

IIS 7.0 提供匿名身份验证、基本身份验证、摘要式身份验证、ASP.NET 模拟身份验证、Forms 身份验证、Windows 身份验证及 AD 客户证书身份验证等多种身份验证方法。默认情况下，IIS 7.0 支持匿名身份验证和 Windows 身份验证，一般在禁止匿名身份验证时，才使用其他的身份验证方法。各种身份验证方法介绍如下。

1）匿名身份验证。通常情况下，绝大多数 Web 网站都允许匿名访问，即 Web 客户无须输入用户名和密码，即可访问 Web 网站。匿名访问其实也是需要身份验证的，称为匿名验证。在安装 IIS 时，系统会自动建立一个用来代表匿名账户的用户账户。当用户试图连接到网站时，Web 服务器将连接分配给 Windows 用户账户 IUSR_computername，此处 computername 是运行 IIS 所在的计算机的名称。默认情况下，IUSR_computername 账户包含在 Windows 用户组 Guests 中。该组具有安全限制，由 NTFS 权限强制使用，指出了访问级别和可用于公共用户的内容类型。当允许匿名访问时，就向用户返回网页页面；如果禁止匿名访问，IIS 将尝试使用其他验证方法。对于一般的、非敏感的企业信息发布，建议采用匿名访问方法。如果启用了匿名验证，则 IIS 始终尝试先使用匿名验证对用户进行验证，即使启用了其他验证方法也是如此。

2）基本身份验证。基本身份验证方法要求提供用户名和密码，提供很低级别的安全性，最适于给需要很少保密性的信息授予访问权限。由于密码在网络上是以弱加密的形式发送的，这些密码很容易被截取，因此可以认为安全性很低。一般只有确认客户端和服务器之间的连接是安全时，才使用此种身份验证方法。基本身份验证还可以跨防火墙和代理服务器工作，所以在仅允许访问服务器上的部分内容而非全部内容时，这种身份验证方法是个不错的选择。

3）摘要式身份验证。摘要式身份验证使用 Windows 域控制器来对请求访问服务器上的内容的用户进行身份验证，提供与基本身份验证相同的功能。但是摘要式身份验证在通过网络发送用户凭据方面提高了安全性。摘要式身份验证将凭据作为 MD5 Hash 或消息摘要在网络上传送（无法从 Hash 中解密原始的用户名和密码）。注意不支持 HTTP 1.1 协议的任何浏览器都无法支持摘要式身份验证。

4）ASP.NET 模拟身份验证。如果要在 ASP.NET 应用程序的非默认安全上下文中运行 ASP.NET 应用程序，请使用 ASP.NET 模拟。 在为 ASP.NET 应用程序启用模拟后，该应用程序将可以在两种上下文中运行：以通过 IIS 7 身份验证的用户身份运行，或作为用户设置的任意账户运行。例如，如果用户使用的是匿名身份验证，并选择作为已通过身份验证的用户运行 ASP.NET 应用程序，那么该应用程序将在为匿名用户设置的账户（通常为 IUSR）下运行。同样，如果选择在任意账户下运行应用程序，则它将运行在为该账户设置的任意安全上下文中。默认情况下，ASP.NET 模拟处于禁用状态。启用模拟后，ASP.NET 应用程序将在通过 IIS 7.0 身份验证的用户的安全上下文中运行。

5）Forms 身份验证。Forms 身份验证使用客户端重定向来将未经过身份验证的用户重定向至一个 HTML 表单，用户可以在该表单中输入凭据，通常是用户名和密码。确认凭据有效后，系统会将用户重定向至他们最初请求的页面。由于 Forms 身份验证以明文形式向 Web 服务器发送用户名和密码，因此应当对应用程序的登录页和其他所有页使用安全套接字层（SSL）加密。该身份验证非常适用于在公共 Web 服务器上接收大量请求的站点或应用程序，能够使用户在应用程序级别的管理客户端注册，而无需依赖操作系统提供的身份验证机制。

6）Windows 身份验证。Windows 身份验证使用 NTLM 或 Kerberos 协议对客户端进行身份验证。Windows 身份验证最适用于 Intranet 环境。Windows 身份验证不适合在 Internet 上使用，因为该环境不需要用户凭据，也不对用户凭据进行加密。

7）AD 客户证书身份验证。AD 客户证书身份验证允许使用 Active Directory 目录服务功能将用户映射到客户证书，便进行身份验证。将用户映射到客户证书可以自动验证用户的身份，而无需使用基本、摘要式或集成 Windows 身份验证等其他身份验证方法。

（3）IP 地址和域名访问限制。使用用户验证的方式，每次访问该 Web 站点都需要输入用户名和密码，对于授权用户而言比较烦琐。IIS 会检查每个来访者的 IP 地址，可以通过 IP 地址的访问，来防止或允许某些特定的计算机、计算机组、域甚至整个网络访问 Web 站点。例如，如果 Intranet 服务器已连接到 Internet，可以防止 Internet 用户访问 Web 服务器，方法是仅授予 Intranet 成员访问权限而明确拒绝外部用户的访问。

设置身份验证的具体操作步骤为：打开 IIS 管理器窗口，在功能视图中选择"IPv4 地址和域限制"图标，双击并查看其设置，如图 6-33 所示。在右侧"操作"窗格中选择"添加允许条目"按钮或"添加拒绝条目"按钮，弹出如图 6-34 所示的"添加允许限制规则"对话框和如图 6-35 所示"添加拒绝限制规则"对话框，在对话框中输入相应的地址即可。

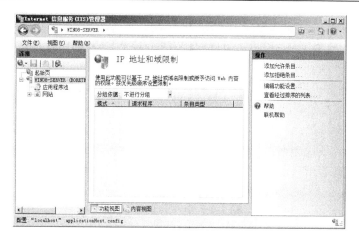

图 6-33　IP 地址和域限制

图 6-34　添加允许

图 6-35　添加拒绝

2．远程管理网站

当一个 Web 服务器搭建完成后，对它的管理是非常重要的，如添加删除虚拟目录、站点，为网站中添加或修改发布文件，检查网站的连接情况等。但是管理员不可能每天都坐在服务器前进行操作。因此，就需要从远程计算机上管理 IIS 了。IIS7.0 提供了多种新方法来远程管理服务器、站点、Web 应用程序，以及非管理员的安全委派管理权限，通过在图形界面中直接构建远程管理功能（通过不受防火墙影响的 HTTPS 工作）来对此进行管理。IIS7.0 中的远程管理服务在本质上是一个小型 Web 应用程序，它作为单独的服务，在服务名为 WMSVC 的本地服务账户下运行，此设计使得即使在 IIS 服务器自身无响应的情况下仍可维持远程管理功能。

（1）远程管理服务器端设置。出于安全性考虑，远程管理并不是默认安装的。要安装远程管理功能，请将 Web 服务器角色的角色服务添加到 Windows Server 2008 的服务器管理器中，该管理器可在管理工具中找到。

安装此功能后，打开 IIS 管理器窗口，在左侧选择服务器名，然后在功能视图中选择"管理"这个类别下的"管理服务"图标，双击并查看其设置，如图 6-36 所示。当通过管理服务启用远程连接时，将看到一个设置列表，其中包含"身份凭据"、"连接"、"SSL 证书"和"IPv4地址限制"等的设置。

1）标识凭据：授予连接到 IIS7.0 的权限，可选择"仅限 Windows 凭据"或是"Windows和 IIS 管理器凭据"项。

2）IP 地址：设置连接服务器的 IP 地址，默认的端口为 8172。

3）SSL 证书：系统中有一个默认的名为 WMSVC-WIN2008 的证书，这是为系统专门为远程管理服务的证书。

4）IPv4 地址限制：禁止或允许某些 IP 地址或域名的访问。

注意：要进行远程管理网站必须启用远程连接并启动 WMSVC 服务，因为该服务在默认情况下处于停止状态，因此，在设置完成后，应该在如图 6-36 所示的最右侧窗格中"操作"分支下选择"启动"项，让远程管理设置开始生效。WMSVC 服务的默认启动设置为手动。如果希望该服务在重启后自动启动，则需要将设置更改为自动。可通过在命令行中键入以下命令来完成此操作：

```
sc config WMSVC start=  auto
```

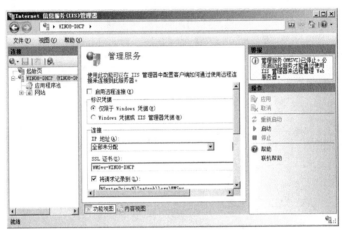

图 6-36　管理服务

（2）客户端设置远程管理。在客户端计算机进行远程管理的操作步骤为：打开 IIS 管理器窗口，在左侧选择"起始页"项，按右键在弹出的快捷菜单中选择"连接至服务器"选项，进入"连接到服务器"对话框，如图 6-37 所示。在"服务器名称"文本框中输入要远程管理

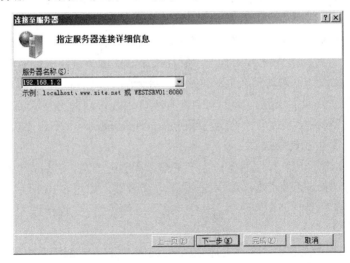

图 6-37　连接至服务器

的服务器，为了方便，我们输入服务器的 IP 地址 192.168.1.2，单击"下一步"按钮，进入"指定连接名称"界面，如图 6-38 所示，输入连接名称，单击"下一步"按钮即可在 IIS 管理器窗口看到要管理的远程网站，如图 6-39 所示。

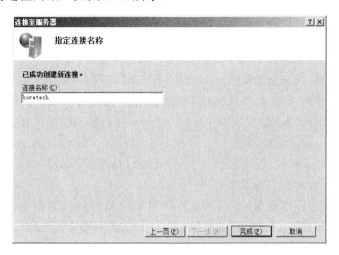

图 6-38　连接名称

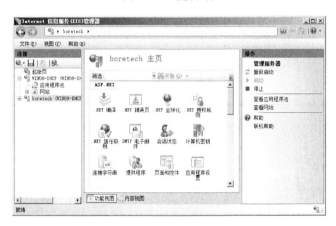

图 6-39　远程连接至服务器

▶ 技能实训

1．实训目标

（1）熟练掌握 Windows Server 2008 的 WWW 服务器基本配置。

（2）熟练掌握 Web 服务器中的虚拟目录的设置。

（3）熟练掌握 Windows Server 2008 的网站安全的设置。

（4）掌握 Windows Server 2008 远程管理的设置与应用。

2．实训条件

（1）硬件要求。处理器 CPU 工作频率 2GHz 或以上，双核，内存 2GB RAM 以上，硬盘空间 80GB 以上，光盘驱动器 DVD-ROM，显示·Super VGA（800×600）或者更高级的显示器，标准键盘，鼠标。

（2）网络环境：已建好的 100M 以太网络，包含交换机（或集线器）、五类（或超五类）UTP 直通线若干、两台及以上数量的计算机。

（3）软件环境：Windows Server 2008 系统环境。或基于 Windows XP（64 位）或 Windows 7 操作系统平台，VirtualBox4.0.12，Windows Server 2008 虚拟机。

3．实训内容

在安装了 Windows Server 2008 的虚拟机上完成如下操作。

（1）在虚拟操作系统 Windows Server 2008 中安装 IIS7.0 与 DNS 服务，启用应用程序服务器，并配置 DNS 解析域名 student.com，然后分别新建主机 www、host1、host2。

（2）在 IIS 控制台中设置默认网站 www.student.com，修改网站的相关属性，包括默认文件、主目录、访问权限等，然后创建一个本机的虚拟目录（host1.student.com）和一个非本机的网站（host2.student.com），使用默认主页（default.htm）和默认脚本程序（default.asp）发布到新建站点或虚拟目录的主目录下。

（3）设置安全属性，访问 www.student.com 时采用 Windows 域服务器的摘要式身份验证方法，禁止 IP 地址为 192.168.2.3 的主机和 172.16.0.0/24 网络访问 host1.student.com，实现远程管理该网站。

（4）在 Web 网站的客户机上，设置好 TCP/IP 和 DNS 有关信息，分别以"IP 地址+别名"和"域名+别名"的方式访问该 Web 网站三台主机。

（5）配置远程管理 Web 服务器。

（6）测试远程管理 Web 服务器。

4．实训考核

序号		规 定 任 务	分值（分）	项目组评分
1		安装 IIS	10	
2		安装 DNS	10	
3		配置 DNS	10	
4		建立虚拟目录	15	
5		建立虚拟主机	15	
6		安全设置	10	
7		客户机访问测试	10	
拓展任务（选做）	8	配置远程管理 Web 服务器	10	
	9	客户机测试远程管理	10	

注 1．完成并测试成功方可得满分。

    2．未完成的任务除记录存在问题外，由同项目组成员打分。

    3．拓展任务的完成情况与得分，由教师负责记录。

▶ 技能拓展

IIS 7.0 下配置 php+MySQL 动态网站应用程序

安装并发布 PHP 动态网站应用程序，比较常用的 Web 服务器是 apache。apache 是一个非常优秀的 Web 服务器程序，它不仅小巧、灵活，而且在使用过程中非常稳定。随着 Windows

Server 2008 的推出，在 IIS 7.0 下发布 PHP 应用程序也成为一个不错的选择。

在 Windows Server 2008 IIS 7.0 下配置 php+MySQL 变得异常简单，这时首先需要一个工具的支持，有了这个工具，一切安装变得十分轻松。这是工具是微软 Web 平台安装程序（Microsoft Web Platform Installer），它极大地简化了 Web 服务器和 Web 开发设施的安装和配置。它包含构建 Web 解决方案所需的一切，包括服务器、工具、技术及最新更新的产品。 用户可以选择自己喜欢的 Web 应用程序，Web PI 不仅会下载并安装应用程序，而且还会下载并安装运行该应用程序所需的依赖项，从而帮助用户更加快速、轻松地投入工作。 Web PI 始终包含 Microsoft Web 平台的最新产品，因此用户不需要分别访问各个网站，只需启动 Web PI 即可查看新增内容。

Web 平台安装程序可以从 www.microsoft.com/web 网站免费下载，它可在 Windows XP、Vista、Windows 7、Windows Server 2003 和 Windows Server 2008 下工作。

以下详解一下安装与使用过程。

（1）下载 Web 平台安装程序并安装。在微软官方网站上下载 Web 平台安装程序，然后安装即可。安装完成后，单击"开始"→"程序"→Microsoft Web Platform Installer 命令，启动成功后的界面如图 6-40 所示。注意，此时，一定要将所用的服务器保持在联网状态。

图 6-40 Web 平台安装程序

（2）安装 PHP 应用程序支持。

1）在如图 6-41 所示的窗口中，在上部的输入框中输入 php，然后单击"安装"按钮即可。

2）注意，此时网络一定要保持畅通，会出现如图 6-42 所示窗口。此时，和 PHP 相关的产品全部列出，根据用户的需要自行选择即可。在此，选择 PHP5.3.5，然后单击其右侧的"添加"按钮，一个项目就被添加进来。同样的方法，可以继续选择添加其他项目。

3）当确认添加好项目以后，单击"安装"按钮，进入如图 6-43 所示的安装确认界面，单击"我接受"按钮即可。

图 6-41　输入要安装的项目

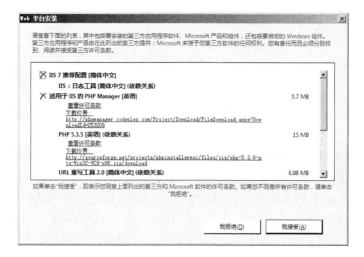

图 6-42　安装 PHP5.3.5

图 6-43　安装确认

4）此时，进入下载安装界面，如图 6-44 所示。注意，此时时间的长短依赖于用户网络速度的快慢和所要下载安装程序的大小，请耐心等待即可。当下载并安装完成后，会回到初始启动界面，表明 PHP 已安装成功。

图 6-44　下载安装

（3）安装 MySQL 应用程序。

1）在如图 6-45 所示的窗口中，在上部的输入框中输入 mysql，然后单击下部的"安装"按钮即可。

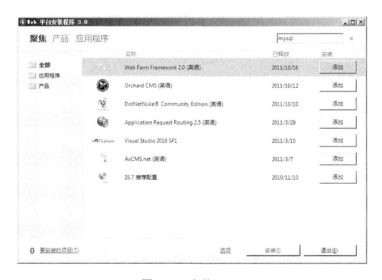

图 6-45　安装 mysql

2）在如图 6-46 所示窗口中，和 MySQL 相关的产品全部列出，根据用户的需要自行选择即可。在此，选择 MySQL Windows 5.1，然后单击其右侧的"添加"按钮，一个项目就被添加进来。同样的方法，可以继续选择添加其他项目。

3）当确认添加好项目以后，单击"安装"按钮，进入如图 6-47 所示的安装确认界面，单击"我接受"按钮即可。

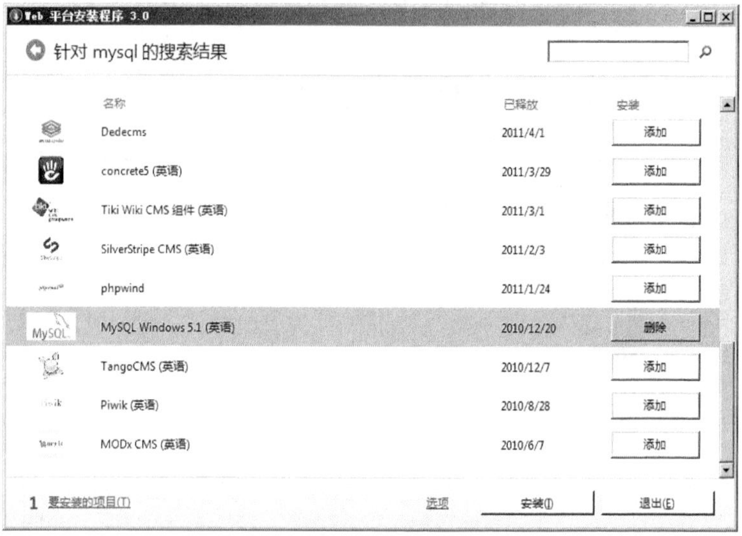

图 6-46   针对 MySQL 的搜索结果

图 6-47   确认安装

4）进入 MySQL 密码设置界面，如图 6-48 所示。请注意，设置好的密码务必记住，切不可忘记。设置好密码后，选择"继续"按钮即可。

5）此时，进入下载安装界面，如图 6-49 所示。当下载并安装完成后，会回到初始启动界面，表明 MySQL 已安装成功。

（4）设置 IIS 服务器。当 PHP 与 MySQL 已安装完成后，执行服务器的"开始"→"管理工具"→"Internet 信息服务管理器（IIS）"命令，此时会发现所需的 PHP 与 MySQL 支持已安装成功。

此时，在 IIS 中发布 PHP 的应用程序即可，在客户端可以方便地访问 PHP 动态网页。

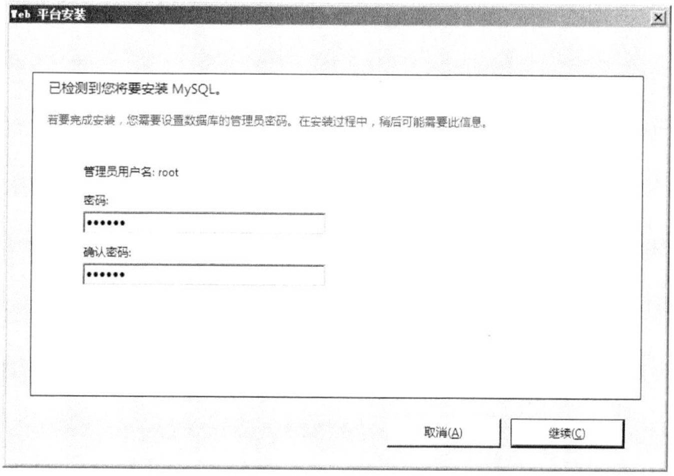

图 6-48　设置密码

图 6-49　MySQL 下载与安装

项目7 FTP 服务器安装配置与管理

▶ 基础技能

在前导课程中，学生应该了解或掌握以下知识与技能：

（1）掌握局域网络中文件共享的操作。

（2）了解文件系统与权限分配的知识。

（3）了解 FTP 服务器的在网络中充当的角色或能够发挥的功能。

▶ 项目情境

在般若科技有限公司网络的管理中，每天基于办公的需要，需要进行许多文件之间的交换与信息共享。例如，许多客户出差在外或在家工作时，需要远程上传和下载文件；同时，公司的各种共享软件、应用软件、杀毒工具等需要及时提供给广大用户；再次，当网络中各部分使用的操作系统不同时，需要在不同操作系统之间传递文件。基于以上需求，公司决定在网络中架设 FTP 服务器，可以方便地使用各种共享资源，特别是当需要远程传输文件时，当上传或下载的文件尺寸较大，而无法通过邮箱传递时，或者无法直接共享时，FTP 服务器就很容易解决此类问题。

般若公司的 FTP 服务器网络服务拓扑图如图 7-1 所示。

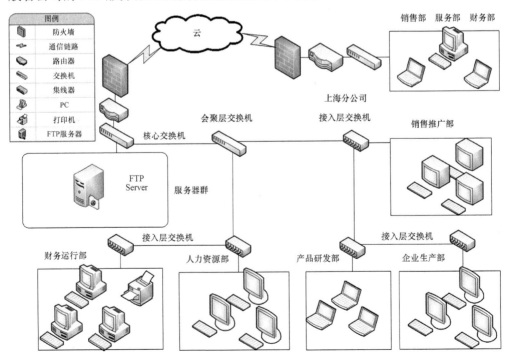

图 7-1 般若科技公司 FTP 网络服务拓扑图

　　FTP 服务器在公司网络环境中的配置与作用如表 7-1 所示。

表 7-1　　　　　　　　　　　　般若科技公司 **FTP** 服务器配置一览表

图标	名称	域名与对应 IP	说　　明
	域服务器 活动目录服务器	boretech.com 192.168.1.1	般若科技有限公司的主服务器之一。用于管理公司本部的内网资源，包括组织单位（OU）、组、用户、计算机、打印机等。由于访问量较大，该服务器配置较高，是网络建设中重点投资的设备之一
	FTP 服务器 文件服务器	file.boretech.com 192.168.1.2	各部门员工每天都有大量的文档需要上交、备份或交流。FTP 服务让员工拥有集中的存储空间，方便文件的上传与下载。考虑安全因素，各部门账户权限有一定的差异

▶ **任务目标**

（1）理解并掌握 FTP 服务的配置与管理。
（2）掌握 FTP 站点的日常设置。
（3）掌握 FTP 站点的维护与管理工作。
（4）掌握如何利用客户端软件访问 FTP 站点。

▶ **知识准备**

1．FTP 服务器简介

　　FTP（File Transport Protocol，文件传输协议）用于实现客户端与服务器之间的文件传输。尽管 Web 也可以提供文件下载服务，但是 FTP 服务的效率更高，对权限控制更为严格。

　　FTP 有两个意思，其中一个指文件传输服务，FTP 提供交互式的访问，用来在远程主机与本地主机之间或两台远程主机之间传输文件。另一个意思是指文件传输协议，是 Internet 上使用最广泛的文件传输协议，它使用客户端/服务器模式，用户通过一个支持 FTP 协议的客户端程序，连接到在远程主机上的 FTP 服务器程序，用户通过客户机程序向服务器程序发出命令，服务器程序执行用户所发出的命令，并将执行的结果返回到客户端。一般来说，用户联网的主要目的就是实现信息共享，文件传输是信息共享非常重要的内容之一。Internet 是一个非常复杂的计算机环境，有 PC 机，有工作站，有 MAC，有大型机。而这些计算机运行不同的操作系统，有运行 UNIX 的服务器，也有运行 DOS、Windows 的 PC 机和运行 Mac OS 的苹果机等。要实现传输文件，并不是一件容易的事。基于不同的操作系统有不同的 FTP 应用程序，而所有这些应用程序都遵守 FTP 协议，这样任何两台 Internet 主机之间可通过 FTP 复制拷贝文件。

2．FTP 的使用

　　在 FTP 的使用当中，用户经常遇到两个概念："下载"（Download）和"上传"（Upload）。"下载"文件就是从远程主机拷贝文件至自己的计算机上，"上传"文件就是将文件从自己的计算机中拷贝至远程主机上。用 Internet 语言来说，用户可通过客户端程序向（从）远程主机上传（下载）文件。

　　在 Internet 上有两类 FTP 服务器：一类是普通的 FTP 服务器，连接到这种 FTP 服务器上时，用户必须具有合法的用户名和口令。另一类是匿名 FTP 服务器，所谓匿名 FTP，是指在访问远程计算机时，不需要账户或口令就能访问许多文件、信息资源，用户不需要经过注册就可以与它连接，并且进行下载和上载文件的操作。通常这种访问限制在公共目录下。系统管理员建立了一个特殊的用户 ID，名为 anonymous，Internet 上的任何人在任何地方都可使用该用户 ID。值得注意的是，匿名 FTP 不适用于所有 Internet 主机，它只适用于那些提供了这项服务的主机。

　　当远程主机提供匿名 FTP 服务时，会指定某些目录向公众开放，允许匿名存取。系统中的其余目录则处于隐匿状态。作为一种安全措施，大多数匿名 FTP 主机都允许用户从其下载文件，而不允许用户向其上载文件。也就是说，用户可将匿名 FTP 主机上的所有文件全部拷贝到自己的计算机上，但不能将自己计算机上的任何一个文件拷贝至匿名 FTP 主机上。即使有些匿名 FTP 主机确实允许用户上载文件，用户也只能将文件上载至某一指定上载目录中。随后，系统管理员会去检查这些文件，他会将这些文件移至另一个公共下载目录中，供其他用户下载。利用这种方式，远程主机的用户得到了保护，避免了有人上载有问题的文件。

　　FTP 提供的命令十分丰富，涉及文件传输、文件管理、目录管理、连接管理等。目前世界上有很多文件服务系统，为用户提供公用软件、技术通报、论文研究报告等，这就使 Internet 成为目前世界上最大的软件和信息流通渠道。Internet 是一个资源宝库，有很多共享软件、免费程序、学术文献、影像资料、图片、文字、动画等，它们都允许用户用 FTP 下载。人们可以直接使用 WWW 浏览器去搜索所需要的文件，然后利用 WWW 浏览器所支持的 FTP 功能下载文件。

▶ 实施指导

1．安装 FTP 服务

　　在 Windows Server 2008 服务器上安装配置完成 Web 服务器，安装 FTP 服务的过程如下。

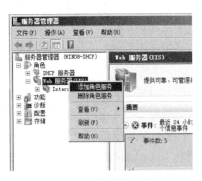

图 7-2　添加角色服务

　　（1）单击"开始"→"管理工具"→"服务器管理器"菜单命令，在打开的"服务器管理器"窗格的"角色摘要"部分中，单击"Web 服务器（IIS）"选项，在"Web 服务器（IIS）"上单击鼠标右键，选择弹出的快捷菜单中的"添加角色服务"命令，如图 7-2 所示。

　　（2）在弹出的如图 7-3 所示的添加角色服务向导界面中，选择为 Web 服务器需要添加的角色服务。在此，选择"FTP 服务器"，这将安装 FTP Server 和 FTP 扩展。

　　（3）单击"下一步"按钮，出现如图 7-4 所示确认安装选择界面，然后单击"安装"按钮，出现如图 7-5 所示界面，开始进行安装。

　　（4）安装完成后，会显示如图 7-6 所示界面，表示 FTP 服务器安装成功。此时，单击"开始"→"管理工具"→"Internet 信息服务（IIS）管理器"命令，打开如图 7-7 所示 Internet 信息服务（IIS）管理器，此时，在 IIS 中已显示 FTP 安装成功。

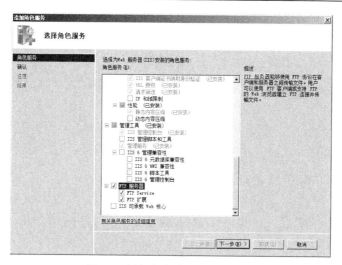

图 7-3　添加角色向导—FTP 服务

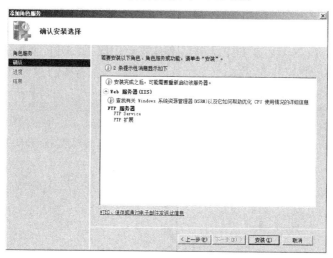

图 7-4　确认安装选择

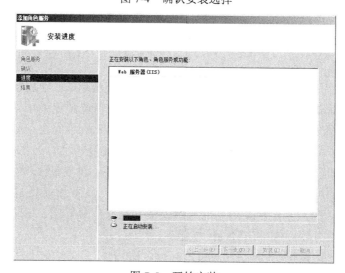

图 7-5　开始安装

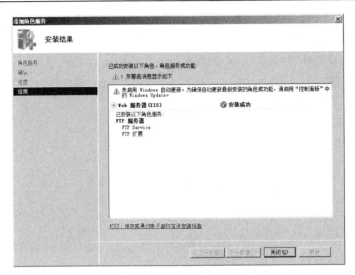

图 7-6　安装结果

2．创建 FTP 站点

在 Windows Server 2008 中，FTP 服务器在被安装完成后，FTP 服务会被启动，会在如图 7-7 所示的界面中显示已安装的 FTP 相关信息。接下来，就需要创建一个新的 FTP 站点了。创建过程如下。

图 7-7　IIS 中的 FTP

（1）选择"开始"→"管理工具"→"Internet 信息服务（IIS）管理器"命令，打开"IIS 信息服务（IIS）管理器"窗口，在"连接"窗格的"网站"选项上单击鼠标右键，在弹出的快捷菜单上选择"添加 FTP 站点"项，此时会弹出如图 7-8 所示界面，利用向导添加一个新的 FTP 站点即可。在此对话框中输入 FTP 站点名称及位置信息，单击"下一步"按钮。

（2）在接下来如图 7-9 所示的绑定和 SSL 设置界面中，设置 FTP 站点与 IP 地址与端口的绑定信息，同时，可以设置 SSL 相关信息。

（3）接下来出现的是如图 7-10 所示的身份验证和授权信息界面。在此可以选择身份验证方式及授权用户，还可以设置用户访问的权限。

（4）单击"完成"按钮，一个新的 FTP 站点创建完成。如图 7-11 所示，新创建的 FTP 站点为"般若 FTP"。

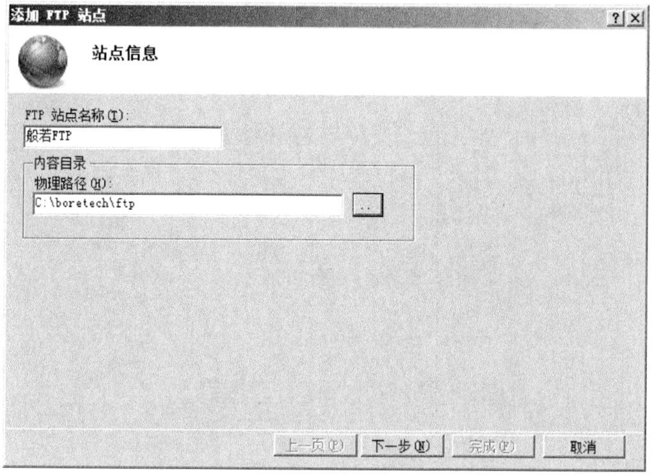

图 7-8　添加 FTP 站点（一）

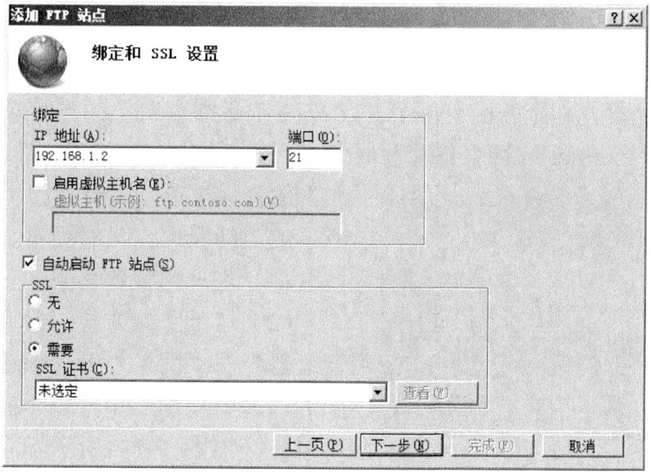

图 7-9　绑定和 SSL 设置

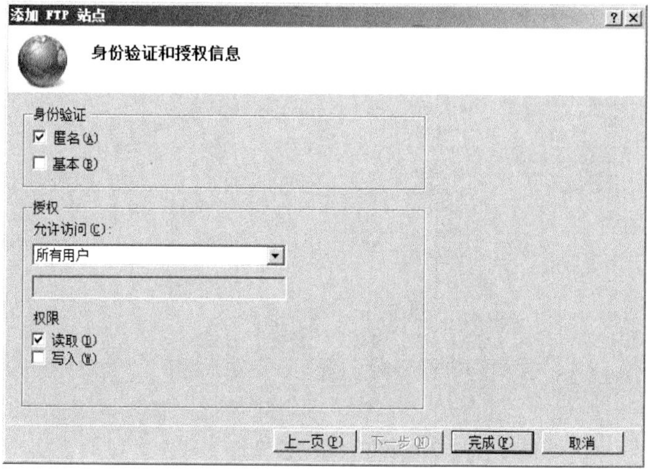

图 7-10　添加 FTP 站点（二）

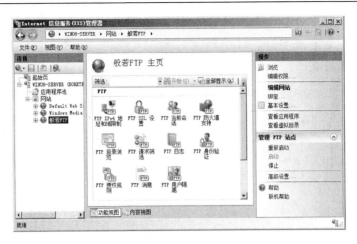

图 7-11　绑定和 SSL 设置（一）

3．FTP 的基本设置

接下来利用创建的"般若 FTP"站点来说明 FTP 站点的站点标识、主目录、目录安全性等基本属性的设置。

（1）名称与路径设置。计算机上每个 FTP 站点都必须有自己的主目录，可以设定 FTP 站点的主目录。选择"Internet 信息服务管理器"→"网站"→"般若 FTP"选项，在右侧的"操

图 7-12　编辑 FTP 网点

作"窗格中选择"基本设置"命令，弹出如图 7-12 所示的"编辑网点"对话框。在此，可以设置网站名称、物理路径等信息。

（2）FTP 目录浏览。选择"Internet 信息服务管理器"→"网站"→"般若 FTP"选项，在中间的"功能视图"中双击"FTP 目录浏览"项，可以打开如图 7-13 所示界面，在此，可以进行 FTP 目录浏览的相关设置。

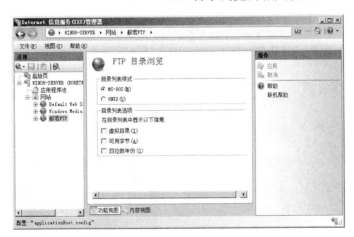

图 7-13　绑定和 SSL 设置（二）

（3）网站绑定。选择"Internet 信息服务管理器"→"网站"→"般若 FTP"选项，在右

侧的"操作"窗格中选择"绑定"命令,弹出如图 7-14 所示的绑定站点对话框。在此,可以添加与编辑网站绑定信息。

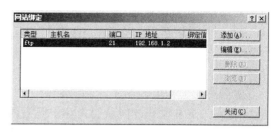

（4）FTP 授权规则。选择"Internet 信息服务管理器"→"网站"→"般若 FTP"选项,在中间的"功能视图"中双击"FTP 授权规则"项,可以打开如图 7-15 所示窗口,在窗口的右侧"操作"下可以选择"添加允许规则"或是"添加拒绝规则",会进入如图 7-16 和图 7-17 所示的规则制定界面。

图 7-14 网站绑定

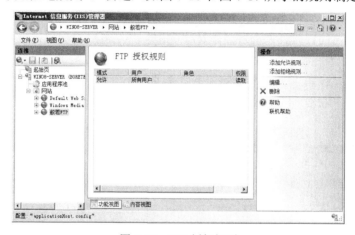

图 7-15 FTP 授权规则

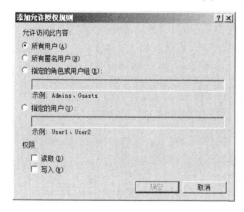

图 7-16 添加允许规则

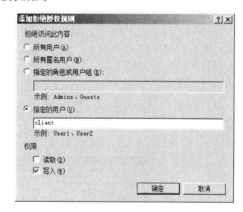

图 7-17 添加拒绝规则

在如图 7-16 所示的"添加允许授权规则"对话框中,可以设置以下几个选项访问:所有用户、所有匿名用户、指定的角色或用户组、指定的用户(注意,如果要指定用户或用户组,应事先创建用户或组),同时,还可以设置"读取"和"写入"权限。

在如图 7-17 所示的"添加拒绝授权规则"对话框中,可以设置以下几个选项拒绝:所有用户、所有匿名用户、指定的角色或用户组、指定的用户(注意,如果要指定用户或用户组,应事先创建用户或组),同时,还可以设置"读取"和"写入"权限。

利用以上组合,管理员可以设置 FTP 站点中用户的访问权限。注意,配置 FTP 授权设置时，还应配置 FTP 身份验证设置。

（5）FTP 身份验证。选择"Internet 信息服务管理器"→"网站"→"般若 FTP"选项，在中间的"功能视图"中双击"FTP 身份验证"项，可以打开如图 7-18 所示界面。在 FTP 身份验证中，允许管理员设置以下身份验证。

1）基本身份验证：基本身份验证是一种内置的身份验证方法，它要求用户提供有效的 Windows 用户名和密码才能获得内容访问权限。用户账户可以是 FTP 服务器的本地账户，也可以是域账户。基本身份验证将配合 Active Directory（AD）用户隔离一起使用。但是，如果在已启用 AD 用户隔离的情况下启用自定义身份验证或任何其他形式的身份验证，则这种其他形式的身份验证将不起作用。

2）匿名身份验证：匿名身份验证是一种内置的身份验证方法，它允许任何用户通过提供匿名用户名和密码访问任何公共内容。默认情况下，禁用匿名身份验证。注意，当希望访问 FTP 站点的所有客户端都能查看站点内容时，请使用匿名身份验证。

（6）FTP 消息。选择"Internet 信息服务管理器"→"网站"→"般若 FTP"选项，在中间的"功能视图"中双击"FTP 消息"项，可以打开如图 7-19 所示窗口，在此，可以设置各种消息元素。

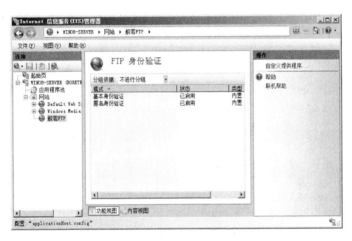

图 7-18　FTP 身份验证

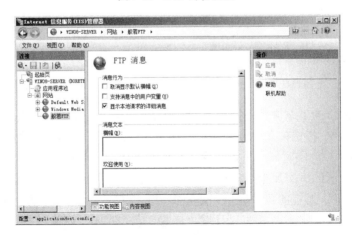

图 7-19　FTP 消息

（7）FTP 用户隔离。选择"Internet 信息服务管理器"→"网站"→"般若 FTP"选项，在中间的"功能视图"中双击"FTP 用户隔离"项，可以打开如图 7-20 所示窗口，在此，可以设置用户隔离的相关情况。

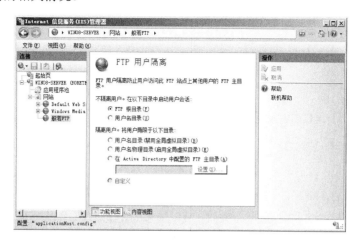

图 7-20　FTP 用户隔离

（8）FTP IPv4 地址和域复制。选择"Internet 信息服务管理器"→"网站"→"般若 FTP"选项，在中间的"功能视图"中双击"FTP IPv4 地址和域复制"项，可以打开如图 7-21 所示窗口。

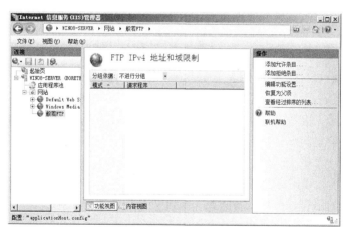

图 7-21　FTP IPv4 地址和域复制

在窗口的右侧"操作"项下可以选择"添加允许条目"或是"添加拒绝条目"项，会弹出如图 7-22 和图 7-23 所示的规则制定对话框。打开"添加允许限制规则"对话框，可以从该对话框中为特定 IP 地址、IP 地址范围或 DNS 域名定义允许访问内容的规则。打开"添加拒绝限制规则"对话框，可以从该对话框中为特定 IP 地址、IP 地址范围或 DNS 域名定义拒绝访问内容的规则。

4．访问 FTP 站点

FTP 服务器安装成功后，可以测试默认 FTP 站点是否可以正常运行。在客户端计算机上采用以下三种方式来连接 FTP 站点。

图 7-22　添加允许

图 7-23　添加拒绝

（1）FTP 程序操作。打开 DOS 命令提示符窗口，输入命令：ftp　FTP 站点地址，然后根据屏幕上的信息提示登录、使用即可。

（2）利用浏览器访问 FTP 站点。微软的 IE 浏览器已将 FTP 功能集成到浏览器中，可以在浏览器地址栏输入一个 FTP 地址（如 ftp://FTP 站点地址）进行 FTP 匿名登录，这是较为简单的访问方法。

（3）利用 FTP 客户端软件访问 FTP 站点。FTP 客户端软件以图形窗口的形式访问 FTP 服务器，操作非常方便，不像字符窗口的 FTP 的命令复杂、繁多。目前有很多很好的 FTP 客户端软件，比较著名软件主要有 CuteFTP、LeapFTP、FlashFXP 等，可从网络上下载安装即可使用。

 工学结合

1．Windows Server 2008 中 FTP 服务器中文语言设置

使用 Windows Server 2008 IIS 搭建 FTP 服务器时，有时，在客户端登录 FTP 后中文文件夹显示为乱码。此时，应更改系统区域设置，系统区域设置可确定用于在不使用 Unicode 的程序中输入和显示信息的默认字符集（字母、符号和数字）和字体。这可让非 Unicode 程序在使用指定语言的计算机上运行。在计算机上安装其他显示语言时，可能需要更改默认系统区域设置。为系统区域设置选择不同的语言并不会影响 Windows 或其他使用 Unicode 的程序的菜单和对话框中的语言。按照如下方法设置并处理即可。

（1）在"控制面板"中打开"区域和语言"选项。

（2）在打开的"区域和语言设置"对话框中，单击"管理"选项卡，然后在"非 Unicode 程序的语言"下单击"更改系统区域设置"项。如果系统提示您输入管理员密码或进行确认，请键入该密码或提供确认。应确保"非 Unicode 程序中所使用的当前语言："为"中文（简体，中国）"，如若不是，则应立即更改，如图 7-24 所示。

（3）重启系统生效即可。

2．FTP Serv-U

FTP 服务器软件除了在 Windows Server 2008 中所附带的以外，还有许多厂家生产了专用的 FTP 服务器软件，其中，在 Windows 下最广泛使用的 FTP 软件是 Serv-U FTP 软件。

通过使用 Serv-U，用户能够将任何一台 PC 机设置成一个 FTP 服务器。这样，用户或其他使用者就能够使用 FTP 协议，通过在同一网络上的任何一台 PC 机与 FTP 服务器连接，进行文件或目录的复制、移动、创建、删除等。Serv-U 软件是一种全图形界面的 FTP 软件，使用较为简单，用户可以从网络下载并安装使用。在此，不再一一赘述。

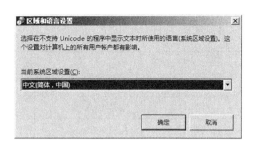

图 7-24　区域和语言设置

技能实训

1．实训目标

（1）熟练掌握 Windows Server 2008 的 WWW 服务器基本配置。

（2）熟练掌握 Web 服务器中的虚拟目录的设置。

（3）熟练掌握 Windows Server 2008 的网站安全的设置。

（4）掌握 Windows Server 2008 远程管理的设置与应用。

（5）掌握 Serv-U FTP Server 的设置与应用。

2．实训条件

（1）硬件要求。处理器 CPU 工作频率 2GHz 或以上，双核，内存 2GB RAM 以上，硬盘空间 80GB 以上，光盘驱动器 DVD-ROM，显示·Super VGA（800×600）或者更高级的显示器，标准键盘，鼠标。

（2）网络环境：已建好的 100M 以太网络，包含交换机（或集线器）、五类（或超五类）UTP 直通线若干、两台及以上数量的计算机。

（3）软件环境：Windows Server 2008 系统环境。或基于 Windows XP（64 位）或 Windows 7 操作系统平台，VirtualBox4.0.12，Windows Server 2008 虚拟机。

3．实训内容

在安装了 Windows Server 2008 的虚拟机上完成如下操作。

（1）在虚拟操作系统 Windows Server 2008 中安装 IIS7.0 与 DNS 服务，启用应用程序服务器，并配置 DNS 解析域名 student.com，然后分别新建主机 www、host1、host2。

（2）在 IIS 控制台中设置默认网站 www.student.com，修改网站的相关属性，包括默认文件、主目录、访问权限等，然后创建一个本机的虚拟目录（host1.student.com）和一个非本机的网站（host2.student.com），使用默认主页（default.htm）和默认脚本程序（default.asp）发布到新建站点或虚拟目录的主目录下。

（3）设置安全属性，访问 www.student.com 时采用 Windows 域服务器的摘要式身份验证方法，禁止 IP 地址为 192.168.2.3 的主机和 172.16.0.0/24 网络访问 host1.student.com，实现远程管理该网站。

（4）在 Web 网站的客户机上，设置好 TCP/IP 和 DNS 有关信息，分别以"IP 地址+别名"和"域名+别名"的方式访问该 Web 网站三台主机。

（5）在虚拟操作系统 Windows Server 2008 中配置 DNS 解析域名 teacher.com，然后新建主机 ftp，设置 FTP 的主目录为 d:\ftp，修改网站的属性，包括目录安全性、配置各种消息，禁止 IP 地址为 192.168.100.1 的主机网络访问 FTP 站点，利用不同的方法、不同的客户端访问 FTP 站点 ftp.teacher.com。

（6）Serv-U FTP Server 的设置与应用。

4. 实训考核

序　号		规　定　任　务	分值（分）	项目组评分
1		安装 IIS	10	
2		安装 DNS	10	
3		配置 DNS	10	
4		建立虚拟目录	10	
5		建立虚拟主机	10	
6		设置 FTP	20	
7		客户机访问测试	10	
拓展任务（选做）	8	综合练习：WEB 服务器、FTP 服务器、DNS 服务器	10	
	9	Serv-U FTP Server 安装与配置	10	

注　1. 完成并测试成功方可得满分。

　　2. 未完成的任务除记录存在问题外，由同项目组成员打分。

　　3. 拓展任务的完成情况与得分，由教师负责记录。

▶ 技能拓展

Windows 操作系统下常用 FTP 命令

在 Windows 系列平台下的字符界面的 FTP 客户端程序 ftp.exe 的部分命令。

（1）帮助命令 help：

help ls（可以显示命令 ls 的用法供查看）。

（2）文件列表显示命令：

ls（以 UNIX 风格显示目录文件列表），

dir（以 DOS 风格显示目录文件列表）。

（3）目录操作命令：

pwd（显示当前操作目录），

cd（切换当前操作目录）。

（4）本地 DOS 命令：

!（执行 command.com 程序，打开 DOS 命令行窗口），

lcd（实现本地磁盘目录切换）。

（5）从服务器下载文件命令（get、recv），如从默认 FTP 站点下载文件 help.gif 到本地目录 C:\TEMP。

cd /MyFtp（切换远程操作目录），

lcd c:\temp（切换本地目录），

binary（使用二进制方式下载文件），

get help.gif（下载 help.gif 文件，也可以使用 recv 命令，与 get 命令等价）。

（6）从本地上载单个文件命令（put、send），如从本地 C:\上载 command.com 命令到默认

FTP 站点 MyFtp 目录。

　　cd /MyFtp（切换远程操作目录），

　　lcd c:\（切换本地目录），

　　binary（使用二进制方式下载文件），

　　put command.com（上载 command.com 文件，也可以使用 send 命令，与 put 命令等价）。

　　（7）更改登录用户命令：

　　user（然后输入要登录的用户账户名、密码，即可更改登录用户的身份，如 Administrator 身份登录）。

　　（8）关闭 FTP 连接：

　　close 或 disconnect。

　　（9）关闭 FTP 程序：

　　bye 或 quit。

项目 8   邮件服务器安装配置与管理

▶ 基础技能

在前导课程中，学生应该了解或掌握以下知识与技能：

（1）了解 Internet 中如网易、搜狐等知名网站提供的免费邮箱服务，了解注册、登录、收发、管理等操作。

（2）了解电子邮件的基本要求，如地址格式、传输原理等。

（3）掌握通过网络注册的免费邮箱或 QQ 邮箱的管理操作。

（4）具备一定的命令行环境操作能力。

（5）了解活动目录及活动目录的日常管理。

▶ 项目情境

1．需求描述

电子邮件已经成为网络上使用最多的一种服务，也是 Internet/Intranet 提供的主要服务之一。电子邮件服务器能够有效地为客户服务，不仅可以代替传统的纸质信件来实现文件信息传输，电子邮件消息还可以包含超链接、程序文件、HTML 格式文本、图像、声音甚至视频数据。邮件服务器是一种用来负责电子邮件收发管理的设备。它比网络上的免费邮箱更安全和高效，因此一直是企业公司的必备设备。因此，搭建一个邮件服务器可以大大方便企业内部员工之间、企业与企业之间或企业与外部网络之间的联系。

般若科技公司从实际需求和公司品牌形象树立的要求出发，希望能够拥有公司自己的邮件服务器，为全体员工和 VIP 客户提供邮件服务。要求能够实现分组管理，附件进行文件类型限制、邮箱大小可变更等便利设定。

2．网络拓扑

般若科技公司邮件服务器在整个网络中的位置，其拓扑图如图 8-1 所示。

▶ 任务目标

（1）了解 Exchange Server 2010 的新特性，掌握安装方法。

（2）掌握如何使用 Exchange Server 2010 管理控制台及 Exchange Management Shell 对 Exchange Server 2010 进行管理。

（3）掌握如何配置活动目录权限管理服务器与 Exchange Server 2010 集成实现邮件传输安全保护。

（4）掌握如何为 Exchange Server 2010 配置证书，实现客户端访问加密。

（5）了解如何配置数据库可用性组（DAG）实现 Exchange Server 2010 的邮箱服务器高可用。

（6）了解通过 OWA、Windows Mobile 及 Outlook 访问 Exchange Server 2010。

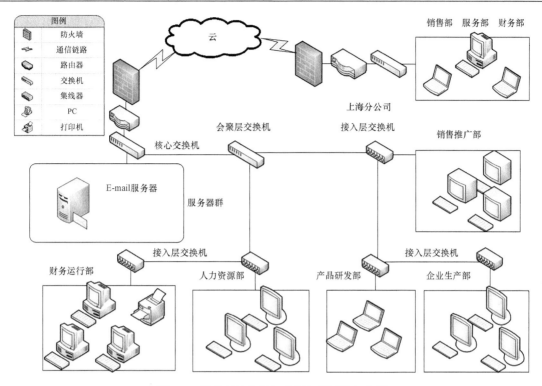

图 8-1　般若科技公司邮件服务器网络拓扑图

▶ 知识准备

1. 电子邮件基础

（1）电子邮件。电子邮件又叫 E-mail，是指发送者和指定的接收者利用计算机通信网络发送信息的一种非交互式的通信方式，是最基本的网络通信功能。这些信息包括文本、数据、声音、图像、语言视频等内容。由于 E-mail 采用了先进的网络通信技术，又能传送多种形式的信息，与传统的邮政通信相比，E-mail 具有传输速度快、费用低、高效率、全天候全自动服务等优点，同时 E-mail 的传送不受时间、地点、位置的限制，发送者和接收者可以随时进行信件交换，E-mail 得以迅速普及。

（2）电子邮件的构成。像所有的普通邮件一样，所有的电子邮件也主要是由两部分构成，即收件人的姓名和地址、信件的正文。在电子邮件中，所有的姓名和地址信息称为信头（Header），而邮件的内容称为正文（Body）。在邮件的末尾还有一个可选的部分，即用于进一步注明发件人身份的签名（Signature）。

（3）电子邮件使用的部分协议。电子邮件系统常用的有关协议有以下五种。

1）RFC 822 邮件格式。RFC 822 定义了用于电子邮件报文的格式，即 RFC 822 定义了SMTP、POP3、IMAP 及其他电子邮件传输协议所提交、传输的内容。RFC 822 定义的邮件由两部分组成：信封和邮件内容，信封包括与传输、投递邮件有关的信息，邮件内容包括标题和正文。

2）SMTP 协议。SMTP（Simple Mail Transfer Protocol）就是简单邮件传输协议，它是一组用于由源地址到目的地址传送邮件的规则，由它来控制信件的中转方式。SMTP 属于 TCP/IP

协议族，它帮助计算机在发送或中转信件时找到下一个目的地，默认使用 TCP 端口为 25。通过 SMTP 所指定的服务器，就可以把 E-mail 寄到收信人的服务器上，整个过程最多只要几 min。SMTP 服务器是遵循 SMTP 协议的发送邮件服务器，用来发送或中转电子邮件。发件人的客户端计算机，通过 Internet 服务提供商连接到 Internet 发件人，使用电子邮件客户端发送电子邮件。根据 SMTP，电子邮件被提取，再传送到发件人的 ISP，然后由该 ISP 路由到 Internet 上。

3）POP3 协议。POP3 即邮局协议（Post Office Protocol 3），目前是第三版。它是 Internet 上传输电子邮件的第一个标准协议，也是一个离线协议。POP3 服务是一种检索电子邮件的电子邮件服务，管理员可以使用 POP3 服务存储及管理邮件服务器上的电子邮件账户。当收件人的计算机连接到他的 ISP 时，根据 POP3 协议，允许用户对自己账户的邮件进行管理，如下载到本地计算机或从邮件服务器删除等。在邮件服务器上安装 POP3 服务后，用户可以使用支持 POP3 协议的电子邮件客户端（如 Microsoft Outlook）连接到邮件服务器，并将电子邮件检索到本地计算机。POP3 服务与简单邮件传输协议（SMTP）服务可以一起使用，但 SMTP 服务用于发送电子邮件，它默认使用 TCP 端口 110。

4）IMAP4 协议。网际消息访问协议（Internet Message Access Protocol 4），当电子邮件客户端软件通过拨号网络访问 Internet 和电子邮件时，IMAP4 比 POP3 更为适用。使用 IMAP 时，用户可以有选择地下载电子邮件，甚至只是下载部分邮件。因此，IMAP 比 POP3 更加复杂，它默认使用 TCP 端口 143。

5）MIME 协议。Internet 上的 SMTP 传输机制是以 7 位二进制编码的 ASCII 码为基础的，适合传送文本邮件，声音、图像、中文等使用 8 位二进制编码的电子邮件需要进行 ASCII 转换（编码）才能够在 Internet 上正确传输。MIME 增强了在 RFC 822 中定义的电子邮件报文的能力，允许传输二进制数据。

2．电子邮件实现过程

当撰写一封电子邮件信息时，往往使用一种称为邮件用户代理 （MUA）的应用程序，或者电子邮件客户端程序。通过 MUA 程序，可以发送邮件，也可以把接收到的邮件保存在客户端的邮箱中。这两种操作属于不同的两个进程 MTA 和 MDA。

邮件传送代理 （MTA）进程用于发送电子邮件。MTA 从 MUA 处或者另一台电子邮件服务器上的 MTA 处接收信息。根据消息标题的内容，MTA 决定如何将该消息发送到目的地。如果邮件的目的地址位于本地服务器上，则该邮件将转给 MDA。如果邮件的目的地址不在本地服务器上，则 MTA 将电子邮件发送到相应服务器上的 MTA 上。邮件分发代理 （MDA）从邮件传送代理 （MTA）中接收了一封邮件，并执行了分发操作。MDA 从 MTA 处接收所有的邮件，并放到相应的用户邮箱中。MDA 还可以解决最终发送问题，如病毒扫描、垃圾邮件过滤及送达回执处理。大多数的电子邮件通信都采用 MUA、MTA 及 MDA 应用程序。

可以将客户端连接到公司邮件系统（IBM Lotus Notes、Novell Groupwise 或者 Microsoft Exchange）。这些系统通常有其内部的电子邮件格式，因此它们的客户端可以通过私有协议与电子邮件服务器通信。上述邮件系统的服务器通过其 Internet 邮件网关对邮件格式进行重组，使服务器可以通过 Internet 收发电子邮件。

3．Exchange Server 2010

微软邮件系统是目前企业使用最广泛的邮件系统之一，而 Exchange Server 2010 是微软最新版本的邮件系统。Microsoft Exchange Server 2010 的核心功能是一个邮件、日历和通信录系统，该系统集中运行在 Windows Server 2008 服务器系统上。其采用新一代微软服务器技术的服务器，是统一沟通解决方案的基础，提供最广泛的部署选项、最丰富的用户体验及前所未有的住处保护和控制功能， Microsoft Exchange Server 2010 提供的功能可帮助企业简化管理，对通信提供保护，并满足用户对办公移动性的更高要求，从而实现更高级别的可靠性和性能，使企业大大降低开销，同时提升业绩。

Exchange server 2010 可给予用户充分的灵活性，"增量部署"、"邮箱数据库副本"和"数据库可用性组"等新功能与其他功能（如卷影冗余和传输转储程序）相结合，为高可用性和站点恢复提供了一个统一的新平台。Exchange 存储和邮箱数据库功能、增强的公用文件夹报告功能，以及权限功能都使得这个应用系统更加强大。

▶ **实施指导**

1. Exchange Server 2010 安装需要的组件

由于现代企业信息管理的基础在于通信管理及组织管理，它的首要条件是先架设一个畅通无阻的企业内部网络，因此可以先用 Windows Server 2008 架设企业内部网络，然后架设 Exchange Server 2010 服务器，来达到通信及组织管理的目的。

在安装 Exchange 2010 之前，要做的第一件事情是为 Windows Server 2008 做好各种准备工作。由于 Exchange Server 2010 需要运行在域控制器环境下，因此可以参照以前的章节把安装 Windows Server 2008 的计算机升级为域控制器。由于 Exchange Server 2010 有自己的 SMTP 组件，所以在 Windows Server 2008 中须删除 SMTP 功能。同时，以下几个软件和服务是必须要安装的。

（1）.Net Framework 2.0 或 3.0。

（2）Microsoft 管理控制台 MMC 3.0。

（3）Microsoft PowerShell。

（4）Microsoft IIS 7.0。

2. 准备 Windows Server 2008 并升级到域

准备一台 Windows Server 2008 计算机，并为其设置静态 IP 地址，本例 IP 地址设为 192.168.1.3。设置 DNS 地址为 192.168.1.1，这是为升级到 Active Directory 准备。整个过程前节已经讲过，此处不再累述。

3. 安装 IIS 及其他必备软件

Exchange 2010 的 OWA 需要 IIS 的支持，在安装 Exchange 之前，建议先安装 IIS 及其管理工具，并要求安装"安全性"中的"基本身份认证"、"WINDOWS 身份认证"、"摘要式身份认证"。在"性能"中，安装"静态内容压缩"、"动态内容压缩"。如图 8-2 所示。

整个 IIS 的安装过程，在前节已经讲解，此处不再详述。

4. 安装筛选包

Exchange 2010 需要下载 Office 2007 文件筛选包。筛选包文件名为 FilterPackx64.exe。下载地址为 http://www.microsoft.com/downloads/zh-cn/details.aspx?familyid=60c92a37-719c-4077-b5c6-cac34f4227cc&displaylang=zh-cn。下载并选择安装后，将安装 IFilter 并将其注册到 Windows 索引服务。

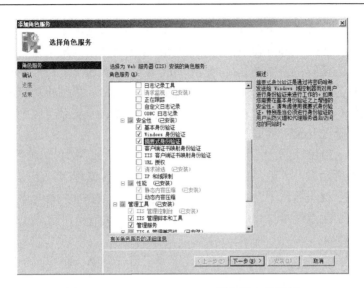

图 8-2　Exchange Server 2010 服务器角色的域

Microsoft 搜索产品可使用这些 IFilter 对特定文档格式的内容编制索引。此筛选包包括以下格式的 IFilter：.docx、.docm、.pptx、.pptm、.xlsx、.xlsm、.xlsb、.zip、.one、.vdx、.vsd、.vss、.vst、.vdx、.vsx 和.vtx。因为 Windows 桌面搜索 （WDS）使用 Windows 索引服务中的 IFilter，所以 IFilter 将自动注册并且可供 WDS 使用。

安装过程较为简单，启动安装向导，接受条款后，安装就可完成。如图 8-3 和图 8-4 所示。

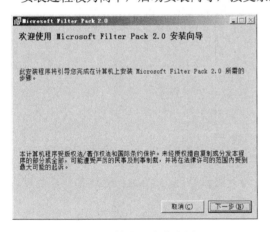

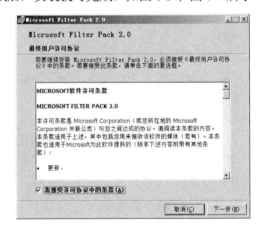

图 8-3　筛选包安装向导　　　　　　　　　　图 8-4　筛选包协议设置

5．Exchange Server 2010 安装过程

（1）文件解压。双击下载完成的 Exchange Server 2010 SP1 中文版.exe 文件，将其解压到指定的文件夹中，如图 8-5 所示。双击 setup.exe 文件，启动安装界面，如图 8-6 所示。

（2）按向导步骤完成界面中"步骤 1：安装.NET Framework 3.5SP1"，和"步骤 2：windows powershell v2"。完成后，系统将自己检验这两个组件的安装完成情况，如图 8-7 所示。

（3）运行 Exchange Server 2010 安装程序，选择"步骤 3 选择 Exchange 语言选项"，选择"仅从 DVD 安装语言"项。

（4）启动 Exchange Server 2010 安装程序向导界面，该过程包括简介、许可协议、错误报告、安装类型、客户体验改善计划、准备情况检查、进度、完成等几个环节。整个过程耗时约 25min，当然还与硬件配置密切相关，如图 8-8 所示。在"许可协议"处，选择接受协议选项，如图 8-9 所示。

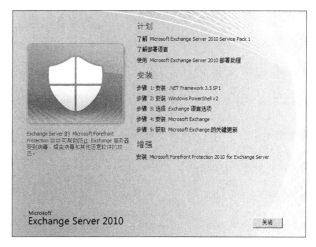

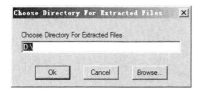

图 8-5　解压 Exchange 安装文件　　　　　图 8-6　Exchange Server 2010 安装界面

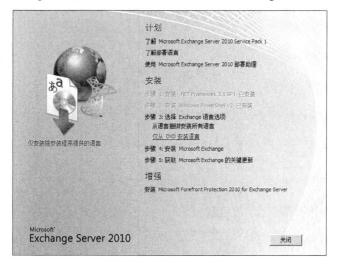

图 8-7　安装界面：步骤 3

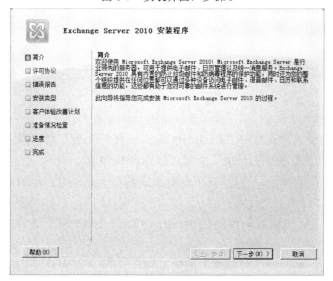

图 8-8　Exchange Server 2010 安装界面

（5）在"错误报告"步骤中，用户按自己需要选择"是"或"否"项，如图 8-10 所示。

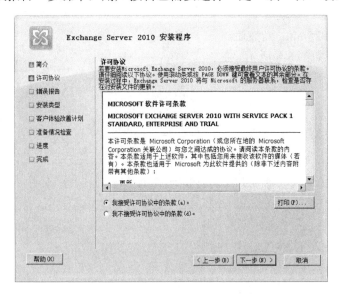

图 8-9　许可协议

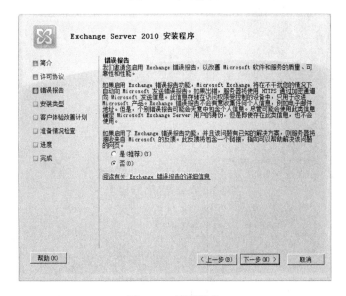

图 8-10　错误报告

（6）安装类型选择，建议选择"Exchange Server 典型安装"项，减少因设置带来的未知错误。建议用户将程序文件安装到默认位置，如图 8-11 所示。

（7）完成安装类型选择后，进行 Exchange 组织填写。此外用户可自定，本例为般若公司的名称，boretech，如图 8-12 所示。

（8）客户端设置，针对域内是否存在 Exchange Server 2003 客户计算机。用户根据实情与需要，设定是或否，如图 8-13 所示。

（9）配置客户端访问服务器外部域。面向 Internet，输入可以访问成功的域名。此域名一定要先在 DNS 服务器中进行过构建，如图 8-14 所示。

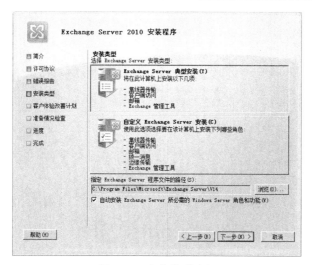

图 8-11 安装类型选择

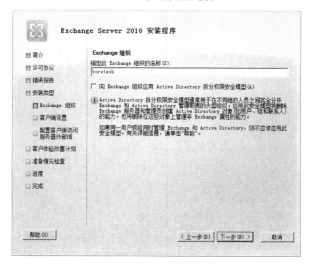

图 8-12 安装类型：Exchange 组织确定

图 8-13 客户端设置

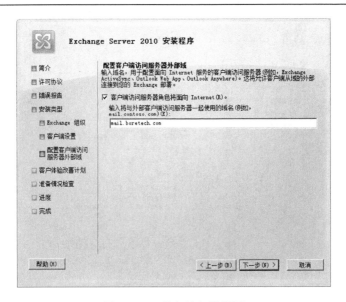

图 8-14   外部访问域设置

（10）客户体验改善计划。本例选择加入客户体验改善计划，以期获得更好的服务和技术支持，如图 8-15 所示。

图 8-15   客户体验改善计划

（11）准备情况检查。系统将对配置先决条件、组织先决条件、语言先决条件、集线器传输角色先决条件、客户端访问角色先决条件、邮箱角色先决条件等项目进行检查。检查通过用"已完成"表示，检查未通过用"失败"表示。如图 8-16 所示。

（12）进度与完成。指系统安装进度与完成过程。通过检查后，单击"安装"按钮，完成安装过程。如果在安装过程中，遇到问题或没有通过系统检查，主要的原因可能是需要的补丁没有按要求安装，或者是系统需要启动的服务未处在活动状态。解决此类问题的方法，请读者按系统提示进行。如图 8-17 和图 8-18 所示。

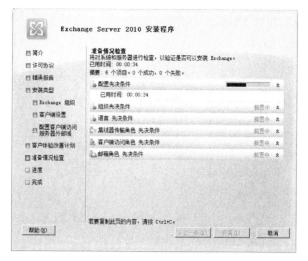

图 8-16 准备情况检查

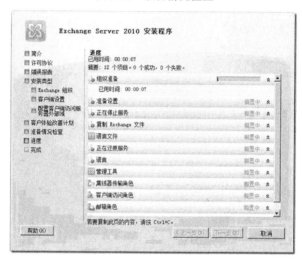

图 8-17   安装进度

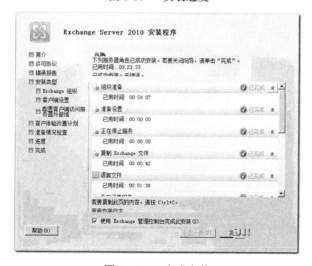

图 8-18   完成安装

6．Exchange Server 2010 管理

（1）Exchange 管理控制台，如图 8-19 所示。

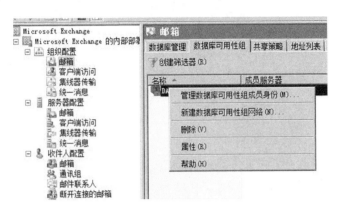

图 8-19　Exchange Server 2010 管理控制台

（2）以管理员账号登录 OWA。

1）关闭"IE 增强的安全配置"项。

2）以 https://exchange_name（或 IP）/owa 方式，登录 OWA。本例访问地址为 https://192.168.1.3/owa。

3）在出现的登录窗口中，输入 msft\administrator，并键入管理员密码，登录 OWA，如图 8-20 所示。

图 8-20　登录 OWA

4）登录成功后，首先设置时区，如图 8-21 所示。

5）Exchange 2010 的 OWA 增加了"密码到期提示"及修改密码功能，如图 8-22 所示。

6）修改密码窗口如图 8-23 所示。

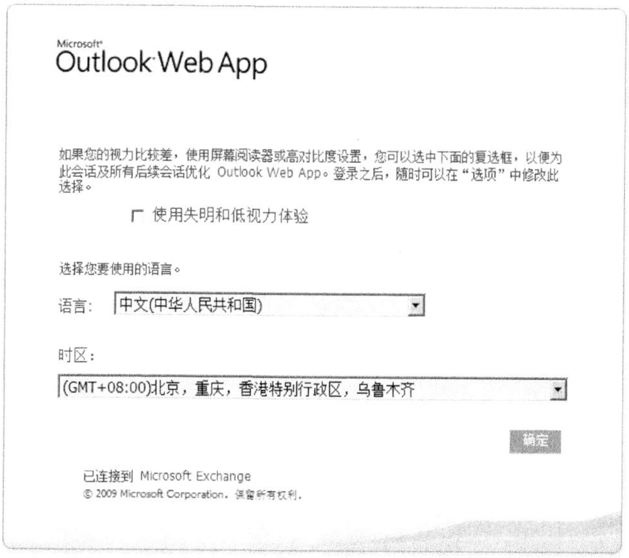

图 8-21　时区设置

图 8-22　密码到期提示

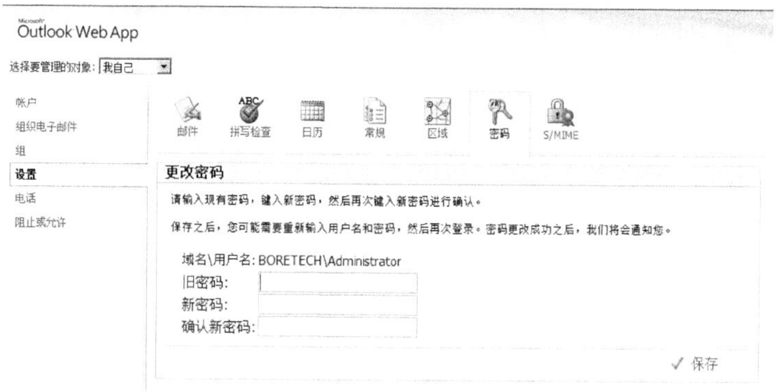

图 8-23　修改密码

7）以管理员登录之后，可以管理组织，如图 8-24 所示。

8）以普通用户登录。返回到 Exchange 管理控制台，创建一个普通用户，如图 8-25～图 8-27 所示。

图 8-24　用户管理：创建用户

图 8-25　新建邮箱步骤 1

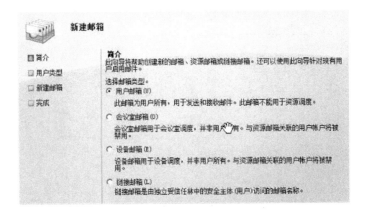

图 8-26　新建邮箱步骤 2

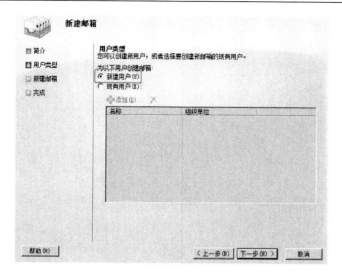

图 8-27　新建邮箱步骤 3

9）之后，以普通用户登录，可以看到收件箱等项，如图 8-28 和图 8-29 所示。当然，使用管理员账号，也是可以显示类似如图 8-29 所示功能。Exchange 2010 的安装、简单测试到此结束。

图 8-28　新建用户登录

▶ 工学结合

1. 配置和管理 Exchange Server 2010

实验环境说明，为完成与验证下列任务，安装与配置两个 Windows Server 2008 虚拟机。一个机器名为 Ws2008，在域 mail.boretech.com 域之上，管理员为 administrator，密码为 666666。另一台为名 Ex2010A，在域 boretech.com 域之上，管理员为 administrator，密码为 666666。

（1）为 Exchange Server 2010 安装并配置证书服务器。在此任务中，将安装活动目录证书颁发机构。活动目录证书颁发机构可以为 Exchange Server 2010 提供公钥基础架构，可以为

Exchange 服务器颁发证书，用于 Exchange 服务器客户端访问及邮件传输的加密。

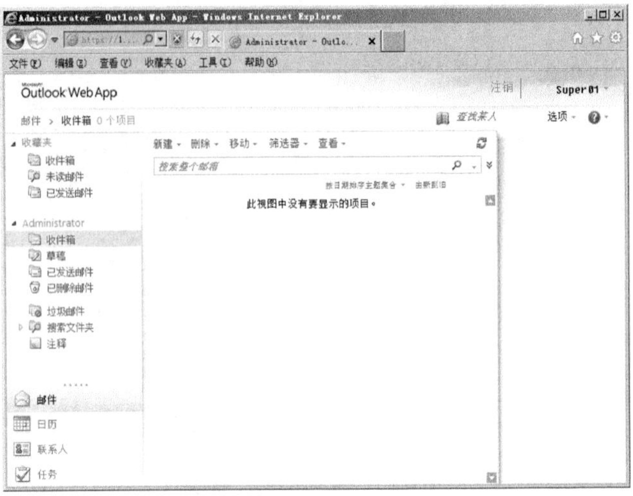

图 8-29　新用户邮箱界面

首先为当前环境部署 AD 证书服务，通过 AD 证书服务才能够为 Exchange 服务器颁发证书，实现客户端访问及邮件传输加密。如果不安装 Windows Server 2008 内置的证书服务，也可以向 Internet 证书颁发机构申请购买证书用于 Exchange 服务器。

在 Active Directory 证书服务简介页面，按向导的提示，选择"下一步"按钮。在选择"角色服务"页面，确认"证书颁发机构"已经勾选，并且勾选"证书颁发机构 Web 注册"项。证书颁发机构 Web 注册，可以实现基于 Web 页面的证书申请流程。在弹出的"添加角色向导"页面，选择添加所需的"角色服务"项，并单击"下一步"按钮。

证书颁发机构 Web 注册需要 Internet 信息服务的支持，在 Windows Server 2008 添加角色过程中，添加角色向导会根据添加的角色自动找到所需的相关角色服务，如证书颁发机构 Web 注册需要 IIS 服务。

其余的安装按向导提示安装即可。注意，安装完成后，需重新启动计算机。

（2）为 Exchange Server 2010 服务器申请证书。在此任务中，用户将通过 Exchange Server 2010 的管理控制台为 Exchange 服务器创建证书申请，并且通过 Web 的方式完成向证书颁发机构申请证书的过程，通过 Exchange 管理控制台可以实现证书申请的图形化界面操作，简化了证书申请的任务操作。

打开"开始"菜单，单击"所有程序"命令，在 Microsoft Exchange Server 2010 中选择 Exchange Management Console 项。

在"Exchange 管理控制台"中，展开"Microsoft Exchange 的内部部署"项，在弹出的"Exchange 2010 服务器许可"界面中，单击"确定"按钮。

单击"服务器配置"项，在"Exchange 证书"窗口中，查看当前已有一张自签名的 Microsoft Exchange 证书。

Exchange Server 2010 的安装过程中，会自动为 Exchange 服务器创建一张自签名的证书，以用于客户端访问及邮件传输的加密。但因为该证书为服务器的自签名证书，默认不被客户端及其他服务器所信任，因此在完成 Exchange Server 2010 的安装后，需要为服务器申请一张证书替换默认的自签名证书。

在控制台右侧的操作窗口中，选择"新建 Exchange 证书"选项。在"新建 Exchange 证书"页面，输入证书的友好名称（E）中，输入 Exchange2010CA，并单击"下一步"按钮。证书的友好名称可以根据需要自行设定。在"域作用域"页面中，确认没有勾选"启用通配符证书（E）"项，单击"下一步"按钮。因为本实验环境为单域结构，没有子域环境，且没有其他特殊需求，因此无需为服务器申请通配符证书。

在"Exchange 配置"页面，展开"客户端访问服务器（Outlook Web App）"项，选中"Outlook Web App 已连接到 Intranet"项，在用于"内部访问 Outlook Web App"的域名中，输入 Ex2010A.boretech.com

选中"Outlook Web App 已连接到 Internet"项，在用于访问 Outlook Web App 的域名中，输入 mail.boretech.com。

展开"客户端访问服务器（Exchange ActiveSync）"项，选中"已启用 Exchange 活动同步"项，在"用户访问 Exchange ActiveSync 的域名"中，输入 mail.boretech.com。

展开"客户端访问服务器（Web 服务、Outlook Anywhere 和自动发现）"项，确认选中"已启用 Exchange Web 服务"、"已启用 Outlook Anywhere"项，在组织的外部主机名输入 mail.boretech.com，在 Internet 上使用的自动发现设置为 URL，要使用的自动发现 URL 设置为 autodiscover.boretech.com。

可以展开"其他服务器证书配置"选项，如集线器传输服务器、旧版本 Exchange 服务器等，为集线器传输服务器、旧版本 Exchange 服务器或者统一消息服务器设置证书。单击"下一步"按钮，进入证书域页面。

在"证书域"页面，确认证书的域列表中包含 autodiscover.boretech.com、ex2010a.boretech.com 和 mail. boretech.com，单击"下一步"按钮。

在组织和位置页面，依表 8-1 输入。

表 8-1　　　　　　　　　　　　　　组　织　和　位　置

单　　位	Microsoft	单　　位	Microsoft
组织单位	China	市/县	北京
国家/地区	中国	省/市/自治区	北京

在证书请求文件路径中，选择浏览，选择桌面，将证书请求文件保存在桌面，输入文件名为 carequest，单击"保存"按钮。

单击"下一步"按钮，进入证书配置页面。查看证书的配置是否与之前的设置相同，如无问题选择"新建"项。单击"完成"按钮，完成证书申请文件的创建。

证书申请文件的创建完成，接下来需要将申请文件发送给证书颁发机构，以申请证书。因为之前安装了证书颁发机构 Web 注册，因此可以通过 IE 浏览器的方式完成证书的注册。

打开"开始"菜单，选择所有程序，打开 Internet Explorer。

在 IE 浏览器的地址栏中，输入 http://ws2008.boretech.com/certsrv。

在弹出的"Windows 安全"对话框中，输入用户名 administrator，密码 666666。

在弹出的安全警告中，单击"添加"按钮，将 http://ws2008.boretech.com 添加到可信站点中。

进入 AD 证书 Web 申请页面，选择"申请证书"项，选择"高级证书申请"项。

选择"使用 base64 编码的 CMC 或 PKCS#10 文件"项提交一个证书申请，或"使用 base64 编码的 PKCS#7 文件"项续订证书申请。

找到桌面上之前创建的证书申请文件 carequest.req，使用记事本打开该文件。

选中如图 8-30 所示选中的内容，并复制所选中的内容。

图 8-30　Exchange 2010 Server 证书申请文件内容

在 IE 浏览器提交一个证书申请或续订申请页面，将复制的内容粘贴到 Base-64 编码的证书申请（CMC 或 PKCS#10 或 PKCS#7）中，并在证书模板中，选择"Web 服务器"项，单击"提交"按钮。

证书会自动颁发，选择下载证书，将证书 certnew.cer 保存到桌面，关闭 IE 浏览器。

（3）导入证书。Exchange 证书的 Web 申请完成，因为此证书是向之前搭建的 WS2008 证书颁发机构所申请的，该证书颁发机构默认是不被其他服务器所信任的，因此需要将该证书颁发机构导入到 Exchange 服务器的受信任的根证书颁发机构。

1）打开 IE 浏览器，在地址栏中输入 http://ws2008.boretech.com/certsrv，使用用户 administrator、密码 666666 登录。

2）选择下载 CA 证书、证书链或 CRL。

3）选择下载 CA 证书，将 CA 证书保存到桌面，命名为 CA.cer。

4）打开"开始"菜单，选择"运行"命令，输入 MMC。在打开的控制台中，选择"文件"→"添加/删除管理单元"项，并将证书添加到所选管理单元，选择"计算机账户"项，单击"下一步"按钮，选择"本地计算机（运行此控制台的计算机）"项，单击"完成"按钮，单击"确定"按钮。

5）展开"证书（本地计算机）—受信任的根证书颁发机构—证书"项，右键选择"证书"→"所有任务"→"导入"项。

6）在"欢迎使用证书导入向导"页面，单击"下一步"按钮。

7）在"要导入的文件"页面，选择"浏览"项，并选择桌面的 ca.cer 文件，单击"下一步"按钮。

8）在"证书存储"页面，单击"下一步"按钮，并单击"完成"按钮，将 WS2008R2 加入到 Exchange 服务器的受信任的根证书颁发机构，关闭控制台。

9）打开"Exchange 管理控制台"，在"服务器配置"界面，"Exchange 证书"中，右键单击"Exchange2010CA 证书"项，选择"完成搁置请求"命令。

10）在"完成搁置请求"页面，选择"浏览"项，打开桌面上的 certnew.cer 文件，单击"完成"按钮，完成 Exchange 服务器证书的申请及导入操作。在"Exchange 证书"页面，确认 Exchange2010ca 证书已经变更为不是自签名证书。

（4）为客户端访问分配证书。在此任务中，将为客户端访问分配之前申请的证书。客户端对 Exchange Server 2010 的各种方式访问均通过证书加密完成，保证数据传输的安全性。

1）在 Exchange 管理控制台的"服务器配置"页面中，右键单击之前申请和导入的证书 Exchange2010CA，选择"为证书分配服务"项。

2）在将服务分配到证书页面中，确认已经添加了服务器 Ex2010A，单击"下一步"按钮。

3）在选择服务页面中，选中"简单邮件传输协议"和"Internet 信息服务"项，并单击"下一步"按钮。当前仅对 SMTP 和 IIS 服务分配了证书，可以根据实际情况，为邮局协议（POP3）、Internet 邮件访问协议（IMAP4）或统一消息服务分配证书。

（5）在"分配服务"页面，单击"分配"项，在弹出的确认框中选择"是"项，使申请的证书覆盖默认的证书。单击"完成"按钮，从而完成服务的证书分配。

（6）以用户 administrator，密码 666666 登录到计算机 WS2008。

（7）单击"开始"→"管理工具"→"DNS"命令。在 DNS 管理器中，展开 WS2008—正向查找区域—mail.boretech.com，右键单击 mail.boretech.com 区域，选择新建别名（CNAME）。在新建资源记录中，设置别名为保持空白，则父域名与子域名相同。在目标主机的完全合格的域名（FQDN）选择浏览，进入 WS2008—正向查找区域—mail.boretech.com，选中 Ex2010A，单击"确定"按钮。为 Ex2010A. boretech.com 创建一条别名记录 mail.boretech.com。

为 Ex2010A. boretech.com 创建别名记录 mail. boretech.com 是为了便于客户端对 Exchange 服务器访问，客户端对 Exchange 进行访问均连接 mail. boretech.com 即可。

（8）以用户 administrator，密码 666666 登录到 Ex2010A。

（9）单击"开始"→"管理工具"→"Internet 信息服务（IIS）管理器"命令。在 IIS 管理器中，选择 Ex2010A，展开网站 Default Web Site。在页面中间功能视图中，选择 HTTP 重定向。

在 HTTP 重定向页面中，将请求重定向到此目标，并输入 https://ex2010a. boretech.com/owa，并且选中将所有请求重定向到确切的目标(而不是相对于目标)、仅将请求重定向到此目录(非子目录)中的内容，在右侧操作窗格中选择应用。

（10）使用其他联网机或虚拟机，打开 IE 浏览器，在地址栏输入 http://ws2008.boretech.com/certsrv，以用户 dministrator 和密码 666666 登录。

（11）选择"下载 CA 证书"、"证书链或 CRL"项。

（12）选择"下载 CA 证书"项，将证书 certnew.cer 保存至桌面。

（13）双击桌面上的证书 certnew.cer，选择安装证书，单击"下一步"按钮，选择将所有的证书放入下列存储，浏览找到受信任的根证书颁发机构，单击"确定"按钮，单击"下一步"按钮，单击"完成"按钮，在弹出窗口中选择"是"。将证书颁发机构导入到虚拟机的受信任的根证书颁发机构，以使客户端能够正常访问 Exchange 服务器。

（14）打开 IE 浏览器，在地址栏输入 https://mail.boretech.com，准备登录 Exchange 服务器的 OWA 页面。

2. 配置数据库可用性组（DAG）实现邮箱服务器高可用

数据库可用性组（DAG）是 Exchange Server 2010 全新引入的针对邮箱服务器的高可用解决方案。在 Exchange Server 2010 中可以通过数据库可用性组（DAG）灵活设定邮箱数据库的副本，从而实现灵活的企业邮件服务器高可用方案。本工学结合练习将完成数据库可用性组的配置，体验到极为简便快捷的邮箱高可用设置。

数据库可用性组（DAG）的实现至少需要企业环境中有两台以上的 Exchange Server 2010 邮箱服务器，并且建议每台邮箱服务器至少有两块以上的物理网卡。

在此任务中将为 Exchange 邮箱服务器配置数据库可用性组，实现邮箱的高可用。

（1）以用户 administrator，密码 666666 登录虚拟机 WS2008。单击"开始"→"管理工具"→"Active Directory 用户和计算机"命令，展开 boretech.com—builtin，右键单击"安全组 administrators"项，选择"属性"命令，切换到成员选项卡，将安全组 Exchange Trusted Subsystem 加入为 administrators 组成员。

Exchange Server 2010 数据库可用性组（DAG）也是基于 Windows Server 2008 故障转移群集，因此在数据库存储在不同邮箱服务器进行切换的过程中，同样需要有见证服务器的支持。如果在创建数据库可用性组（DAG）的过程中不选择见证服务器，则系统会自动选择 Exchange 组织内部非邮箱服务器的集线器传输服务器作为见证服务器。但见证服务器也可以为非 Exchange 服务器，如果选择非 Exchange 作为见证服务器，则需要将安全组 Exchange Trusted Subsystem 加入到见证服务器的本地管理员组。本实验中我们选用 WS2008 作为见证服务器，WS2008 同时也是域控制器，因此需要将安全组 Exchange Trusted Subsystem 加入到域中的 administrators 组中。

（2）以用户 administrator，密码 666666 登录到虚拟机 EX2010A。查看虚拟机 EX2010A 网卡设置情况。

EX2010A 和 EX2010B 均包含两块网卡，其中网卡 Public 用于与其他服务器的正常数据通信，网卡 Private 用于数据库可用性组的内部数据复制和通信，因此两块网卡的设置如表 8-2 所示。

表 8-2   验证性虚拟机网卡设置

网 卡	项 目	EX2010A	EX2010B
Public	IPv4 地址	192.168.0.100	192.168.0.200
	Microsoft 网络客户端	是	是
	Mircrosoft 网络的文件和打印机共享	是	是
	QoS 数据包计划程序	是	是
	IPv4—DNS—在 DNS 中注册此链接的地址	是	是
	IPv4—WINS—启用 TCP/IP 上的 NetBIOS	是	是
Private	IPv4 地址	10.0.0.100	10.0.0.200
	Microsoft 网络客户端	否	否
	Mircrosoft 网络的文件和打印机共享	否	否
	QoS 数据包计划程序	否	否
	IPv4—DNS—在 DNS 中注册此链接的地址	否	否
	IPv4—WINS—启用 TCP/IP 上的 NetBIOS	否	否

因为 Private 网卡用于数据库可用性组的内部复制和通信，所以不需要在 DNS 中注册，

也不需要配置为 Microsoft 网络客户端等。

Public 网卡用于与其他服务器和客户端的通信，一旦 Public 网络出现故障，数据库可用性组会对数据库进行故障转移，如果 Private 网络出现故障，数据库可用性组则会使用 Public 网卡进行内部通信和复制。

打开 Exchange 管理控制台，找到组织配置—邮箱。

在邮箱设置中，找到数据库可用性组选项，在右侧操作窗格中选择"新建数据库可用性组"项。输入数据库可用性组的名称 DAG01，并勾选见证服务器，输入见证服务器的名称 ws2008.boretech.com。

单击"新建"按钮，开始创建新的数据库可用性组，完成操作后单击"完成"按钮。

打开 Exchange Management Shell，输入如下命令。

```
Set-DatabaseAvailabilityGroup-Identity DAG01 -DatabaseAvailabilityGroupIp-
Addresses 192. 168.1.150
```

创建了数据库可用性组 DAG01 后，还需要为 DAG01 设置数据库可用性组的 IP 地址，数据库可用性组才能够正常对外提供高可用服务。

在 Exchange 管理控制台中，右键点击刚刚创建的数据库可用性组 DAG01，选择管理数据库可用性组成员身份。

不像 Exchange Server 2007 的群集连续复制（CCR），邮箱服务器不能够承载其他服务器角色。Exchange Server 2010 的数据库可用性组的成员除必须为邮箱服务器外，还可以承载其他服务器角色，如集线器传输服务器、客户端访问服务器等。本实验中的 EX2010A 就为集线器传输服务器、客户端访问服务器和邮箱服务器。

将 EX2010A 和 EX2010B 均添加到 DAG01 中，单击"管理"按钮。等待一段时间后，单击"完成"按钮，完成数据库可用性组成员的管理。

在组织配置—数据库管理中，找到 Mailbox Database 0070398005（已装入邮箱服务器 EX2010A），右键点击该数据库，选择"添加邮箱数据库副本"项。

在"添加数据库副本"页面，选择"将数据库副本放置在服务器 EX2010B"项，单击"添加"按钮。稍等片刻完成数据库副本的添加，数据库状态如图 8-31 所示。

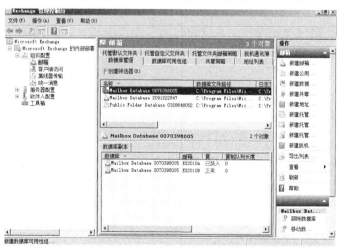

图 8-31   Exchange Server 2010 管理数据库状态

登录其他虚拟机或联网机，并打开 IE 浏览器，访问 https://mail.boretech.com 进入 OWA 登录页面。

以用户 wangqi 密码 666666 登录 OWA，测试是否能够正常访问邮箱，是否能够正常收发邮件。

确认正常后，切换到虚拟机 EX2010A，在 Exchange 管理控制台，收件人配置—邮箱，找到用户王琦，右键单击该用户查看其属性。在属性的常规页面中，确认王琦的邮箱数据库为 Mailbox Database 0070398005。

（3）重新启动 Exchange 管理控制台。在 Exchange 管理控制台，组织配置—邮箱—数据库管理，右键单击 Mailbox Database 0070398005，选择移动活动邮箱数据库，在激活数据库副本中，选择 EX2010B 作为活动邮箱数据库副本的邮箱服务器主机，单击"移动"按钮，并单击"完成"按钮。

切换到虚拟机 Windows7，在 OWA 中查看 wangqi 是否能够正常访问邮箱，是否能够正常收发邮件。

用户王琦的邮箱从 EX2010A 移动到了 EX2010B，整个邮箱的移动过程对用户而言没有任何影响，用户几乎察觉不到后台邮箱数据库的变化，因此实现了高级别的邮箱可用性。

Exchange Server 2010 的数据库可用性组可以实现邮箱服务器的高可用，并且构建数据库可用性组的过程非常简便。数据库可用性组也不一定需要高级存储设备，如 SAN 等设备的支持。因此既简化了高可用方案的实施，又降低了企业的使用成本。

3．配置 AD RMS 与 Exchange Server 2010 集成

在本工学结合练习中，将安装并配置活动目录权限管理服务，将 Exchange Server 2010 与活动目录权限管理服务集成，从而实现对 Exchange 邮件传输的加密及权限控制，通过 AD RMS 与 Exchange 的集成，可以实现对邮件传输的实时保护。

（1）安装 AD 权限管理服务。开始这个任务，使用 administrator 账户和密码 666666 登录到 WS2008 虚拟机。

单击"开始"→"管理工具"命令，打开"Active Directory 用户和计算机"项。

在 Active Directory 用户和计算机控制台中，展开 boretech.com—users，在 users 容器中新建用户 rmsadmin，密码 password01！。

在创建用户时，确保清除用户下次登录时须更改密码选项。

为 AD RMS 服务创建一个服务管理账户，注意不能选择默认的 administrator 作为 AD RMS 的管理账户。

将用户 rmsadmin 加入到 domain admins 组之中。

注意此操作将创建的 rmsadmin 用户加入了域管理员组，只有 AD RMS 服务安装在域控制器时，才需要进行此操作。如果 AD RMS 服务器仅安装在域成员服务器上，则无需将 rmsadmin 加入域管理员组。

单击"开始"→"管理工具"命令，打开服务器管理器。

在服务器管理器中，选择"角色"项，并单击"添加角色"按钮。

首先要部署 AD RMS 服务，Exchange 才能够实现邮件权限控制。

在开始页面，单击"下一步"按钮。

在服务器角色页面，选中"Active Directory Rights Management Services"项，在弹出的

"添加角色向导"中，选择"添加所需的角色"服务，单击"下一步"按钮。

在"Active Directory Rights Management Services"页面中，单击"下一步"按钮。

在"角色服务"页面，确认已经选中了"Active Directory 权限管理服务器"项，单击"下一步"按钮。

在"创建或加入 AD RMS 群集"页面中，选择"新建 AD RMS 群集"项，单击"下一步"按钮。

在"配置数据库"页面，选择"在此服务器上使用 Windows 内部数据库"项，单击"下一步"按钮。

在"服务账户"页面，选择"指定域用户账户"项，并输入之前创建的用户 rmsadmin，密码 password01!。单击"下一步"按钮。

在"配置 AD RMS 群集键存储"页面，选择"使用 AD RMS 集中管理的密钥存储"项，单击"下一步"按钮。

在"群集密钥密码"页面，输入"AD RMS 群集密码"password01!

在"群集网站"页面，确认"选择为虚拟目录选择网站为 Default Web Site"，单击"下一步"按钮。

在指定群集地址页面，选择"使用 SSL 加密连接（https://）"，并且在完全限定的域名中，输入 ws2008.boretech.com，并单击"验证"按钮，看到网络中客户端的群集地址预览为 https://ws2008.boretech.com，单击"下一步"按钮。

此操作为配置 RMS 客户端与 AD RMS 服务器之间通信所采用的方式，建议采用 SSL 加密所有数据通信，以确保数据传输的安全保护。

在"服务器身份验证证书"页面，选择"为 SSL 加密选择现有证书（推荐）"项，选择证书列表中的"ws2008.boretech.com"项，单击"下一步"按钮。

在"命名许可方证书"页面，保持默认名称 WS2008，单击"下一步"按钮。

在"注册 AD RMS 服务连接点"页面，选择"立即注册 AD RMS 服务连接点"项，单击"下一步"按钮。

在"Web 服务器（IIS）"页面，单击"下一步"按钮。

在"选择服务角色"页面，保持默认选择，单击"下一步"按钮。

在"确认安装选择"页面，确认安装设置与之前设置相同，单击"安装开始 AD RMS 服务的安装过程"项。

确认所有安装任务成功后，单击"关闭"按钮，完成 AD RMS 的安装过程。

（2）配置 AD 权限管理服务并实现与 Exchange Server 2010 的集成。AD RMS 服务器的安装过程完成，接下来需要对 AD RMS 服务器进行配置，以使 AD RMS 服务器能够与 Exchange Server 2010 进行集成。

以用户 administrator，密码 666666 登录到虚拟机 EX2010A。

单击"开始"→"所有程序"命令，展开"Microsoft Exchange Server 2010"项，打开"Exchange Management Console"。

选择收件人配置—通信组，在右侧操作窗口中选择"新建通信组"项。

在"新建通信组"页面，选择"新建组"项，并单击"下一步"按钮。

在组信息页面，将组类型设置为安全，指定组的名称及别名为 SuperRMSUsers，单击"下一步"按钮，在"新建通信组"页面，单击"新建"按钮。

此操作将为 AD RMS 创建一个超级用户组，AD RMS 超级用户组的成员可以对使用 RMS 加密的内容进行解密。

以用户 administrator，密码 666666 登录虚拟机 WS2008。

单击"开始"→"管理工具"→"Active Directory 用户和计算机"命令。

展开 boretech.com—users，找到用户 FederatedEmail.4c1f4d8b-8179-4148-93bf-00a95fa1e04，将该用户加入到 SuperRMSUsers 组中。

默认 Exchange Server 2010 集线器传输服务器会使用该用户身份对所有收发的 RMS 加密邮件进行解密尝试，因此需要将该用户加入到 AD RMS 超级用户组之中，才能够确保 Exchange 集线器传输服务器能够对 RMS 加密的邮件进行反垃圾和反病毒邮件检查和筛选。

以用户 rmsadmin，密码 password01!登录虚拟机 WS2008。

必须使用之前安装 AD RMS 群集时设置的管理账号登录 AD RMS 服务器。

单击"开始"→"管理工具"→A ctive Directory Rights Management Services 命令。

展开 AD RMS 群集 ws2008.boretech.com，展开安全策略—超级用户。

右键单击"超级用户"项，选择"启用超级用户"项。

在中间窗口选择更改超级用户组，选择浏览，指定 SuperRMSUsers 为超级用户组。

将之前创建的 SuperRMSUsers 用户组设置为超级用户组，确保 Exchange 能够与 AD RMS 进行集成，实现如 OWA RMS 加密，RMS 邮件传输检查等功能。

单击"开始"→"管理工具"→"Internet 信息服务（IIS）管理器"命令。

展开 WS2008R2DC—网站—Default Web Site—_wmcs—certification，右键单击 certification，选择浏览。

在 certification 文件夹中，右键单击 ServerCertification.asmx 文件，选择"属性"—"安全"项。

在 ServerCertification.asmx 属性—安全选项中，单击"继续"按钮，在 ServerCertification.asmx 的权限页面，单击"添加"按钮，添加 Authenticated Users 组，确保 Authenticated Users 组对 ServerCertification.asmx 文件有读取和执行、读取的权限，单击"确定"按钮，完成权限的设置。

Exchange OWA 在使用 RMS 权限设置时，会通过 Web 的方式读取 AD RMS 服务器上的 ServerCertification.asmx 文件中存储的权限相关信息，默认仅有 System 对 ServerCertification.asmx 文件具有读取权限，因此需要为 Authenticated Users 组赋予对该文件的读取权限，以确保在 Exchange OWA 中可以正常使用 RMS 功能。

以用户 administrator，密码 666666 登录到虚拟机 Ex2010A。

单击"开始"→"所有程序"→Microsoft Exchange Server 2010 命令，选择 Exchange Management Shell 项。

在 Exchange Management Shell 中输入 get-IRMConfiguration，查看当前 Exchange 组织的权限管理设置情况，如图 8-32 所示。

其中的参数含义如下。

InternalLicensingEnable：False 表示当前 Exchange 组织内部没有启用 RMS 功能。

ExternalLicensingEnable：False 表示当前 Exchange 组织外部没有启用 RMS 功能。

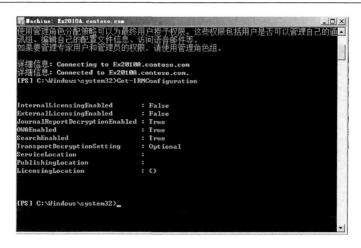

图 8-32　Exchange Server 2010 组织权限设置

因为已经配置完成了 AD RMS 服务，但 Exchange 还没有与 AD RMS 服务集成，因此需要在 Exchange Management Shell 中将 Exchange 与 AD RMS 集成在一起。

输入 Set-IRMConfiguration – InternalLicensingEnable $true 在 Exchange 组织内部启用 RMS 功能。

再使用 get-IRMConfiguration 查看 Exchange 组织的 RMS 配置情况，确保设置为 InternalLicensingEnable：True。

以用户 admin 登录到其他虚拟机或联网计算机。打开 IE 浏览器，在 IE 地址栏输入 https://mail.boretech.com 进入 Exchange 的 OWA 页面。

使用用户 wangqi，密码 password01!登录 OWA。

进入 OWA 页面后，选择新建邮件，确认可以在 OWA 中看到权限选项卡，看到登录后的界面效果，如图 8-33 所示。

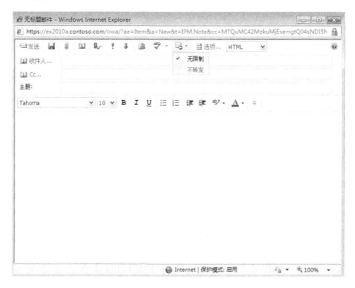

图 8-33　用户登录界面

通过 AD RMS 与 Exchange 的集成，Exchange Server 2010 用户可以在 OWA 或 Outlook

上使用权限功能，对邮件的权限进行控制，从而实现邮件传输和存储的实时安全保护。默认 Exchange 提供了一条不转发策略，可以在 AD RMS 服务器上对策略进行定义。

给用户 libin 发送一封测试邮件，并且将邮件权限设置为不转发。

以用户 libin，密码 password01!登录 OWA，查看刚刚用户 wangqi 发送的测试邮件，确认所收到的测试邮件如图 8-34 所示，无法进行转发。

图 8-34　wangqi 用户登录界面

以用户 rmsadmin，密码 password01!登录虚拟机 WS2008。

打开 AD RMS 管理控制台，展开 RMS 群集 ws2008.boretech.com，选择"权限策略模板"→"创建分布式权限策略模板"项。

通过 AD RMS 群集中的权限模板管理，可以为 Exchange 定制不同的权限策略，以便于灵活管理企业用户邮件的安全传输。

在添加"模板表示信息"页面，单击"添加"按钮，输入模板名称 IT E-mail Policy，描述 IT E-mail Policy，单击"添加"按钮，单击"下一步"按钮。

在"添加用户权限"页面，单击"添加"按钮，分别添加用户 libin 和 liliang。

在权限设置区域，为用户 libin 设置完全控制权限，为用户 liliang 设置查看权限。

单击"完成"按钮，完成权限模板的创建。

AD RMS 策略模板添加完成，若在 OWA 中查看到该模板，需要等待一段时间，为了加快策略同步速度，可以重启虚拟机 EX2010A。

登录虚拟机或其他联网计算机，打开 IE 浏览器，在 IE 地址栏输入 https://mail.boretech.com 进入 OWA 登录页面。

以用户 wangqi，密码 password01!登录 OWA，选择新建邮件，确认在权限设置框中可以看到在 AD RMS 服务器上添加的 IT E-mail Policy 策略，如图 8-35 所示。

发送一封测试邮件给用户 liliang 和 libin，并设置权限为 IE E-mail Policy。

分别以用户 liliang 和 libin 登录 OWA，查看刚才用户 wangqi 发送的测试邮件，对比两人收到的邮件。李斌收到的测试邮件如图 8-36 所示，可以进行完全控制。

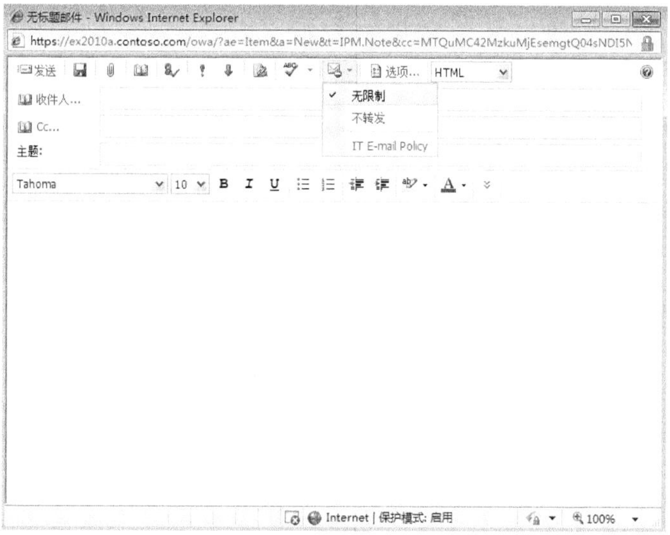

图 8-35   wangqi 邮件策略应用界面

图 8-36   用户 libin 收到的测试邮件

李亮收到的测试邮件如图 8-37 所示，仅可以查看而无法进行答复、转发等操作。

通过 AD RMS 权限模板的定制，企业管理员可以根据自身企业的需求，灵活定制权限模板，并且将 AD RMS 与 Exchange Server 2010 集成起来，从而实现严格合规且安全的企业邮件传输。

4. 配置 Outlook 2010 访问 Exchange Server 2010

Exchange Server 2010 支持多种客户端的访问，如使用 POP3、IMAP4、HTTP、ActiveSync、MAPI 等，使用 MAPI 客户端，即使用 Microsoft Office Outlook 采用与 Exchange 连接方式直接访问 Exchange，能够体验并使用到全部 Exchange 所带来的功能。默认情况，Office Outlook 与 Exchange 采用 RPC 协议进行连接，连接端口是在 1024 之上随机选择的，因此不便于在企业外部使用 Office Outlook 访问用户的邮箱。若要在企业外部使用 MAPI 方式连接 Exchange，则需要为 Exchange 配置 Outlook Anywhere 功能，Office Outlook 会采用 https 协议连接到 Exchange。

图 8-37 用户 liliang 收到的测试邮件

在本工学结合练习中，用户将为 Exchange Server 2010 配置 Outlook Anywhere 功能，并且使用 Office Outlook 2010 连接到 Exchange。

（1）配置步骤。以用户 administrator，密码 666666 登录到虚拟机 EX2010A。

单击"开始"→"管理工具"→"服务器管理器"命令。在服务器管理器中，选择"功能"项，单击"添加功能"按钮。

在"选择功能"页面，选中"HTTP 代理上的 RPC"项，在弹出的"添加功能向导"页面，单击"添加所需的角色服务"项，单击"下一步"按钮。若要实现 Outlook Anywhere 功能，则需要安装 HTTP 代理商的 RPC 功能，才能够将 RPC 协议封装在 HTTPS 协议中。

在"Web 服务器（IIS）"页面，单击"下一步"按钮。

在"角色服务"页面，单击"下一步"按钮。

在"确认"页面，单击"安装"按钮，完成安装后单击"关闭"按钮。

打开 Exchange 管理控制台，选"服务器管理"—"客户端访问"项。

找到服务器 EX2010A，右键单击 EX2010A，选择"启用 Outlook Anywhere"项。

在"启用 Outlook Anywhere"页面，在外部主机名中，输入 mail.boretech.com。

之前在为 Exchange 服务器申请证书时，选择了 Outlook Anywhere 的外部名称。

选择 NTLM 身份验证为客户端身份验证方法，单击"启用"按钮。

启用 Outlook Anywhere 的过程需要 15min 左右的配置期才可以完成，因此请等待片刻，或可以重新启动服务器 EX2010A 以加快配置。

（2）检验配置。登录 Windows 虚拟机。单击"开始"→"所有程序"→Microsoft Office→Microsoft Outlook 2010 命令，打开 Outlook 2010。

在"Outlook 的启动"页面，单击"下一步"按钮。在"电子邮件账户"页面，选择"是"，并单击"下一步"按钮。

　　在"添加新账户"页面，选择"手动配置服务器设置"或"其他服务器类型"项，单击"下一步"。在"选择服务"页面，选择"Microsoft Exchange"项，并单击"下一步"按钮。

　　在 Microsoft Exchange Server 输入 mail.boretech.com，用户名输入 wangqi，并单击"其他设置"按钮。

　　在弹出的"设置"页面，选择"连接"项，勾选"使用 HTTP 连接到 Microsoft Exchange"项，并单击"Exchange 代理服务器设置"项。在"连接"设置中，在"此 URL 连接到我的 Exchange 代理服务器"中输入 mail.boretech.com。

　　勾选"仅连接到其证书中包含该主题名称的代理服务器"项，并输入 msstd:mail.boretech.com。

　　勾选"在快速网络中，首先使用 HTTP 连接，然后使用 TCP/IP 连接"项。确认连接到我的 Exchange 代理服务器时使用此验证的方法为 NTLM 验证。

　　设置完成后，单击"确定"按钮。选择检查姓名，并且输入用户名 wangqi，密码 password01!单击"下一步"按钮，并单击"完成"按钮，完成 Outlook 的连接设置。

　　在 Outlook 登陆框中输入用户 wangqi 的密码 password01!。

　　登录 Outlook 2010 后，查看是否能够正常收发用户王琦的邮件，查看 Outlook 中的会话视图邮件显示。按住 Ctrl 键，并鼠标左键点击屏幕右下角的 Outlook 图标，在弹出的选项中选择连接状态，如图 8-38 所示。确认连接服务器采用的连接方式为 HTTPS。

图 8-38　Outlook 2010 查看邮件界面

技能实训

1．实训目标

（1）了解 Exchange Server 2010 的新特性，掌握安装方法。

（2）掌握如何使用 Exchange Server 2010 管理控制台及 Exchange Management Shell 对 Exchange Server 2010 进行管理。

（3）掌握如何配置活动目录权限管理服务器与 Exchange Server 2010 集成实现邮件传输安全保护。

（4）掌握如何为 Exchange Server 2010 配置证书，实现客户端访问加密。

2．实训条件

（1）硬件要求。处理器 CPU 工作频率 2GHz 或以上，双核，内存 2GB RAM 以上，硬盘空间 80GB 以上，光盘驱动器 DVD-ROM，显示器为 Super VGA（800×600）或者更高级的显示器，标准键盘，鼠标。

（2）网络环境：100M 或 1000M 以太网络，包含交换机（或集线器）、超五类网络线等网络设备、附属设施。

（3）软件准备：基于 Windows XP（64 位）或 Windows 7 操作系统平台，VirtualBox4.0.12、Windows Server 2008 虚拟机。

3．实训内容

（1）安装 Exchange Server 2010。

（2）使用 Exchange Server 2010 管理控制台及 Exchange Management Shell 对 Exchange Server 2010 进行管理。

（3）配置活动目录权限管理服务器与 Exchange Server 2010 集成实现邮件传输安全保护。

（4）为 Exchange Server 2010 配置证书，实现客户端访问加密。

（5）配置数据库可用性组（DAG）实现 Exchange Server 2010 的邮箱服务器高可用。

4．实训考核

序　号		规　定　任　务	分值（分）	项目组评分
1		安装 Exchange Server 2010	20	
2		使用 Exchange Server 2010 管理控制台及 Exchange Management Shell 对 Exchange Server 2010 进行管理	20	
3		配置活动目录权限管理服务器与 Exchange Server 2010 集成实现邮件传输安全保护	20	
4		为 Exchange Server 2010 配置证书，实现客户端访问加密	20	
5		通过 OWA、Windows Mobile 及 Outlook 访问 Exchange Server 2010	20	
拓展任务（选做）	6	配置数据库可用性组（DAG）实现 Exchange Server 2010 的邮箱服务器高可用	10	

注 1．完成并测试成功方可得满分。

2．未完成的任务除记录存在问题外，由同项目组成员打分。

3．拓展任务的完成情况与得分，由教师负责记录。

▶ **技能拓展**

1．用 U-Mail 架构邮件服务器

U-Mail Server 是一款安全易用全功能的邮件服务器软件，内嵌卡巴斯基杀毒引擎，基于行为识别的反垃圾过滤引擎，纯 Web 端的便捷管理，全自动化自我管理。U-Mail 是高度自动化操作的邮件服务器系统，反垃圾反病毒都是自动升级，所有操作都是纯 Web 操作，非常便捷。

（1）准备工作。在安装系统之前，还必须选定操作系统平台，U-Mail for Windows 可以安装在 Windows 2000、Windows 2003、Windows 2008 操作系统上（建议打全所有的操作系统补丁）。

（2）系统安装。在安装过程中和一般的软件类似，在使用过程中要特别注意的步骤有安装组件、安装目录及设置管理员的登录密码等。

2．U-Mail 后台管理员与登录

U-Mail 有三个管理后台，域管理员、超域管理员和系统管理后台。分别有以下用途。

（1）域管理后台，这个后台是分配给企业的管理员使用，用来管理指定域下面的所有的管理。主要对单个域信息中企业名称、联系方式、邮箱用户添加、删除和编辑，邮件列表等进行操作管理。

（2）超级域管理后台，可以管理所有的域和邮件系统的管理。主要对整个邮件系统上的所有域名进行管理。如添加、删除一个域名，管理员的添加、密码修改，其他邮件系统的数据导入等。

（3）系统管理后台，这个是系统管理员用来配置邮件服务器的各项运行参数。如反垃圾设置、监控设置等各项操作。

各个管理员的登陆方式如下（假设域名为 domain.com 端口为默认的 80，用户使用时应根据实际修改）。

（1）U-Mail 的 WebMail 登陆页面 http://mail.domain.com。

（2）域管理员和超级域管理员登陆页面 http://mail.domain.com/webmail/admin，或者在 WebMail 登录页面单击"管理员登录"项。

admin（域管理员）administrator　（超域管理员）

（3）系统管理员登陆页面 http://mail.domain.com:10000。

system（系统管理员），如果管理员密码遗失，在 U-Mail 托盘工具上可以恢复密码。

3．U-Mail 邮箱系统进行分布式部署

分布式部署主要解决南北互联或国内外网络互通的问题，以及单台负载过大的情况，以及多个地方用同一域名搭建服务器的情况。分布式邮件系统适用于在各地设有分部的政府机构或者大型集团，使用统一的邮箱域名的同时为了提高邮件系统的运行效率，大型机构可以选择部署分布式邮件系统来提高系统性能。

项目 9　DHCP 服务器安装配置与管理

▶ 基础技能

在前导课程中，学生应该了解或掌握以下知识与技能：

（1）了解常见的网络访问 IP 地址设置。

（2）了解 DHCP 协议的原理和工作过程。

（3）了解网吧客户机管理的使用方法。

（4）熟悉 DHCP 客户端的配置。

（5）了解复杂网络中 DHCP 服务器的部署。

▶ 项目情境

随着规模的不断壮大，般若公司网络内的计算机数量越来越多，总数量已达到 300 台左右。原先的静态 IP 地址设置方案已不能满足网络的需求，经常出现 IP 地址冲突导致无法上网等问题。作为公司的网络管理员，应充分考虑如何高效、方便管理公司网络 IP 地址，以提高访问效率与稳定性。

在这种情形下，公司的网络管理员应创建一个 DHCP 服务器，通过采用 DHCP 服务器技术来实现网络的 TCP/IP 动态配置与管理，让在 TCP/IP 网络上工作的每台工作站在要使用网络上的资源之前，都必须进行基本的网络配置，如 IP 地址、子网掩码、默认网关、DNS 的配置等。公司的网络拓扑图如图 9-1 所示，我们在服务器群中加入两个 DHCP 服务，让其用于网络管理。

DHCP 服务器拓扑图如图 9-2 所示。

DHCP 服务器在公司网络内的域名与对应的 IP 如表 9-1 所示。

表 9-1　　　　　　　　般若科技公司 DHCP 服务器配置一览表

图标	名称	域名与对应 IP	说　　明
	DHCP 服务器	dhcp.boretech.com 192.168.1.4	DHCP 服务器，用于公司内部管理网络 IP 地址，以提高访问效率与稳定性，用于分配 80%的 IP 地址。 分配的地址范围：192.168.1.20～192.168.1.119，排除范围：192.168.1.100～192.168.1.119
	DHCP 服务器	Dhcp02.boretech.com 192.168.1.8	DHCP 服务器，用于公司内部管理网络 IP 地址，以提高访问效率与稳定性。用于分配 20%的 IP，此服务器作为辅助 DHCP 服务器来使用。 分配的地址范围：192.168.1.20～192.168.1.119，排除范围：192.168.1.20～192.168.1.99

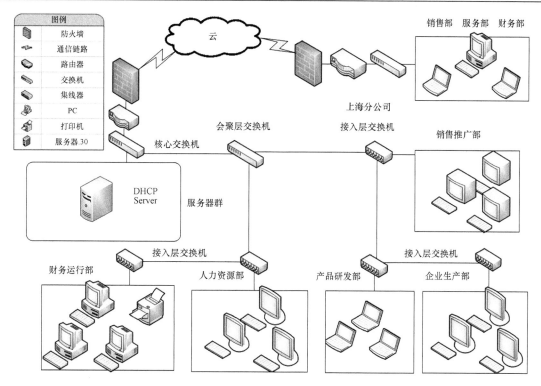

图 9-1　般若科技公司网络拓扑图

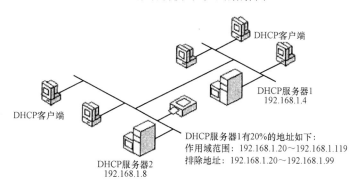

图 9-2　DHCP 服务拓扑图

▶ 任务目标

（1）能够正确架设与配置 DHCP 服务器，实现公司内部 IP 地址的统一管理与分配。

（2）能够正确配置与管理 DHCP 服务器。

（3）能够正确配置 DHCP 客户端。

（4）能够正确配置多个 DHCP 服务器

（5）能够熟练管理 DHCP 服务器数据库。

▶ 知识准备

1. DHCP 的意义

在 TCP/IP 网络中，计算机之间通过 IP 地址互相通信，因此管理、分配与设置客户端 IP 地址的工作非常重要。以手工方式设置 IP 地址，不仅非常费时、费力，而且也非常容易出错，尤其在大中型网络中，手工设置 IP 地址更是一项非常复杂的工作。如果让服务器自动为客户端计算机配置 IP 地址等相关信息，就可以大大提高工作效率，并减少 IP 地址故障的可能性。

DHCP 是动态主机分配协议（Dynamic Host Configuration Protocol）的简称，是一个简化主机 IP 地址分配管理的 TCP/IP 标准协议。管理员可以利用 DHCP 服务器，从预先设置的 IP 地址池中，动态地给主机分配 IP 地址。不仅能够保证 IP 地址不重复分配，也能及时回收 IP 地址，以提高 IP 地址的利用率。采用 DHCP 的方法配置的计算机 IP 地址的方案称为动态 IP 地址方案。在动态 IP 地址方案中，每台计算机并不设置固定的 IP 地址，而是在计算机开机时才被分配一个 IP 地址，这样可以解决 IP 地址不够用的问题。

2. DHCP 网络的组成对象

在 DHCP 网络中有三类对象，分别是 DHCP 客户端、DHCP 服务器和 DHCP 数据库。DHCP 是采用客户端/服务器（Client/Server）模式，有明确的客户端和服务器角色的划分，分配到 IP 地址的计算机被称为 DHCP 客户端（DHCP Client），负责给 DHCP 客户端分配 IP 地址的计算机称为 DHCP 服务器，DHCP 数据库是 DHCP 服务器上的数据库，存储了 DHCP 服务配置的各种信息。

3. BOOTP 引导程序协议

DHCP 前身是 BOOTP（Boot strap Protocol，引导程序协议），BOOTP 也称为自举协议，它使用 UDP 协议来使一个工作站自动获取配置信息。

为了获取配置信息，协议软件广播一个 BOOTP 请求报文，收到请求报文的 BOOTP 服务器查找出发出请求的计算机的各项配置信息（如 IP 地址、默认路由地址、子网掩码等），将配置信息放入一个 BOOTP 应答报文，并将应答报文返回给发出请求的计算机。

这样，一台网络中的工作站就获得了所需的配置信息。由于计算机发送 BOOTP 请求报文时还没有 IP 地址，因此它会使用全广播地址作为目的地址，使用"0.0.0.0"作为源地址。BOOTP 服务器可使用广播（Broadcast）将应答报文返回给计算机，或使用收到的广播帧上的网卡的物理地址进行单播（Unicast）。

BOOTP 设计用于相对静态的环境，管理员创建一个 BOOTP 配置文件，该文件定义了每一台主机的一组 BOOTP 参数。配置文件只能提供主机标识符到主机参数的静态映射，如果主机参数没有要求变化，BOOTP 的配置信息通常保持不变。配置文件不能快速更改，此外管理员必须为每一台主机分配一个 IP 地址，并对服务器进行相应的配置，使它能够理解从主机到 IP 地址的映射。由于 BOOTP 是静态配置 IP 地址和 IP 参数的，不可能充分利用 IP 地址和大幅度减少配置的工作量，非常缺乏"动态性"，已不适应现在日益庞大和复杂的网络环境。

4. DHCP 动态主机配置协议

DHCP 是 BOOTP 的增强版本，此协议从两个方面对 BOOTP 进行有力的扩充：第一，DHCP 可使计算机通过一个消息获取它所需要的配置信息，例如，一个 DHCP 报文除了能获得 IP 地址，还能获得子网掩码、网关等；第二，DHCP 允许计算机快速动态获取 IP 地址，为了使用 DHCP 的动态地址分配机制，管理员必须配置 DHCP 服务器，使得它能够提供一组 IP 地址。任何时候一旦有新的计算机联网，新的计算机将与服务器联系并申请一个 IP 地址。服务器从管理员指定的 IP 地址中选择一个地址，并将它分配给该计算机。

DHCP 允许有三种类型的地址分配如下。

（1）自动分配方式：当 DHCP 客户端第一次成功地从 DHCP 服务器端租用到 IP 地址之后，就永远使用这个地址。

（2）动态分配方式：当 DHCP 第一次从 HDCP 服务器端租用到 IP 地址之后，并非永久使用该地址，只要租约到期，客户端就得释放这个 IP 地址，以给其他工作站使用。当然，客户端可以比其他主机更优先的更新租约，或是租用其他的 IP 地址。

（3）手工分配方式：DHCP 客户端的 IP 地址是由网络管理员指定的，DHCP 服务器只是把指定的 IP 地址告诉客户端。

5．DHCP 的工作过程

DHCP 客户端为了分配地址和 DHCP 服务器进行报文交换的过程如下。

（1）IP 租约的发现阶段。发现阶段是 DHCP 客户端寻找 DHCP 服务器的过程。客户端启动时，以广播方式发送 DHCP DISCOVER 发现报文消息，来寻找 DHCP 服务器，请求租用一个 IP 地址。由于客户端还没有自己的 IP 地址，所以使用 0.0.0.0 作为源地址，同时客户端也不知道服务器的 IP 地址，所以它以 255.255.255.255 作为目标地址。网络上每一台安装了 TCP/IP 协议的主机都会接收到这种广播信息，但只有 DHCP 服务器才会做出响应。

（2）IP 租约的提供阶段。当客户端发送要求租约的请求后，所有的 DHCP 服务器都收到了该请求，然后所有的 DHCP 服务器都会广播一个愿意提供租约的 DHCP OFFER 提供报文消息（除非该 DHCP 服务器没有空余的 IP 可以提供了）。在 DHCP 服务器广播的消息中包含以下内容：源地址，DHCP 服务器的 IP 地址；目标地址，因为这时客户端还没有自己的 IP 地址，所有用广播地址 255.255.255.255；客户端地址，DHCP 服务器可提供的一个客户端使用的 IP 地址；另外还有客户端的、硬件地址、子网掩码、租约的时间长度和该 DHCP 服务器的标识符等。

（3）IP 租约的选择阶段。如果有多台 DHCP 服务器向 DHCP 客户端发来的 DHCP OFFER 提供报文消息，则 DHCP 客户端只接受第一个收到的 DHCP OFFER 提供报文消息，然后就以广播方式回答一个 DHCP REQUEST 请求报文消息。该消息中包含向它所选定的 DHCP 服务器请求 IP 地址的内容。之所以要以广播方式回答，是为了通知所有的 DHCP 服务器，它将选择某台 DHCP 服务器所提供的 IP 地址，其他的 DHCP 服务器会撤销它们提供的租约。

（4）IP 租约的确认阶段。当 DHCP 服务器收到 DHCP 客户端回答的 DHCP REQUEST 请求报文消息之后，它便向 DHCP 客户端发送一个包含它所提供的 IP 地址和其他设置的 DHCP ACK 确认报文消息，告诉 DHCP 客户端可以使用它所提供的 IP 地址。然后 DHCP 客户端便将其 TCP/IP 协议与网卡绑定，可以在局域网中与其他设备之间通信了。

当 IP 地址使用时间达到租期的一半时，将向 DHCP 服务器发送一个新的 DHCP 请求，服务器接收到该信息后回送一个 DHCP 应答报文信息，以重新开始一个租用周期。该过程就像是续签租赁合同，只是续约时间必须在合同期的一半时进行。在进行 IP 地址的续租中有以下两种特殊情况。

（1）DHCP 客户端重新启动时。不管 IP 地址的租期有没有到期，DHCP 客户端每次重新登录网络时，就不需要再发送 DHCP DISCOVER 发现报文消息了，而是直接发送包含前一次所分配的 IP 地址的 DHCP REQUEST 请求报文信息。当 DHCP 服务器收到这一消息后，它会尝试让 DHCP 客户端继续使用原来的 IP 地址，并回答一个 DHCP ACK 确认报文消息。如果此 IP 地址已无法再分配给原来的 DHCP 客户端使用时（如此 IP 地址已分配给其他 DHCP 客户端使用），则 DHCP 服务器给 DHCP 客户端回答一个 DHCP NACK 否认报文消息。当原来的 DHCP 客户端收到此 DHCP NACK 否认报文消息后，它就必须重新发送 DHCP DISCOVER 发现报文消息来请求新的 IP 地址。

（2）IP 地址的租期超过一半时。DHCP 服务器向 DHCP 客户端出租的 IP 地址一般都有一个租借期限，期满后 DHCP 服务器便会收回出租的 IP 地址。如果 DHCP 客户端要延长其 IP 租约，则必须更新其 IP 租约。客户端在 50%租借时间过去以后，每隔一段时间就开始请求 DHCP 服务器更新当前租借。如果 DHCP 服务器应答则租用延期。如果 DHCP 服务器始终没有应答，在有效租借期的 87.5%时，客户端应该与其他的 DHCP 服务器通信，并请求更新它的配置信息。如果客户端不能和所有的 DHCP 服务器取得联系，租借时间到期后，必须放弃当前的 IP 地址，并重新发送一个 DHCP DISCOVER 报文开始上述的 IP 地址获得过程。

▶ 实施指导

本项目中，共需安装两台 DHCP 服务器，每台 DHCP 服务器设置及应用通常分为以下三步进行：一是安装 DHCP 服务器，二是配置 DHCP 端，三是配置客户端，并在客户机上测试效果。

首先，我们来完成第一台 DHCP 服务器的安装与配置（分配的地址范围：192.168.1.20～192.168.1.119，排除范围：192.168.1.100～192.168.1.119）。

1. 安装 DHCP 服务

安装 DHCP 服务的具体操作步骤如下。

（1）在服务器中选择"开始"→"服务器管理器"命令打开服务器管理器窗口，选择左侧"角色"一项之后，单击右侧的"添加角色"链接，如图 9-3 所示，出现如图 9-4 所示的"添加角色向导"对话框，首先显示的是"开始之前"选项，此选项提示用户，在开始安装角色之前需验证的事项。

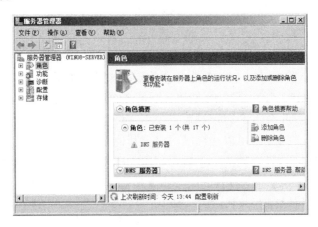

图 9-3　添加角色

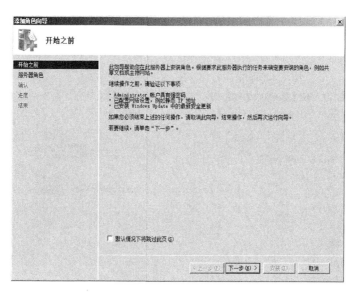

图 9-4　添加角色向导

（2）"添加角色向导"接下来出现的是"选择服务器角色"对话框，如图 9-5 所示。在此对话框中，勾选"DHCP 服务器"复选框，然后单击"下一步"按钮。

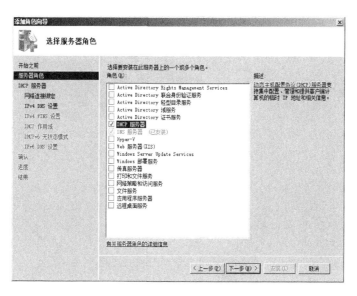

图 9-5　选择服务器角色

（3）在如图 9-6 所示对话框中，对 DHCP 服务器进行了简要介绍，同时，出现了"注意事项"与"其他信息"，建议初次安装的用户请仔细阅读。单击"下一步"按钮继续。

（4）接下来出现的是"选择连接绑定"对话框。此时，系统会检测当前系统中已经具有静态 IP 地址的网络连接，每个网络连接都可以用于为单独子网上的 DHCP 客户端计算机提供服务，如图 9-7 所示，勾选需要提供 DHCP 服务的网络连接后，单击"下一步"继续。

（5）如果服务器中安装了 DNS 服务，就需要在如图 9-8 所示的对话框中设置 IPv4 类型的 DNS 服务器参数。例如，输入 boretech.com 作为父域，输入首选 DNS 服务器 IPv4 地址 192.168.1.1，然后单击"验证"按钮。如果输入正确的话，会在对话框下显示一个"有效"的提示。单击"下一步"按钮继续操作。

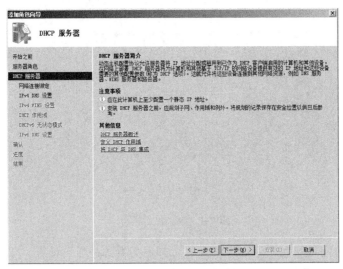

图 9-6   DHCP 服务器简介

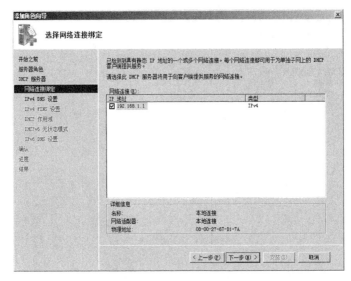

图 9-7   选择网络绑定

（6）接下来出现的是"指定 IPv4 WINS 服务器设置"对话框，如图 9-9 所示。如果当前网络中的应用程序需要 WINS 服务，则在此对话框中选择"此网络上的应用程序需要 WINS（S）"单选按钮，并且输入首选 WINS 服务器的 IP 地址，如图 9-10 所示。单击"下一步"按钮继续操作。

（7）在接下来如图 9-11 所示的"添加或编辑 DHCP 作用域"对话框中，单击"添加"按钮来设置 DHCP 作用域，此时将打开"添加作用域"对话框，如图 9-12 所示，来设置作用域的配置设置，包含以下信息。

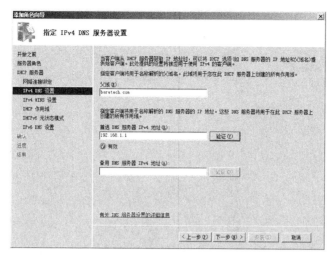

图 9-8　指定 IPv4 DNS 服务器设置

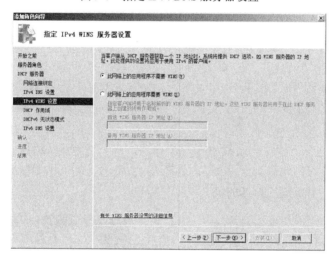

图 9-9　指定 IPv4 WINS 服务器设置 1

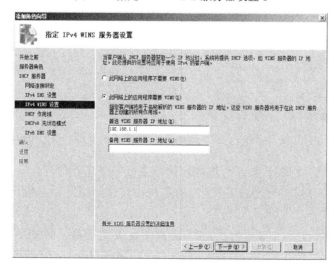

图 9-10　指定 IPv4 WINS 服务器设置 2

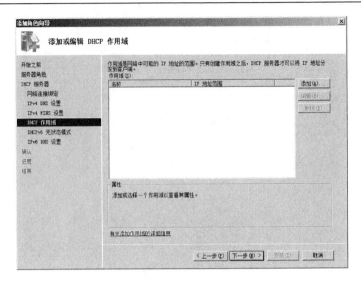

图 9-11　添加或编辑 DHCP 作用域

1）作用域的名称：这是出现在 DHCP 控制台中的作用域名称，在此输入名称 DHCP01_boretech。

2）"起始 IP 地址"和"结束 IP 地址"：这两个文本框中分别输入作用域的起始 IP 地址和结束 IP 地址。例如，在此设置起始 IP 和结束 IP 地址分别为 192.168.1.20 和 192.168.1.119。

3）子网类型：这个下拉式列表框中有两个选项，一个是有线（租用持续时间将为 8 天），一个是无线（租用持续时间将为 8 小时），如图 9-13 所示。可以根据需要进行相应的选择；下拉列表中同时设置了租用的持续时间。

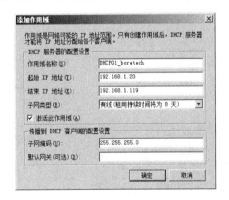

图 9-12　添加作用域（有线）

图 9-13　添加作用域（无线）

4）子网掩码和默认网关参数：可根据网络的需要具体进行设置。

5）激活作用域：这是一个复选按钮，用于在创建作用域之后必须激活作用域才能提供 DHCP 服务。

以上设置请根据网络的实际情况进行设置。设置完毕后，单击"确定"按钮，返回上级对话框，如图 9-14 所示，设置的结果在此对话框中显示。单击"下一步"按钮继续操作。

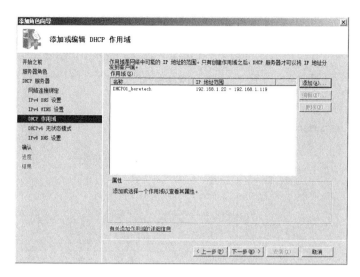

图 9-14　添加作用域完成

（8）如图 9-15 所示为"配置 IPv6 无状态模式"对话框。Windows Server 2008 的 DHCP 服务器支持用于 IPv6 客户端的 DHCPv6 协议。通过 DHCPv6，客户端可以使用无状态模式自动配置其 IPv6 地址，或以有状态模式从 DHCP 服务器获取 IPv6 地址。

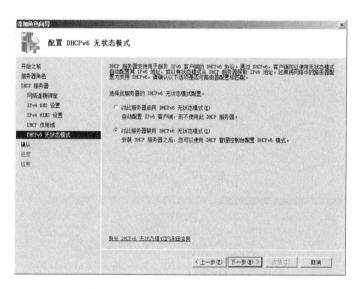

图 9-15　配置 DHCPv6 无状态模式

此时，可以根据网络中使用的路由器是否支持该功能进行设置，在此，将其设置为"对此服务器禁用 DHCPv6 无状态模式"，单击"下一步"按钮继续操作。

（9）在如图 9-16 所示的"确认安装选择"对话框中显示了用户对 DHCP 服务器的相关配置信息，如果确认无误，则单击"安装"按钮，开始安装的过程。

（10）在经过如图 9-17 所示的短暂的安装进度对话框后，DHCP 服务器安装完成。在 DHCP 服务器安装完成之后，可以看到如图 9-18 所示的"安装成功"提示信息，此时单击"关闭"按钮结束安装 DHCP 服务器向导。

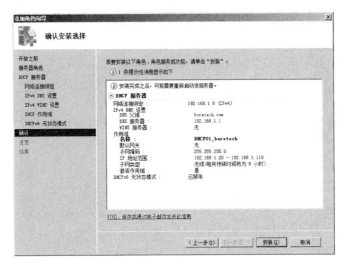

图 9-16　确认

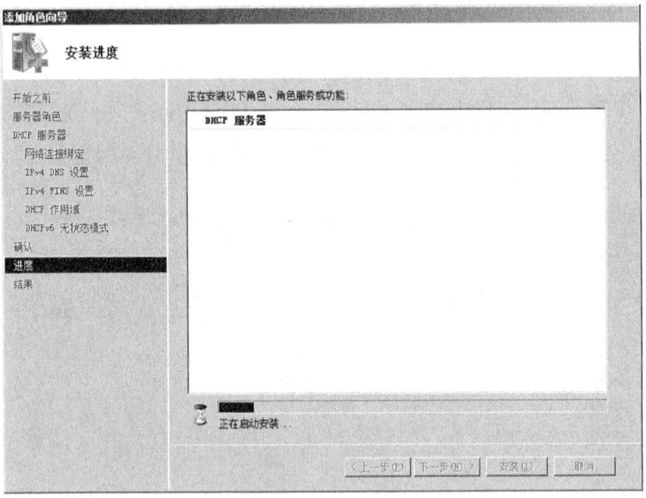

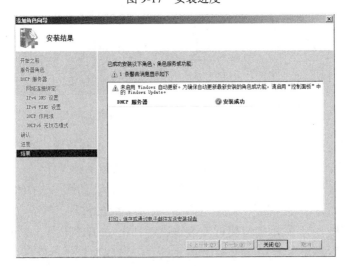

图 9-17　安装进度

图 9-18　安装成功

DHCP 服务器安装完成之后，在服务器管理器窗口中选择左侧的"角色"一项，即可在右部区域中查看到当前服务器安装的角色类型，如果其中有刚刚安装的 DHCP 服务器，则表示 DHCP 服务器已经成功安装，如图 9-19 所示。

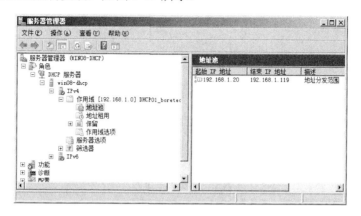

图 9-19　DHCP 服务器

2．DHCP 服务器的配置与管理

（1）DHCP 服务器的启动与停止。在安装 DHCP 服务之后，在"服务器管理器"窗口的角色中就会出现"DHCP 服务器"角色。可以在如图 9-20 所示的"服务器管理器"窗口中，单击左侧"角色"项，在出现的右侧窗口中单击"转到 DHCP 服务器"项，可以打开如图 9-21 所示的 DHCP 服务器摘要界面。在其中的"事件"中可以转到事件查看器，在"系统服务"中，可以启动与停止 DHCP 服务器，还可以进行相关的资源和支持操作。

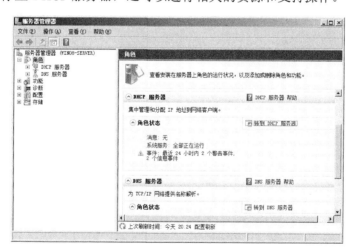

图 9-20　转到 DHCP 服务器

（2）修改 DHCP 服务器的配置。对于已经建立的 DHCP 服务器，可以修改其配置参数，具体的操作步骤如下：在服务器管理窗口左部目录树中的 DHCP 服务器名称下的选中"IPv4"选项，按右键并在弹出的快捷菜单中选择"属性"命令，如图 9-22 所示。

在打开的属性对话框中，在不同的选项卡中可以修改 DHCP 服务器的设置，选项卡的设置如下。

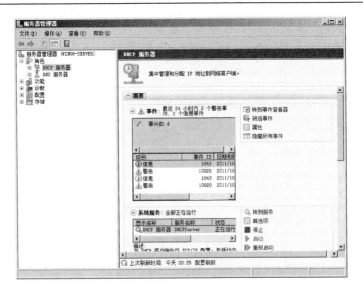

图 9-21　DHCP 服务器摘要

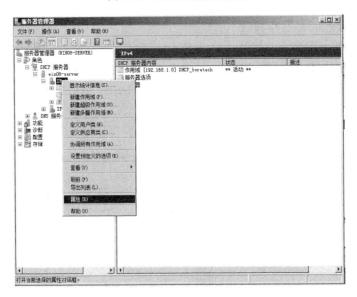

图 9-22　IPv4 属性

1）"常规"选项卡的设置：如图 9-23 所示，为属性"常规"选项卡，参数如下。

"自动更新系统统计信息间隔"复选框：如果选中，可以设置按照小时和分钟为单位，服务器自动更新统计信息间隔时间。

"启用 DHCP 审核记录"复选框：选中后，可以将服务器的活动每日写入一个文件，日志将记录 DHCP 服务器活动以监视系统性能及解决问题。

"显示 BOOTP 表文件夹"复选框：可以显示包含支持 BOOTP 客户端的配置项目的服务器表。

2）"DNS"选项卡的设置：如图 9-24 所示，为属性"DNS"选项卡，参数如下。

"根据下面的设置启用 DNS 动态更新"复选框：表示 DNS 服务器上该客户端的 DNS 设

置参数如何变化，有两种方式：选择"只有在 DHCP
客户端请求时才动态更新 DNS A 和 PTR 记录"单选
按钮，表示 DHCP 客户端主动请求时，DNS 服务器上
的数据才进行更新；选择"总是动态更新 DNS A 和
PTR 记录"单选按钮，表示 DNS 客户端的参数发生
变化后，DNS 服务器的参数就发生变化。

"在租约被删除时丢弃 A 和 PTR 记录"复选框：
表示 DHCP 客户端的租约失效后，其 DNS 参数也被
丢弃。

"为不请求更新的 DHCP 客户端动态更新 DNS A
和 PTR 记录"复选框：表示 DNS 服务器可以对非动
态的 DHCP 客户端也能够执行更新。

3）"网络访问保护"选项卡的设置：如图 9-25 所
示，为属性"网络访问保护"选项卡，参数如下。

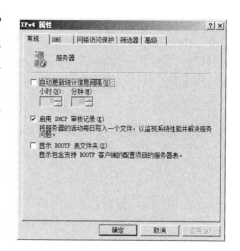

图 9-23　IPv4 属性—常规

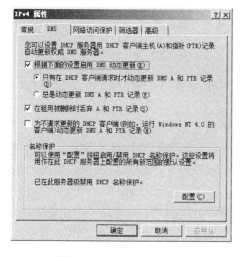

图 9-24　IPv4 属性—DNS

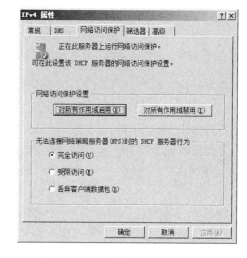

图 9-25　IPv4 属性—网络访问保护

"网络访问保护设置"：对所有作用域可以启用或禁用网络访问保护功能。

"无法连接网络策略服务器（NPS）时 DHCP 服务器行为"：有三个单选按钮"完全访问"、
"受限访问"、"丢弃客户端数据包"。

注意：网络访问保护是 Windows Server 2008 操作系统附带的一组新的操作系统组件，它
提供一个平台，以帮助确保专用网络上的客户端计算机符合网络管理员定义的系统安全要求。
Windows Server 2008 中的网络访问保护使用 DHCP 强制功能，换言之，为了从 DHCP 服务器
获得无限制访问 IP 地址配置，客户端计算机必须具有达到一定的相容级别。通过这些强制策
略，可以帮助网络管理员降低因客户端计算机配置不当所导致的一些风险，这些不当配置可
使计算机暴露给病毒和其他恶意软件。对于不符合的计算机，网络访问 IP 地址配置限制只能
访问受限网络或是丢弃客户端的数据包。

4）"筛选器"选项卡的设置：如图 9-26 所示，为属性"筛选器"选项卡，参数如下。

"MAC 筛选器"：有两个复选按钮，"启用允许列表"表示为此列表中的所有 MAC 地址提供 DHCP 服务；"启用拒绝列表"表示拒绝为此列表中的所有 MAC 地址提供 DHCP 服务。

注意：如果要启用允许列表，则需要提供将接收 DHCP 服务的客户端的 MAC 地址，以便组成 MAC 列表。如果允许列表为空，则任何客户端均不会获得 DHCP 服务。

5）"高级"选项卡的设置：如图 9-27 所示，为属性"高级"选项卡，参数如下。

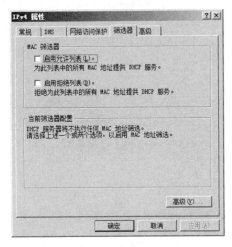

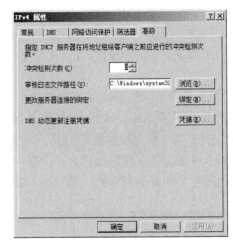

图 9-26   IPv4 属性—筛选器   图 9-27   IPv4 属性—高级

"冲突检测次数"：此输入框用于设置 DHCP 服务器在给客户端分配 IP 地址之前，对该 IP 地址进行冲突检测的次数，最高为五次。

"审核日志路径"：可以通过"浏览"按钮修改审核日志文件的存储路径。

"更改服务器连接的绑定"：如果需要更改 DHCP 服务器和网络连接的关系，单击"绑定"按钮，会弹出绑定对话框，从"连接和服务器绑定"列表框中选中绑定关系后单击"确定"按钮。

"DNS 动态更新注册凭据"：由于 DHCP 服务器给客户端分配 IP 地址，因此 DNS 服务器可以及时从 DHCP 服务器上获得客户端的信息。为了安全起见，可以设置 DHCP 服务器访问 DNS 服务器时的用户名和密码。可以单击"凭据"按钮，在出现的 DNS 动态更新凭据对话框中进行设置 DHCP 服务器访问 DNS 服务器的参数。

（3）作用域的配置。对于已经建立好的作用域，可以修改其配置参数，操作步骤为：在 DHCP 管理窗口的左部目录树中右键单击"作用域［192.168.1.0］ DHCP01_boretech"项，并在弹出的快捷菜单中选择"属性"命令，可以打开作用域属性对话框。

和 DHCP 服务器的配置选项卡相似，作用域共有四个选项卡，分别介绍如下。

1）"常规"选项卡。如图 9-28 所示，为作用域属性"常规"选项卡，参数如下。

"起始 IP 地址"和"结束 IP 地址"文本框：在此可以修改作用域分配的 IP 地址范围，但"子网掩码"是不可编辑的。

"DHCP 客户端的租用期限"区域：有两个单选按钮，"限制为"单选按钮设置期限；选择"无限制"单选按钮表示租约无期限限制。

"描述"文本框：可以修改作用域的描述。

2）"DNS"选项卡。如图 9-29 所示，为作用域属性"DNS"选项卡，参数如下。

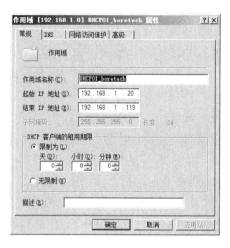
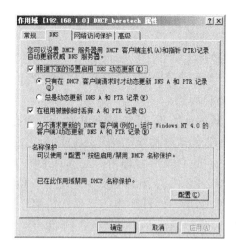

图 9-28　作用域属性—常规　　　　　　图 9-29　作用域属性—DNS

"根据下面的设置启用 DNS 动态更新"：表示 DNS 服务器上该客户端的 DNS 设置参数如何变化，有两种方式：选择"只有在 DHCP 客户端请求时才动态更新 DNS A 和 PTR 记录"单选按钮，表示 DHCP 客户端主动请求时，DNS 服务器上的数据才进行更新；选择"总是动态更新 DNS A 和 PTR 记录"单选按钮，表示 DNS 客户端的参数发生变化后，DNS 服务器的参数就发生变化。

"在租约被删除时丢弃 A 和 PTR 记录"：表示 DHCP 客户端的租约失效后，其 DNS 参数也被丢弃。

"为不请求更新的 DHCP 客户端动态更新 DNS A 和 PTR 记录"：表示 DNS 服务器可以对非动态的 DHCP 客户端也能够执行更新。

3）"网络访问保护"选项卡。如图 9-30 所示，为属性"网络访问保护"选项卡，参数为"网络访问保护设置"：对此作用域启用或禁用。

4）"高级"选项卡。如图 9-31 所示，为作用域属性"高级"选项卡，参数如下。

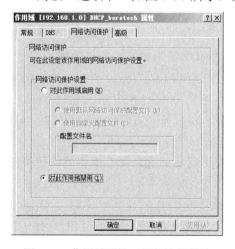

图 9-30　作用域属性—网络访问保护　　　　图 9-31　作用域属性—高级

"动态为以下客户端分配 IP 地址"区域：有三个单选按钮，"仅 DHCP"单选按钮表示只为 DHCP 客户端分配 IP 地址；"仅 BOOTP"单选按钮表示只为 Windows NT 以前的一些支持 BOOTP 的客户端分配 IP 地址；"两者"单选按钮支持多种类型的客户端。

"BOOT 客户端的租约期限"区域：设置 BOOTP 客户端的租约期限，由于 BOOTP 最初被设计为无盘工作站，可以使用服务器的操作系统启动，现在已经很少使用，因此可以直接采用默认参数。

"延迟配置"：指定 DHCP 服务器分布地址的延迟（μm）。

（4）修改作用域的地址池。对于已经设置的作用域的地址池，可以修改其配置，其操作步骤为：在 DHCP 管理窗口左部目录树中展开 IPv4 选项，在展开的分支中右键单击"作用域［192.168.1.0］"下面的分支"地址池"项，并在弹出快捷菜单中选择"新建排除范围"命令，如图 9-32 所示。在弹出的"添加排除"对话框中，如图 9-33 所示，可以设置地址池中排除的 IP 地址范围。在此，键入需排除的地址范围是 192.168.1.100～192.168.1.119，然后，单击"添加"按钮即可。

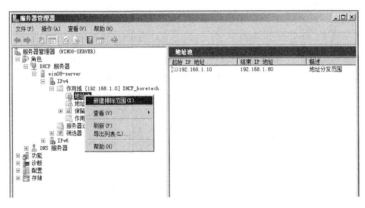

图 9-32　新建排除范围

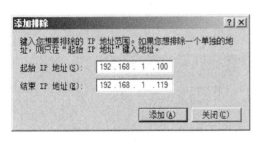

图 9-33　添加排除

注意：如果想单独排除某一个地址，只需要在如图 9-33 所示的"起始 IP 地址"框中键入地址即可。

（5）显示 DHCP 客户端和服务器的统计信息：在 DHCP 管理窗口右部目录树依次展开"作用域［192.168.1.0］"→"地址租约"选项，可以查看已经分配给客户端的租约情况，如图 9-34 所示。服务器为客户端成功分配分配了 IP 地址，在"地址租约"列表栏下，就会显示客户端的 IP 地址，客户端名、租约截止日期和类型信息。在 DHCP 管理窗口的"IPv4"分支名称上单击鼠标右键，并在弹出的快捷菜单中选择"显示统计信息"命令，可以打开如图 9-35 所示的统计信息界面，其中显示了 DHCP 服务器的开始时间、使用时间、发现的 DHCP 客户端的数量等信息。

（6）建立保留 IP 地址。对于某些特殊的客户端，需要一直使用相同的 IP 地址，就可以通过建立保留来为其分配固定的 IP 地址，具体的操作步骤如下：在 DHCP 管理窗口左部目录树依次展开"IPv4"→"作用域［192.168.1.0］"→"保留"选项，单击鼠标右键之后从弹出的快捷菜单中选择"新建保留"命令，如图 9-36 所示。在弹出的如图 9-37 所示的"新建保留"对话框中，在"保留名称"文本框中输入名称，在"IP 地址"文本框中输入保留的 IP 地址，在"MAC 地址"文本框中输入客户端的网卡的 MAC 地址，完成设置后单击"添加"按钮。

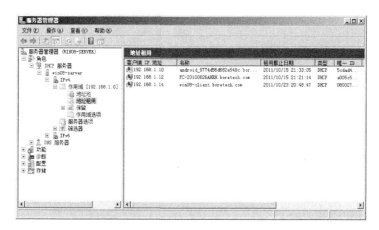

图 9-34　地址租用情况

图 9-35　统计信息

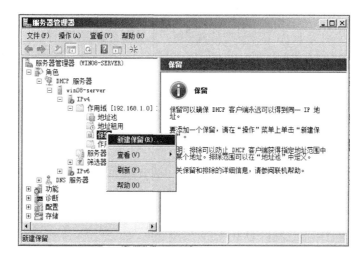

图 9-36　保留

小知识：如何获取某台主机的 MAC 地址？

方法：在要获取的主机上单击"开始"→"运行"命令，在弹出的"运行"对话框中输入 cmd，单击"确定"按钮即可进入如图 9-38 所示的 cmd 窗口。在 cmd 窗口中输入命令 ipconfig/ali，即可显示如图 9-39 所示信息，图中的物理地址即为主机对应的 MAC 地址。

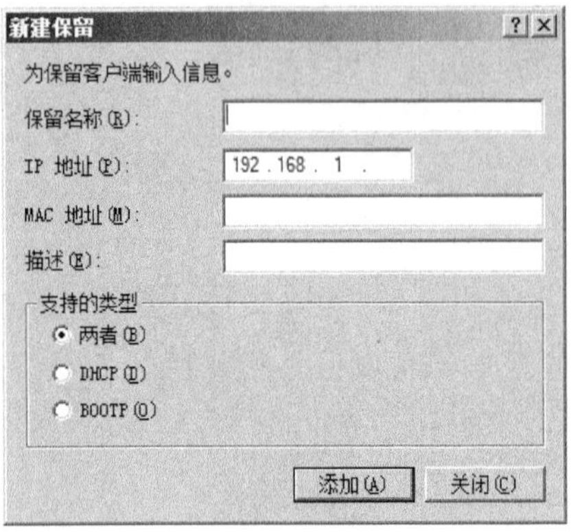

图 9-37　新建保留

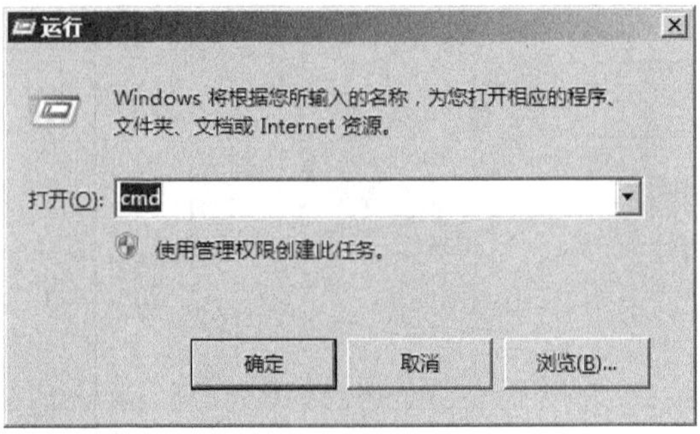

图 9-38　运行

图 9-39　查看物理地址

至此，我们完成了第一台 DHCP 服务器的安装与配置（分配的地址范围：192.168.1.20～192.168.1.119，排除范围：192.168.1.100～192.168.1.119）。

可以用同样的方法来完成安装公司网络内的第二台 DHCP 服务器（分配的地址范围：192.168.1.20～192.168.1.119，排除范围：192.168.1.20～192.168.1.99），在此，不一一详述。

3．配置 DHCP 客户端

DHCP 客户端的操作系统有很多种类，如 Windows 98/2000/XP/2003/Vista 或 Linux 等，我们重点以 Windows 2008 客户端的设置来进行演示，具体的操作步骤如下。

（1）在客户端计算机上，依次打开"控制面板"→"网络和 Internet"→"网络和共享中心"项，在查看活动网络中，列出的所有可用网络连接，单击"本地连接"图标，弹出"本地连接　状态"对话框，如图 9-40 所示。在对话框中单击"属性"按钮，弹出"本地连接　属性"对话框，如图 9-41 所示。

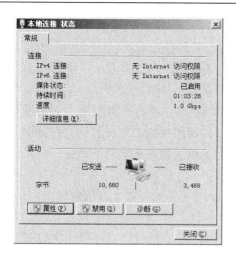

图 9-40　本地连接状态

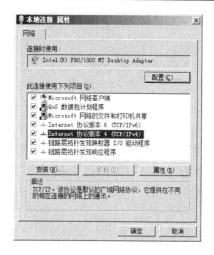

图 9-41　本地连接属性

（2）在如图 9-41 所示的对话框"此连接使用下列项目"列表框中，选择"Internet 协议版本 4（TCP/IPv4）"，单击"属性"按钮，弹出如图 9-42 所示"Internet 协议版本 4（TCP/IPv4）属性"窗口，分别选择"自动获得 IP 地址"和"自动获得 DNS 服务器地址"单选按钮，然后单击"确定"按钮，保存对设置的修改即可。

注意：以上以 Windows 2008 作为客户端来进行设置，Windows 2000/XP/2003/7 等客户端设置方法同上，大同小异。

客户端设置完成后，可以重启计算机，客户端会自动根据 DHCP 服务器的相关设置获取 IP 地址等信息。当然，也可以不重启，利用下面的方法也可以自动获取 IP 等相关信息。

注意：在局域网中的任何一台 DHCP 客户端上，通过单击"开始"→"运行"命令，在弹出的运行对话框中输入 cmd，可以进入 DOS 命令提示符界面，如图 9-43 所示。此时，可利用 ipconfig 命令的相关操作查看 IP 地址的相关信息。

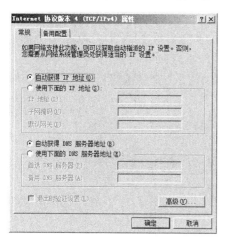

图 9-42　Internet 协议版本 4（TCP/IPv4）属性

图 9-43　CMD 窗口

（1）执行 ipconfig/renew 可以更新 IP 地址。

（2）执行 ipconfig/all 可以看到 IP 地址、WINS、DNS、域名是否正确。

（3）要释放地址使用 ipconfig/release 命令。

4. 配置多个 DHCP 服务器

网络环境是复杂的，在不同的网络环境中对 DHCP 服务器的需求是不一样的。对于较复杂的网络，主要涉及三种情况：配置多个 DHCP 服务器、超级作用域的建立、多播作用域的建立。

在一些比较重要的网络中，需要在一个网段中配置多个 DHCP 服务器。这样做有两大好处：一是提供容错，如果网络中仅有一个 DHCP 服务器出现故障，所有 DHCP 客户端都将无法获得 IP 地址，也无法释放已有的 IP 地址，从而导致网络瘫痪。如果有两个服务器，此时另一个服务器就可以取代它，并继续提供租用新的地址或续租现有地址的服务；二是负载均衡，起到在网络中平衡 DHCP 服务器的作用。

一般我们在一个网络中配置两台 DHCP 服务器，在这两台服务器上分别创建一个作用域，这两个作用域同属一个子网。在分配 IP 地址时，一个 DHCP 服务器作用域上可以分配 80%的 IP 地址，另一个 DHCP 服务器作用域上可以分配 20%的 IP 地址。这样当一台 DHCP 服务器由于故障不可使用时，另一台 DHCP 服务器可以取代它并提供新的 IP 地址，继续为现有客户端服务。80/20 规则是微软所建议的分配比例，在实际应用时可以根据情况进行调整。另外，在一个子网上的两台 DHCP 服务器上所建的 DHCP 作有域，不能有地址交叉的现象。上面的项目中就是配置了两台 DHCP 服务器。

5. 创建和使用超级作用域

Windows Server 2008 有一个称为超级作用域的 DHCP 功能，它是一个可以将多个作用域创建为一个实体进行管理的功能。可以用超级作用域将 IP 地址分配给多网上的客户端，多网是指一个包含多个逻辑 IP 的网络（逻辑 IP 网络是 IP 地址相连的地址范围）的物理网段。例如，可以在物理网段中支持三个不同的 C 类 IP 网络，这三个 C 类地址中的每个 C 类地址范围都定义为超级作用域中的子作用域。因为使用单个逻辑 IP 网络更容易管理，所以很多情况下不会计划使用多网，但随着网络规模增长超过原有作用域中的可用地址数后，可以需要用多网进行过渡。

在服务器上至少定义一个作用域以后，才能创建超级作用域（防止创建空的超级作用域）。可以使用上述 DHCP 服务器作用域的创建方法，创建一个新的作用域［192.168.2.0］。至此，网络内已建立了两个作用域"作用域［192.168.1.0］"、"作用域［192.168.2.0］"。下面，将这两个作用域定义为超级作用域的子作用域，具体的操作步骤如下。

（1）如图 9-44 所示，当前的 DHCP 服务器中已创建完成两个作用域："作用域［192.168.1.0］"、"作用域［192.168.2.0］"。

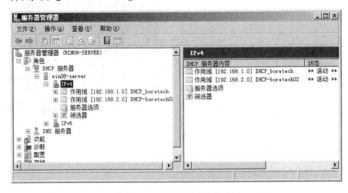

图 9-44   DHCP 服务器

在服务器管理窗口左部目录树中的 DHCP 服务器名称下的选中"IPv4"分支选项，单击鼠标右键并在弹出的快捷菜单中选择"新建超级作用域"命令，如图 9-45 所示。此时，进入"欢迎使用新建超级作用域向导"界面，如图 9-46 所示，单击"下一步"按钮继续。

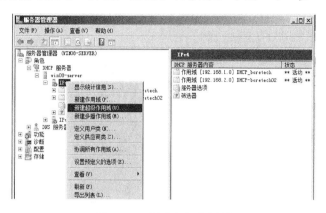

图 9-45　新建超级作用域

（2）进入"超级作用域名"界面，如图 9-47 所示，在"名称"文本框中，输入识别超级作用域的名称，如 DHCP-Super，单击"下一步"按钮继续操作。

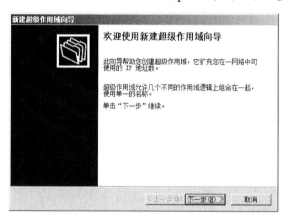

图 9-46　新建超级作用域向导

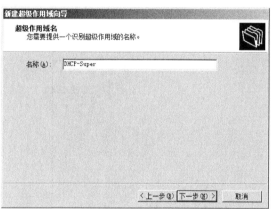

图 9-47　超级作用域名

（3）进入"选择作用域"界面，如图 9-48 所示，在"可用作用域"列表中选择需要的作用域，按住 Ctrl 键可选择多个作用域，单击"下一步"按钮继续操作。

（4）进入"正在完成新建超级作用域向导"界面，如图 9-49 所示，显示出将要建立超级作用域的相关信息，单击"完成"按钮，完成超级作用域的创建。

当超级作用域创建完成后，会显示在 DHCP 控制台中，如图 9-50 所示，原有的作用域就像是超级作用域的下一级目录，管理起来非常方便。

如果需要，可以从超级作用域中删除一个或多个作用域，然后在服务器上重新构建作用域。从超级作用域中删除作用域并不会删除作用域或者停用它，只是让这个作用域直接位于服务器分支下面，而不是超级作用域的子作用域。这样可以将其添加到不同的作用域，或者在删除超级作用域不影响其中的作用域。

要从超级作用域中删除作用域，打开 DHCP 控制台，并打开相应的超级作用域。在要删除的作用域上右键单击，选择"从超级作用域中删除"项。如果被删除的作用域是超级作用域中的唯一作用域，Windows Server 2008 也会移除这个超级作用域，因为超级作用域不能为空。如果选择删除超级作用域则会删除超级作用域，但是不会删除下面的子作用域，这些子作用域会被直接放在 DHCP 服务器分支下显示，作用域不会受影响，将继续响应客户端请求，它们只是不再是超级作用域的成员而已。

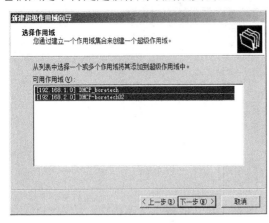

图 9-48 选择作用域

图 9-49 完成

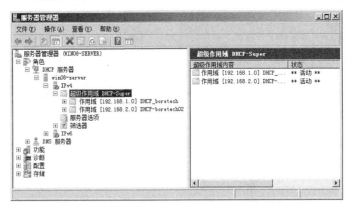

图 9-50 超级作用域

6. 创建多播作用域

多播作用域用于将 IP 流量广播到一组具有相同地址的节点，一般用于音频和视频会议。因为数据包一次被发送到多播地址，而不是分别发送到每个接收者的单播地址，所以用多播地址简化了管理，也减少了网络流量。就像给单个计算机分配单播地址一样，Windows Server 2008 DHCP 服务器可以将多播地址分配给一组计算机。

只要作用域地址范围不重叠，就可以在 Windows Server 2008 DHCP 服务器上创建多个多播作用域，多播作用域在服务器分支下直接显示，不能被分配给超级作用域，超级作用域只能管理单播地址作用域。创建多播作用域和创建超级作用域过程比较相似。

▶ 工学结合

1. DHCP 数据库的备份与还原

DHCP 服务器有三种备份机制。

（1）它每 60min 自动将备份保存到备份文件夹下，称为同步备份。

（2）在 DHCP 控制台中手动备份，这在微软术语中称为手动备份。

（3）使用 Windows Server 2008 Backup 实用工具或第三方备份工具进行计划备份或按需备份。

DHCP 服务器中的设置数据全部存放在名为 dhcp.mdb 数据库文件中，在 Windows Server 2008 系统中，该文件位于%systemroot%\system32\dhcp 文件夹内。该文件夹内，dhcp.mdb 是主要的数据库文件，其他的文件是数据库文件的辅助文件，这些文件对 DHCP 服务器的正常工作起着关键作用，建议用户不要随意修改或是删除。

DHCP 服务器数据库是一个动态数据库，在向客户端提供租约或客户端释放租约时它会自动更新，DHCP 服务器默认会每隔 60min 自动将 DHCP 数据库文件备份到默认备份目录%systemroot%\system32\dhcp\backup\new。出于安全的考虑，建议用户将此文件夹内的所有内容进行备份，可以备份到其他磁盘、磁带机上，以备系统出现故障时还原，或是直接将%systemroot%\system32\dhcp 数据库文件拷贝出来。如果要想修改这个时间间隔，可以通过修改 Backup Interval 这个注册表参数实现，它位于注册表项 HKEY_LOCAL_MACHINE\SYSTEMlCurrentControlSet\Services\DHCPserver\Parameters 中。

为了保证所备份数据的完整性，以及备份过程的安全性，在对%systemroot%\system32\dhcp\backup 文件夹内的数据进行备份时，必须先将 DHCP 服务器停止。

DHCP 服务器启动时，会自动检查 DHCP 数据库是否损坏，如果发现损坏，将自动用%systemroot%\system32\dhcp\backup\new 文件夹内的数据进行还原。但如果 backup\new 文件夹的数据也被损坏时，系统将无法自动完成还原工作，无法提供相关的服务。

当备份文件夹 backup\new 的数据被损坏时，先将原来备份的文件复制到%systemroot%\system32\\dhcp\backup\new 文件夹内，然后重新启动 DHCP 服务器，让 DHCP 服务器自动用新复制的数据进行还原。在对%systemroot%\system32\dhcp\backup\new 文件夹内的数据进行还原时，必须先停止 DHCP 服务器。

2．DHCP 数据库的重整与迁移

DHCP 数据库在使用过程中，相关的数据因为不断被更改（如重新设置 DHCP 服务器的选项，新增 DHCP 客户端或有 DHCP 客户端离开网络等），所以其分布变得非常凌乱，会影响系统的运行效率。为此，当 DHCP 服务器使用一段时间后，一般建议用户利用系统提供的 jetpack.exe 程序对数据库中的数据进行重新调整，从而实现数据库的优化。

注意：Jetpack.exe 程序是一个字符型的命令程序，必须手工进行操作，此命令放置在%systemroot%\winsxs\amd64_microsoft-windows-jetpack_31bf3856ad364e35_6.1.7600.16385_none_af87d7b52316c875 的目录下。为了操作方便，可将此命令复制到指令目录下（如复制到%systemroot%\system32\dhcp 下），便于运行。

下面是一个优化示例。

首先打开 CMD 窗口，在命令提示符状态下输入一系列相关的命令（划线部分）。

（1）复制 jetpack.exe，便于操作。

C:\>copy c:\windows\winsxs\amd64_microsoft-windows-jetpack_31bf3856ad364e35_6.1.7600.16385_none_af87d7b52316c875\jetpack.exe　c:\windows\system32\dhcp

（2）进入 dhcp 目录。

C:\>cd windows\system32\dhcp

（3）让 DHCP 服务器停止运行。

C:\Windows\System32\dhcp>net stop dhcpserver

（4）对 DHCP 数据库进行重新调整，其中 dhcp.mdb 是 DHCP 数据库文件，而 temp.mdb 是用于调整的临时文件。

C:\Windows\System32\dhcp>jetpack dhcp.mdb temp.mdb

（5）让 DHCP 服务器开始运行。

C:\Windows\System32\dhcp>net start dhcpserver

在网络的使用过程中，有可能需要用一台新的 DHCP 服务器更换原有的 DHCP 服务器，此时如果重新设置新的 DHCP 服务器就太麻烦了。一个简单且高效可行的解决方案就是将原来 DHCP 服务器中的数据库，迁移到新的 DHCP 服务器上来。DHCP 服务器的三种备份机制备份的内容，不会包括备份身份验证凭据、注册表设置或其他全局 DHCP 配置信息，如日志设备和数据库位置等，所以还需要进行以下两项操作。

（1）备份原来 DHCP 服务器上的数据，具体的操作步骤如下。

1）停止 DHCP 服务器的运行。实现方法有两种：一种是在 DHCP 控制台中选择要停止的 DHCP 服务器名称，右击并从快捷菜单中选择"所有任务"→"停止"命令；另一种方法是在 DHCP 服务器的 DOS 提示符下运行 net stop dhcpserver 命令。

2）将\windows\system32\dhcp 文件夹下的所有文件及子文件夹，全部备份到新 DHCP 服务器的临时文件夹中。

3）在 DHCP 服务器上运行注册表编辑器命令 regedit.exe，打开注册表编辑器窗口，展开注册表项 HKEY_LOCAL_MACHlNE\SYSTEM\CurrentontrolSet\Services\DHCPServer。

4）在注册表编辑器窗口中，选择"注册表"菜单下的"导出注册表文件"选项，弹出"导出注册表文件"窗口，选择好保存位置，并输入该导出的注册表文件名称，在"导出范围"中选择"所选分支"选项，单击"保存"按钮，即可导出该分支的注册表内容。最后将该导出的注册表文件复制到新 DHCP 服务器的临时文件夹中。

5）删除原来 DHCP 服务器中\windows\system32\dhcp 文件夹下的所有文件及子文件夹。如果该 DHCP 服务器还要在网络中另作它用（如作为 DHCP 客户端或其他类型的服务器），则需要删除 dhcp 下的所有内容。最后在原来的 DHCP 服务器卸载 DHCP 服务。

（2）将数据还原到新添加的 DHCP 服务器上，具体的操作步骤如下。

1）停止 DHCP 服务器，方法同前面停止原来 DHCP 服务器的操作。

2）将存储在临时文件夹内的所有文件和子文件夹（这些文件和文件夹全部从原来 DHCP 服务器的%systemroot%\system32\dhcp 文件夹中备份而来）全部复制到新的 DHCP 服务器的%systemroot%\system32\\dhcp 文件夹内。

3）在新的 DHCP 服务器上运行注册表编辑器命令 regedit.exe，在出现的"注册表编辑器"窗口中，展开 HKEY_LOCAL_MACHINE\SYSTEM\CurrentControlSet\Services\DHCPServer。

4）选择注册表编辑器窗口中"注册表"菜单下的"导入注册表文件"功能项，弹出"导入注册表文件"对话框，选择从原来 DHCP 服务器上导出的注册表文件，选择"打开"按钮，即可导入到新 DHCP 服务器的注册表中。

5）重新启动计算机，打开 DHCP 窗口，右击服务器名称，从快捷菜单中选择"所有任务"→"开始"命令，或在命令提示符下运行"net start dhcpserver"命令，即可启动 DHCP

服务。当 DHCP 服务功能成功启动后，在 DHCP 控制台中，右击 DHCP 服务器名，选择快捷菜单中的"协调所有作用域"选项，即可完成 DHCP 数据库的迁移工作。

▶ **技能实训**

1．实训目标

（1）熟练掌握 Windows Server 2008 的 DHCP 服务器的安装。

（2）熟练掌握 Windows Server 2008 的 DHCP 服务器配置。

（3）熟练掌握 Windows Server 2008 的 DHCP 客户端的配置。

（4）熟悉并应用 Windows Server 2008 的 DHCP 服务器配置的 80/20 原则。

2．实训条件

（1）硬件要求。处理器 CPU 工作频率 2GHz 或以上，双核，内存 2GB RAM 以上，硬盘空间 80GB 以上，光盘驱动器 DVD-ROM，显示 ·Super VGA （800×600） 或者更高级的显示器，标准键盘，鼠标。

（2）网络环境：已建好的 100M 以太网络，包含交换机（或集线器）、五类（或超五类）UTP 直通线若干、两台及以上数量的计算机。

（3）软件环境：Windows Server 2008 系统环境。或基于 Windows XP（64 位）或 Windows 7 操作系统平台，VirtualBox4.0.12，Windows Server 2008 虚拟机。

3．实训内容

在安装了 Windows Server 2008 的虚拟机上完成如下操作。

（1）运行虚拟操作系统 Windows Server 2008，为虚拟机保存一个还原点，以方便以后的实训调用这个还原点。

（2）将虚拟操作系统 Windows Server 2008 设置其 IP 地址为 192.168.1.4，子网掩码为 255.255.255.0，DNS 地址为 192.168.1.1，其他网络设置暂不修改，为其安装 DHCP 服务器。

（3）新建作用域名为 dhcp01_boretech，IP 地址的范围为 192.168.1.10～192.168.1.254，掩码长度为 24 位。

（4）排除地址范围为 192.168.1.206～192.168.1.254。

（5）设置 DHCP 服务的租约为 24h。

（6）设置该 DHCP 服务器向客户端分配的相关信息为 DNS 的 IP 地址为 192.168.1.1，父域名称为 boretech.com，路由器（默认网关）的 IP 地址为 192.168.1.1。

（7）将 IP 地址 192.168.1.188（MAC 地址 00-E0-Fc-12-23-25）保留，用于 WWW 服务器使用。

（8）创建一台虚拟机，将虚拟操作系统 Windows Server 2008 设置其 IP 地址为 192.168.1.8，子网掩码为 255.255.255.0，DNS 地址为 192.168.1.1，其他网络设置暂不修改。为其安装 DHCP 服务器，新建作用域名为 dhcp02_boretech，分配的地址范围 192.168.1.10～192.168.1.254，排除范围 192.168.1.10～192.168.1.205，设置 DHCP 服务的租约为 24h。

（9）创建一台虚拟机作为客户机（系统可安装为 Windows XP 或 Windows 2008），配置成为 DHCP 服务器的客户端，并用 ipconfig 等命令测试 DHCP 服务器能否正常工作。

用 ipconfig 命令查看分配的 IP 地址及 DNS、默认网关等信息是否正确，测试访问 WWW 服务器。

4．实训考核

序号		规 定 任 务	分值（分）	项目组评分
1		安装第一台 DHCP 服务器	10	
2		创建作用域，设置租约	10	
3		添加排除	10	
4		新建保留	10	
5		配置 DHCP 客户端信息 DNS 等	10	
6		安装第二台 DHCP 服务器	10	
7		客户机配置 DHCP	10	
8		在客户机上测试 DHCP 服务器	10	
拓展任务（选做）	9	网络命令的使用	10	
	10	DHCP 数据库的备份与还原	10	
	11	DHCP 数据库的重整与迁移	10	

注 1．完成并测试成功方可得满分。

    2．未完成的任务除记录存在问题外，由同项目组成员打分。

    3．拓展任务的完成情况与得分，由教师负责记录。

▶ 技能拓展

1．NAP 技术

使用 DHCP 服务器来管理并分配公司内部网络的 IP 地址，实现了公司的方便快捷的网络管理，但同时也存在着一些安全隐患。例如，经常有公司客户在公司内部使用内网，如果客户的计算机没有安装杀病毒软件或者没有开启防火墙，这台计算机感染了病毒，如果它接入至公司内部网络，病毒有可能感染整个企业网络。或者经常有一些不满足公司安全策略的计算机接入公司网络，从公司的 DHCP 服务器获得 TCP/IP 配置从而访问公司网络，这会带来巨大的风险。

如何解决这个问题，Windows Server 2008 使用网络访问保护（Network Access Protection）技术来控制客户端从 DHCP 服务器获得配置，从而达到控制它们对公司内网访问的目的。网络访问保护（NAP）是 Windows Server 2008 操作系统中内置的策略执行平台，它通过强制计算机符合系统健康要求更好地保护网络资产。借助网络访问保护，用户可以创建自定义的健康策略以在允许访问或通信之前验证计算机的健康状况、自动更新符合要求的计算机以确保持续的符合性，也可以将不符合要求的计算机限制到受限网络，直到它们变为符合为止。经过这样一番检查、策略控制、修复之后，符合健康状态要求的客户端才可以获得进入企业内网的权限，进行正常的网络访问，从而大大降低了企业遭到黑客攻击，病毒感染的可能性。

网络访问保护（NAP）主要应用在以下环境。

（1）确保漫游计算机的健康：企业中应用笔记本进行移动办公越来越广泛。经常携带笔记本出差的用户或员工，笔记本需要经常连接到不安全的外部网络，系统不经常进行更新，没有更新病毒库，或者已经感染病毒，一旦连接到公司网络，就需要进行安全检查。

（2）确保桌面计算机的健康：这里的桌面计算机指在公司内部使用、不经常离开内部网络的计算机。虽然这些计算机受到公司防火墙的保护及安全策略的限制，但是由于可能会访问外部网络，并且连接移动设备，访问共享文件夹及收发邮件等操作，也具有一定的安全隐患，需要接受补丁包获得更新，并更新病毒库。

（3）确保访客便携计算机的健康：有时候企业访客的计算机需要连接企业内部网络，而客户的计算机没有通过企业内部网络的安全策略，如果连入企业内部网络可能会有安全威胁。这时候，可以通过网络访问保护功能在技术层面进行访问限制，当客户计算机连入内部网络之后，网络访问保护（NAP）可以将客户计算机重定向到一个隔离的网段，会自动连接到修正服务器，对客户计算机实施制定的安全策略，如进行更新、修复漏洞等。在修复安全之后，客户计算机可以自动连接到内部网络，以上操作自动完成，不耽误业务的进展。

（4）确保家庭计算机的健康：企业员工有时候会将工作带到家中完成，需要通过 VPN 等方式将家中的计算机连接到公司内部网络访问资源。这时候家中的计算机就有可能对公司内部网络造成安全威胁。这时候使用 NAP 功能可以设置检查家庭计算机，可以将连接入的家庭计算机限制到隔离网段，进行健康修复，直到安全为止。

2．NAP 架构

NAP 的架构主要由客户端和服务器端组成，其构架如图 9-51 所示。

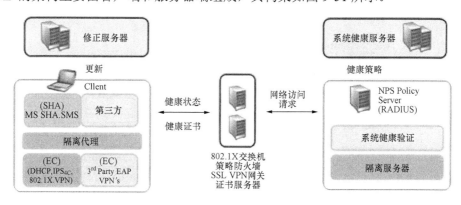

图 9-51　NAP 架构

服务器端主要作用是制订网络访问安全策略，通过系统健康验证来检验客户端的安全状况，并根据系统健康验证的结果限制客户端的访问。NAP 采用 DHCP、VPN、IPsec、802.1X 等技术实现了深度防御，对安全进行了增强，所有通信都是经过验证授权并保证是健康的，NAP 对于不安全的计算机的强制方式包括以下内容。

（1）DHCP：对于不健康的计算机，分配限制 IP，进入限制网络。

（2）VPN：基于 IP 包过滤器的过滤来实现安全检测。

（3）802.1X：通过 IP 包过滤器或虚拟局域网来限制不健康的连接。

（4）IPsec：拒绝不符合要求的通信请求。

网络访问客户端包含于 Windows Vista、Windows XP SP3 和 Windows Server 2008 中，其中包括：系统安全代理 SHA，检查声明客户端安全状态，是否启用 Windows FireWall，Windows Defender，Windows Update、杀毒软件是否为最新等。同时向 NAP 策略服务器询问是否满足健康状况要求，Vista 和 2008 都包含了一个 SHA。强制客户端 EC，是被定义为与不同类型的连接之间的访问，包括 DHCP、VPN、IPsec、802.1X 等。隔离代理 QA，用于报告客户端健康状况并检查 SHA 和 EC 之间的协作。修正服务器的作用是为不健康的计算机安装所需的更新，启用防火墙，不安全客户端被分配到限制网段，就会自动连接到修补服务器进行更新。

3．DHCP NAP 策略部署

为了实现 DHCP NAP 策略部署，需要构建服务器端网络环境，首先是服务器端的相关设置。

（1）安装 AD 域服务并安装配置成域控制器。在网络中安装一台以 Windows Server 2008 操作系统的服务器作为域控制器。安装完域控制器后，在域控制器创建一个名为 NAP_Clients 的安全组，用于存放 NAP 客户端，并方便施加 NAP 相关组策略。同时，把需要受控的客户端加入此用户组。

（2）安装并配置 DHCP 服务，安装过程请参考本书前面相关章节。

（3）安装网络策略服务器（Network Policy Server）。

NAP（网络策略和访问服务）服务安装过程如下。

1）打开服务器管理器，单击"添加角色"按钮，进入"添加角色向导"界面，选择"网络策略和访问服务"项，如图 9-52 所示。

2）单击"下一步"按钮，进入服务器简介页面，如图 9-53 所示。

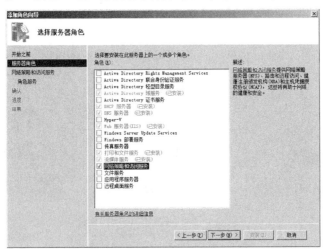

图 9-52　网络策略和访问服务

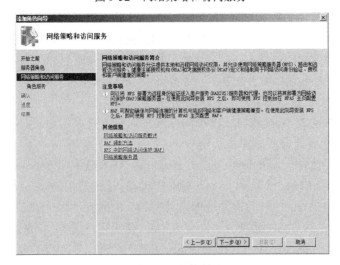

图 9-53　服务器简介

3）在接下来的"选择角色"界面中，按如图 9-54 所示进行设置。（注意：如果需要配置 VPN，则可以同时勾选"网络策略服务器"及"路由和远程访问服务"项。）

4）单击"下一步"按钮，确认安装即可，安装完成效果如图 9-55 所示。

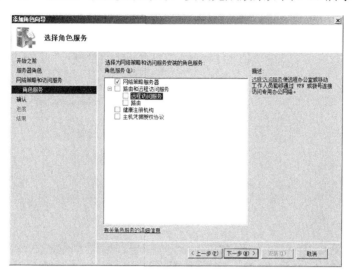

图 9-54 选择网络策略和访问服务

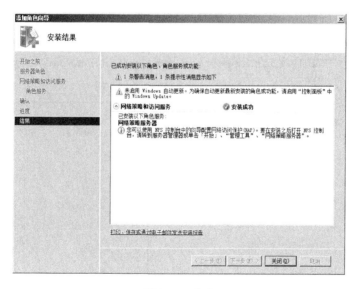

图 9-55 完成

（4）NAP（网络策略和访问服务）服务配置。

1）单击"开始"→"管理工具"→"网络策略服务器"命令，弹出如图 9-56 所示窗口。

2）单击"配置 NAP"项，在弹出的如图 9-57 所示的界面中选择与 NAP 一起使用的网络连接方法，在此，选择"动态主机配置协议（DHCP）"项。

3）单击"下一步"按钮。如果 DHCP 服务器没有安装在网络策略服务器中，则需要将远程 DHCP 服务器配置为 RADIUS 客户端。在上一环节中，DHCP 服务已安装在 NPS 中，所以无需配置，继续单击"下一步"按钮即可。

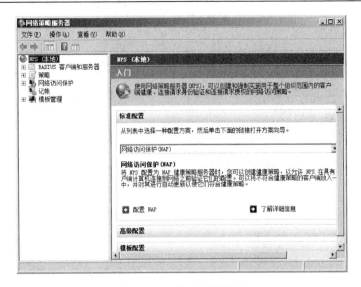

图 9-56　网络策略服务器

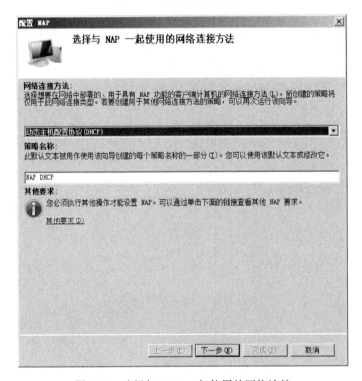

图 9-57　选择与 NAP 一起使用的网络连接

4）接下来出现的是"指定 DHCP 作用域"界面，如图 9-58 所示。如果不指定 DHCP 作用域，则 NAP 将应用于选定 DHCP 服务器中的所有作用域范围。在此，无需更多配置，单击"下一步"按钮即可。

5）接下来出现的是"配置计算机组"界面，如图 9-59 所示。如果要授权或拒绝访问计算机组的权限，可将组加入进来。留空则表示将该策略应用与所有用户。在此，无需配置，单击"下一步"按钮即可。

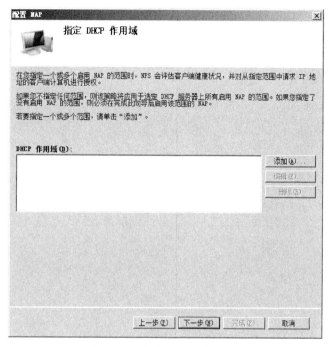

图 9-58 指定 DHCP 作用域

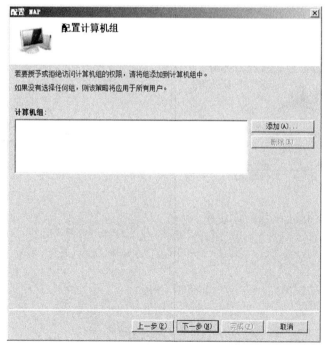

图 9-59 配置计算机组

6）接下来出现的是"更新服务器组"界面，如图 9-60 所示。更新服务器组默认为空，如果没有帮助网页，URL 疑难解答地址可为空。（注意：为了更好地实施客户端的软件的更新，可以事先建立更新服务器，存储 NAP 客户端所需要的软件更新。然后，在此页面配置即可。）

7）在接下来如图 9-61 所示的"定义 NAP 健康策略"界面中，启用对客户端的自动修复，单击"下一步"按钮即可。

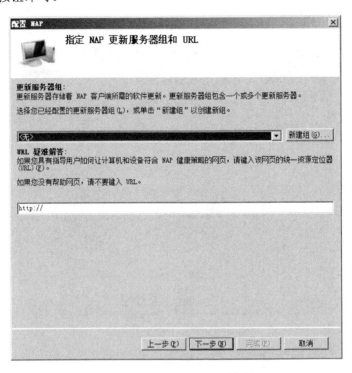

图 9-60　指定 NAP 更新服务器组

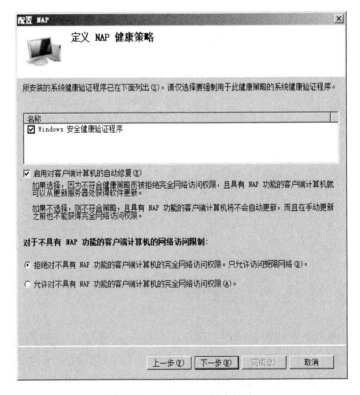

图 9-61　定义 NAP 健康策略

8）在接下来如图 9-62 所示的界面中，对安装进行了列表显示，单击"完成"按钮即可。

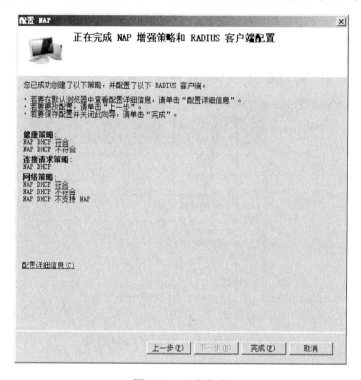

图 9-62　正在完成

9）配置完成后，在如图 9-63 所示的"网络策略服务器"管理窗口中，可以进行更多的策略配置。例如，在网络访问保护中对系统健康验证器进行配置。可以定义客户端计算机访问内部网络需要的条件。如防火墙设置、防病毒设置、间谍软件保护设置、自动更新、安全更新等。

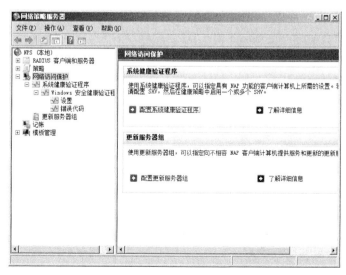

图 9-63　"网络策略服务器"管理

10）配置系统健康验证器。健康验证器定义了客户端计算机访问内部网络需要的条件。打开网络策略服务管理窗口，如图 9-63 所示。依次展开"网络访问保护"→"系统健康验证程序"→"Windows 安全健康程序"→"设置"项，双击右侧窗口中的"默认配置"项，弹出如图 9-64 所示的"Windows 安全健康验证程序"对话框。在此，可以配置对不同 WINDOWS 版本客户端的要求，如"防火墙"、"启用自动更新"等。

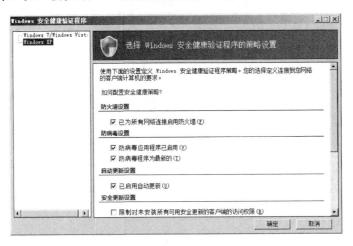

图 9-64　Windows 安全健康验证程序

（5）配置 NPS 中的 DHCP。在服务器管理器窗口中，打开 DHCP 服务器控制台，展开 DHCP 作用域。右击作用域 192.168.1.0，选择"属性"命令，在"网络访问保护"选项卡中，选中"对此作用域启用"项，如图 9-65 所示。

（6）在组策略中编辑 NAP 客户端策略。

1）单击"开始"→"管理工具"→"组策略管理"命令，打开组策略管理工具，展开林，域，在 boretech.com（见图 9-66）上右击，并选择"在这个域中创建 GPO 并在此链接"命令，可以为其取名称为 NAP Client settings。建立完成后效果如图 9-67 所示。

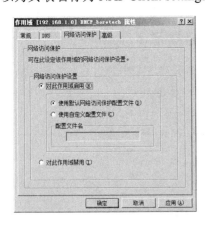

图 9-65　DHCP 启用网络访问保护

图 9-66　组策略管理

2）在 NAP Client settings 上单击右键，选择"编辑"命令，会弹出"组策略管理编辑器"窗口。在窗口中依次展开"计算机配置"→"策略"→"Windows 设置"→"安全设置"→

"网络访问保护"→"NAP 客户端配置"→"强制客户端"项，双击"DHCP 隔离强制客户端"项，启用"DHCP 隔离强制客户端"项。如图 9-68 所示。

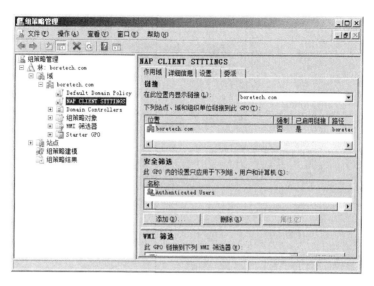

图 9-67　NAP Client settings

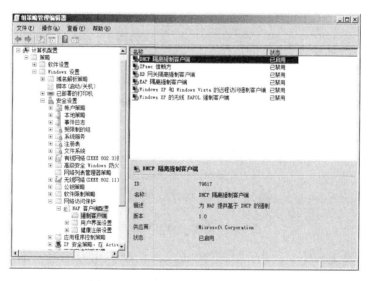

图 9-68　启用 DHCP 隔离强制客户端

3）依次展开"计算机配置"→"策略"→"Windows 设置"→"安全设置"→"系统服务"项，双击 Network Access Protection Agent，选择"定义此策略设置/自动"项即可，如图 9-69 所示。

4）关闭"组策略管理编辑器"窗口，回到组策略管理控制台，单击 NAP Client settings，在右侧的安全筛选中，删除默认的 authenticated users，添加 NAP_Clients 组。如图 9-70 所示。

图 9-69　定义 Network Access Protection Agent

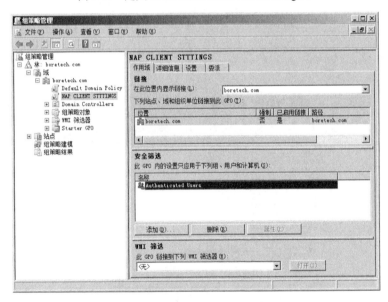

图 9-70　添加 NAP_Clients 组

在客户端的设置如下。（为了测试 NAP，我们准备相应的客户端，为了达到验证 NAP 效果，客户端先关闭系统防火墙。客户端的软件是初始安装状态，无任何安全应用程序。）

（1）启动客户机，并强制刷新组策略，获取新的 NAP 策略设置。

（2）依次打开客户机的"控制面板"→"系统和安全"→"操作中心"项，用户可以查看该计算机的安全保护设置。展开"安全"选项，在窗体底部，可以发现客户机的网络访问保护功能已经启用。

（3）打开防火墙设置，会在顶部多出这样一行字"出于安全原因，某些设置由系统管理员管理"。并且此时是无法手工关闭防火墙的，因为此时系统的某些安全设置已经被 NAP 服务代理管理，即使选中关闭防火墙后，系统在检测到安全策略设置中的选项被更改，会强行再次按照安全策略的内容启动防火墙。

（4）可以利用 NETSH 命令检查一下当前客户机是否被修复成功，在命令提示符中输入 netsh nap client show state 就可得到相应的信息，会显示健康代理已经正常启用，并修复了客户端计算机，允许其进入不受限网络。

项目 10　流媒体服务器安装配置与管理

▶ 基础技能

在前导课程中，学生应该了解或掌握以下知识与技能：

（1）了解网络 VOD 应用的场合。

（2）了解流媒体技术基本概念和相关格式。

（3）掌握流媒体服务器在网络中充当的角色或能够发挥的功能。

▶ 项目情境

随着 Internet 的飞速发展，流媒体技术的应用越来越广泛，从网上广播、电影播放到远程教学及在线的新闻网站等都用到了流媒体技术。为了更好地宣传公司产品，般若科技有限公司网络信息管理部门决定在网络管理规划中利用 Windows Server 2008 中安装 WMS 2008，构建一台流媒体服务器，来搭建一个流媒体服务系统。

般若公司的流媒体服务器在网络中的规划如图 10-1 所示，在公司的服务器群中，专门架设了一台服务器用于流媒体服务。

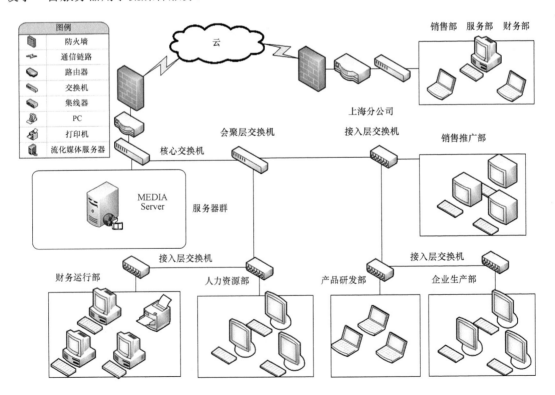

图 10-1　般若科技公司网络拓扑图

　　流媒体服务器在公司网络内的域名与对应的 IP 如表 10-1 所示，其在 DNS 服务器中的别名为 movie.boretech.com，IP 地址为 192.168.1.5。

表 10-1　　　　　　　　　　　　　　流媒体服务配置及说明

图　　标	名　　称	域名与对应 IP	说　　明
	流媒体服务器	movie.boretech.com 192.168.1.5	流媒体服务器实现了公司网络的网上广播、电影播放、远程教学以及在线的新闻网站中视频的观看与下载，为用户提供流畅的音频和视频服务

▶ **任务目标**

（1）掌握 Windows Media 服务器端的基本操作。
（2）掌握 Windows Media 服务器的安装、设置及创立公告文件。
（3）熟悉 Windows Media 服务器的配置与管理。
（4）熟悉流媒体文件的发布与访问。

▶ **知识准备**

1. 流媒体技术简介

　　所谓流媒体（Streaming Media）是指采用流式传输的方式在 Internet 播放的媒体格式。它是一种可以使音频、视频和其他多媒体能在网络上以实时的、无需下载等待的方式进行播放的技术。和需要将整个视频文件全部下载之后才能观看的传统方式相比，流媒体技术是通过将视频文件经过特殊的压缩方式分成一个个的小数据包，由视频服务器向用户计算机连续、实时传送，用户不需要将整个视频文件完全下载之后才能观看，只需经过短暂的缓冲就可以观看这部分已经下载的视频文件，文件的剩余部分将继续下载。

　　与传统的文件下载方式相比，流式传输方式具有以下优点。

　　（1）启动延时大幅度地缩短：用户不用等待所有内容下载到硬盘上才能够浏览，通常一个 45min 的影片片段在 1min 以内就可以在客户端上播放，而且在播放过程一般不会出现断续情况。另外，客户端全屏播放对播放速度几乎无影响，但快进、快倒操作时需要时间等待。

　　（2）对系统缓存容量的需求大大降低：由于 Internet 和局域网都是以包传输为基础进行断续的异步传输，数据被分解为许多包进行传输，动态变化的网络使各个包可能选择不同的路由，因此到达用户计算机的时间延迟也就不同。所以，在客户端需要缓存系统来弥补延迟和抖动的影响，并保证数据包传输顺序的正确，使媒体数据能连续输出，不会因网络暂时拥堵而使播放出现停顿。虽然流式传输仍需要缓存相应的文件，但由于不需要把所有的动画、视音频内容都下载到缓存中，因此，对缓存的要求也相应降低。

　　（3）流式传输的实现有特定的实时传输协议：采用 RTSP 等实时传输协议，更加适合动画、视音频在网上的流式实时传输。

　　通常流媒体系统包括以下五个方面的内容。

　　1）编码工具：用于创建、捕捉和编辑多媒体数据，形成流媒体格式。

　　2）流媒体数据。

3）服务器：存放和控制流媒体的数据。

4）网络：适合多媒体传输协议甚至是实时传输协议的网络。

5）播放器：供客户端浏览流媒体文件。

这五个部分有些是网站需要的，有些是客户端需要的，而且不同的流媒体标准和不同公司的解决方案会在某些方面有所不同。

2．常见流媒体传输格式

在 Internet 和局域网上所传输的多媒体格式中，基本上只有文本、图形可以照原格式传输。动画、音频、视频等虽然可以直接在网上播放，但文件偏大，即使采用专线上网也要等完全下载后才能观看。这三种类型的媒体均要采用流式技术来进行处理以便于在网上传输。由于不同的公司设计开发的文件格式不同，传送的方式也有所差异，因此，必须非常清楚各种流媒体文件的格式。常见的流媒体文件格式有 mov、asf、3gp、viv、swf、rt、rp、ra、rm 等。

（1）rm 视频影像格式和 ra 的音频格式：ra 格式是 RealNetworks 公司所开发的一种新型流式音频 Real Audio 文件格式。rm 格式则是流式视频 Real Vedio 文件格式，主要用来在低速率的网络上实时传输活动视频影像，可以根据网络数据传输速率的不同而采用不同的压缩比率，在数据传输过程中边下载边播放音频和视频，从而实现多媒体的实时传送和播放。客户端可通过 RealPlayer 播放器进行播放。

（2）mov 格式：是 QuickTime 影片格式，它是 Apple 公司开发的一种音频、视频文件格式，用于存储常用数字媒体类型。当选择 QuickTime（*.mov）作为"保存类型"时，动画将保存为.mov 文件。

（3）asf 格式：微软公司的 asf 格式也是一种网上流行的流媒体格式，它的使用与 Windows 操作系统是分不开的，其播放器 Microsoft Media Player 已经与 Windows 操作系统捆绑在一起，不仅可用于 Web 方式播放，还可以用于在浏览器以外播放影音文件。

（4）3gp 格式：一种 3G 流媒体的视频编码格式，使用户能够发送大量的数据到移动电话网络，从而明确传输大型文件，如音频、视频和数据网络的手机。3GP 是 MP4 格式的一种简化版本，减少了储存空间和较低的频宽需求，让手机上有限的储存空间可以使用。

（5）qt 格式：uick Time Movie 的 qt 格式是 Apple 公司开发的一种音频、视频文件格式，用于保存音频和视频信息，具有先进的音频和视频功能。Quick Time 文件格式支持 25 位彩色，支持 RLC、JPEG 等领先的集成压缩技术，提供 150 多种视频效果。

（6）swf 格式：swf 格式是基于 Macromedia 公司 Shockwave 技术的流式动画格式，是用 Flash 软件制作的一种格式，源文件为 fla 格式。由于它体积小、功能强、交互能力好、支持多个层和时间线程等特点，所以越来越多地应用到网络动画中。该文件是 Flash 的其中一种发布格式，已广泛用于 Internet，客户端只需安装 Shockwave 的插件即可播放。

3．流媒体传输协议

在观看网上电影或者电视时，一般都会注意到这些文件的连接都不是用 http 或者 ftp 开头，而是一些 rtsp 或者 mms 开头的地址。实际上，以 rtsp 或者 mms 开头的地址和 http 或 ftp 一样，都是数据在网络上传输的协议，它们是专门用来传输流式媒体的协议。

MMS（Microsoft Media Server Portocol）协议：用来访问 Windows Media 服务器中 asf 文件的一种协议，用于访问 Windows Media 发布点上的单播内容，是连接 Windows Media 单播

服务的默认方法。若用户在 Windows Media Player 中输入一个 URL 以链接内容，而不是通过超级链接访问内容，则他们必须使用 MMS 协议引用该流。

　　RTP（Real-time Transport Portocol）实时传输协议：用于 Internet 上针对多媒体数据流的一种传输协议。RTP 通常工作在点对点或点对多点的传输情况下，其目的是提供时间和实现流同步。RTP 通常使用 UDP 传送数据，但也可工作在 ATM 或 TCP 等协议之上。

　　RTCP（Real-time Transport Control Portocol）实时传输控制协议：RTCP 和 RTP 一起提供流量控制和拥塞控制服务。通常 RTP 和 RTCP 配合使用，RTP 依靠 RTCP 为传送的数据包提供可靠的传送机制、流量控制和拥塞控制，因而特别适合传送网上的实时数据。

　　RTSP（Real-time Streaming Portocol）实时流协议：它是由 RealNetwork 和 Netscape 共同提出的，该协议定义了点对多点应用程序如何有效地通过 IP 网络传送多媒体数据。

　　RSVP（Resource Reservation Protocol）资源预留协议：它是网络控制协议，运行在传输层。由于音、视频流对网络的时延比传统数据更敏感，因此在网络中除带宽要求外还需要满足其他条件，在 Internet 上开发的资源预留协议可以为流媒体的传输预留一部分网络资源，从而保证服务质量。

　　PNM（Progressive Networks Audio）：这也是 Real 专用的实时传输协议，它一般采用 UDP，并占用 7070 端口。

　　除上述协议之外，流媒体技术还包括对于流媒体类型的识别，这主要是通过多用途 Internet 邮件扩展 MIME（Multipurpose Internet Mail Extensions）进行的。它不仅用于电子邮件，还能用来标记在 Internet 上传输的任何文件类型。通过它 Web 服务器和 Web 浏览器才可以识别流媒体并进行相应的处理。浏览器通过 MIME 来识别流媒体的类型，并调用相应的程序或 Plug-in 来处理，尤其在 IE 浏览器中，提供了丰富的内建媒体支持。

4．流媒体技术的主要解决方案

　　到目前为止，使用较多的流媒体技术解决方案主要有 RealNetworks 公司的 Helix Server 流媒体服务器、微软公司的 Windows Media 流媒体服务器和 Apple 公司的 QuickTime，它们是网上流媒体传输系统的三大主流。

　　（1）Helix Server 流媒体服务器。Helix Server 流媒体服务器支持 RealAudio、RealVideo、Real Presentation 和 RealFlash 4 类文件，分别用于传送不同的文件。Helix Server 流媒体服务器采用 SureStream 技术，自动地并持续地调整数据流的流量以适应实际应用中的各种不同网络带宽需求，轻松在网上实现视音频和三维动画的回放。

　　（2）Windows Media 流媒体服务器。Windows Media 流媒体服务器是微软公司推出的信息流式播放方案，其主要目的是在 Internet 和局域网上实现包括音频、视频信息在内的多媒体流信息的传输。Windows Media 流媒体服务器的核心是 asf 文件，这是一种包含音频、视频、图像及控制命令、脚本等多媒体信息在内的数据格式，通过分成一个个的网络数据包在 Internet 和局域网上传输来实现流式多媒体内容发布。asf 支持任意的压缩/解压缩编码方式，并可以使用任何一种底层网络传输协议，因此具有很大的灵活性。

　　Windows Media 流媒体服务器由 Media Tools、Media Server 和 Media Player 工具构成。MediaTools 提供了一系列的工具帮助用户生成 asf 格式的多媒体流，其中分为创建工具和编辑工具两种。创建工具主要用于生成 asf 格式的多媒体流，包括 MediaEncoder、Author、VidToASF、WavToASF、Presenter 五个工具；编辑工具主要对 asf 格式的多媒体流信息进行编辑与管理，包括后期制作编辑工具 ASFIndexer 与 ASFChop，以及对 ASF 流进行检查并改正错误的 ASFCheck。MediaServer 可以保证文件的保密性，不被下载，并使每个使用者都能以最佳的影片品质浏览网页，具有多种文件发布形式和监控管理功能。

（3）QuickTime。Apple 公司的 QuickTime 几乎支持所有主流的个人计算平台和各种格式的静态图像文件、视频和动画格式，具有内置 Web 浏览器插件技术，支持 IETF（Internet Engineering Task Force）流标准及 RTP、RTSP、SDP、FTP 和 HTTP 等网络协议。

5. Windows Media Services 简介

Windows Media Services（Windows 媒体服务，WMS）是微软公司用于在企业 Intranet 和 Internet 上发布数字媒体内容的平台。通过 WMS，用户可以便捷地构架媒体服务器，实现流媒体视频及音频的点播播放等功能。WMS 并不是 Windows Server 2008 中一个全新的组件，也存在于微软以往的服务器操作系统中，详细情况如表 10-2 所示。

表 10-2   **Windows Media Services 的不同版本**

操 作 系 统	Windows Media Services 版本
Windows Server 2000	4.0/4.1
Windows Server 2003	9.0
Windows Server 2003 SP1	9.1
Windows Server 2008	Windows Media Services 2008

表 10-2 是微软服务器操作系统与其相应 WMS 的对应关系。WMS 作为一个系统组件，并不集成于 Windows Server 系统中，WMS 需要通过操作系统中的"添加删除组件"命令进行安装，安装时需要系统光盘。在 Windows2008 中，WMS 不再作为一个系统组件而存在，而是作为一个免费系统插件，需要用户下载后进行安装。

新一代多媒体内容发布平台 WMS 2008 可以在 32 位和 64 位的 Web 版、标准版、企业版和数据中心版的 Windows Server 2008 中进行安装。WMS 2008 的应用环境非常广泛，在企业内部应用环境中，可以实现点播方式视频培训、课程发布、广播等。在商业应用中，可以用来发布电影预告片、新闻娱乐、动态插入广告、音频视频服务等。

▶ 实施指导

1. 安装 Windows Media 服务器

利用 Windows Server 2008 来构建流媒体服务器可以分为两个主要阶段：准备阶段和架设阶段。准备阶段需要进行的是 WMS 2008 插件的安装、准备流媒体文件；架设阶段进行的是添加流媒体服务器角色、提供流媒体服务。

流媒体服务器架设成功后，就可以在客户端进行访问服务，享受流媒体所带来的视觉与听觉感受。以下分别从服务器端安装与客户端使用这两大方面来进行指导与应用。

（1）下载并安装 Windows Media Services 2008。在默认情况下，Windows Server 2008 中没有附带 Windows Media 服务组件，而是单独作为插件，可以通过微软官方网站免费下载。因此需要下载相应的安装组件 Microsoft Update Standalone Package，这个插件包被用来安装 WMS 2008，并且为 Windows Server 2008 添加流媒体服务器角色。需要注意的是，下载页面提供了 32 位和 64 位系统的插件包，用户需要根据操作系统情况正确下载。如果用户是全新安装的 Windows Server 2008，需要下载 server.msu，如果用户安装的是 server core 模式的 Windows Server 2008，则需要下载的是 core.msu，而 Admin.msu 是 WMS 2008 的管理工具，用户可酌情下载。

注意：1）64 位 Windows Media 服务组件下载地址为 http ://download.microsoft.com/ download/b/b/7/bb719945-70c4-46f3-9d90-2dfce8abbac7/Windows6.0-KB934518-x64-Server.msu

2）64 位 Windows Media 管理组件下载地址为 http://download.microsoft.com/download/ b/b/7/bb719945-70c4-46f3-9d90-2dfce8a bbac7/ Windows6.0-KB934518-x64-Admin.msu

3）64 位 server core 模式的 Windows Server 2008 Windows Media 内核组件下载地址为 http://download.microsoft.com/download/b/b/7/bb719945-70c4-46f3-9d90-2dfce8a bbac7/Windows6.0-KB934518-x64-Core.msu

用户可根据所使用的 Windows Server 2008 相应的版本选择下载。由于系统的不断更新，可能需要安装不同版本的 Windows Media Services 2008，本书所使用的服务器版本为 Windows Server 2008 r2，因此，需单独在微软网站上下载 Windows Media Services 2008 for Windows Server 2008 R2，下载地址为 http://www.microsoft.com/downloads/zh-cn/details.aspx?FamilyID= B2CDB043-D611-41C9-91B7-CDDF6E5FDF6B，此 Microsoft 更新独立程序包（MSU）文件安装了用于 Windows Server 2008 R2 操作系统的 Windows Media Services 的最新版本，即 64 位的安装组件 Windows6.1-KB963697-x64.msu。

下载相应的版本完成后，即可以进行安装。安装过程如下。

1）双击运行已下载的 Windows6.1-KB963697-x64.msu，系统在提示安装更新对话框后，会弹出如图 10-2 所示的"下载并安装更新"对话框，要求用户阅读许可条款。用户需要接受条款方可进行下一步的安装。

2）用户在接受许可协议后，进入如图 10-3 所示的安装更新对话框。（注意，此时，需保持 Internet 的畅通，以安装 Windows 更新程序。）

图 10-2　许可协议

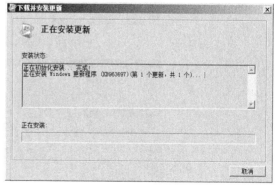

图 10-3　正在安装更新

3）在经过短暂的下载更新后，系统下载并安装更新完成。弹出如图 10-4 所示对话框。

（2）安装流媒体服务器角色。在 Windows Server 2008 管理工具 Server Manager（服务器管理器）中，可以方便地添加或者删除服务器角色。但是默认情况下并不包含流媒体服务器角色，在下载更新 Windows Media Services 2008 完成后，接下来，需要手动在系统中添加安

图 10-4　安装完成

装流媒体服务器角色。

1）选择"开始"→"服务器管理器"命令打开服务器管理器，在左侧选择"角色"一项之后，单击右侧的"添加角色"链接，弹出如图 10-5 所示的"开始之前"界面，提醒用户在进行安装前的准备工作。准备工作完成后，单击"下一步"按钮继续操作。

2）在如图 10-6 所示的添加服务器角色向导中选择"流媒体服务"复选框，单击"下一步"按钮继续操作。

3）在如图 10-7 所示的"流媒体服务简介"界面中，对流媒体服务进行了简要介绍，确认之后单击"下一步"按钮继续操作。

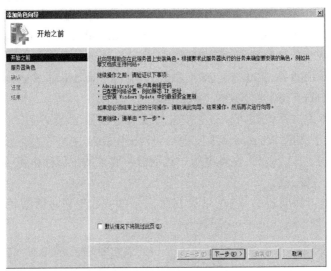

图 10-5　添加角色向导

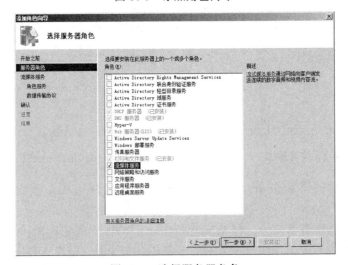

图 10-6　选择服务器角色

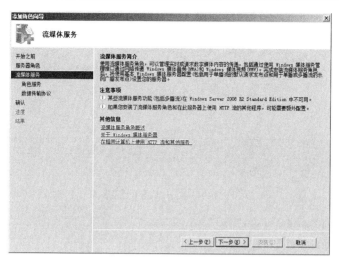

图 10-7　流媒体服务器简介

4）在如图 10-8 所示的"选择角色服务"界面中，可以选择为流媒体服务所安装的角色服务，此时有三个复选按钮可以选择："Windows 媒体服务器"、"基于 Web 的管理"和"日志记录代理"。一般情况下建议选择全部复选框来使得安装的 Windows Media 服务器具有全部完整的功能，单击"下一步"按钮继续操作。

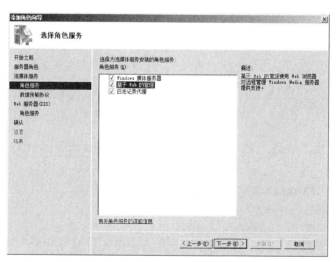

图 10-8　选择角色服务

注意：如果选择"基于 Web 的管理"项，会弹出如图 10-9 所示的对话框，提醒用户是否添加基于 Web 的管理所需的角色服务，如果确认，请单击"添加所需的角色服务"按钮，否则，单击"取消"按钮。

5）进入如图 10-10 所示的"选择数据传输协议"界面。由于 Windows 媒体服务器在传输媒体文件的时候需要使用相关的传输协议，因此需要在此选择所采用的传输协议，一般默认选择"实时流协议"复选框。若服务器中没有其他服务占用 80 端口，还可以选择"超文本传输协议"复选框进行媒体传输。

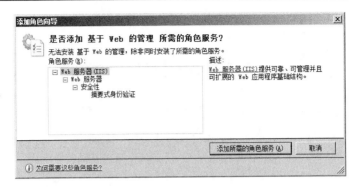

图 10-9　基于 Web 的管理

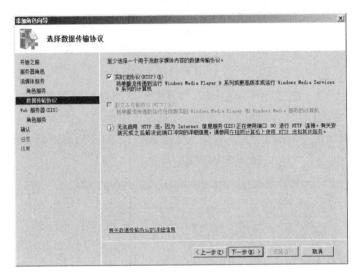

图 10-10　选择数据传输协议

6）单击"下一步"按钮，进入如图 10-11 所示的"Web 服务器（IIS）"界面，在这里列出了"注意事项"。

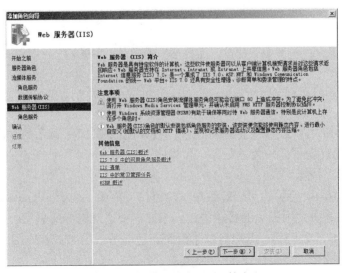

图 10-11　Web 服务器 IIS 简介

7）单击"下一步"按钮，进入如图 10-12 所示的"选择数据传输协议"界面，用户根据需要选择安装选项即可。

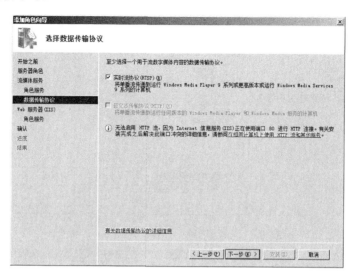

图 10-12　选择为 IIS 安装的角色服务

8）单击"下一步"按钮，进入如图 10-13 所示的"确认安装选择"界面，可以查看到需要安装 Windows Media 服务器三个组件相关的详细信息，确认之后单击"安装"按钮开始安装。

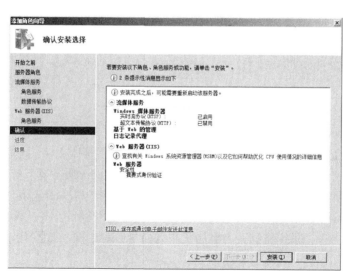

图 10-13　确认安装

9）在显示安装进度对话框后，用户等待安装完成即可。完成之后，会进入如图 10-14 所示的"安装结果"界面，显示相关的安装结果。选择"开始"→"服务器管理器"命令打开服务器管理器，展开左侧选择"角色"一项之后，会发现 Windows Media 服务器安装成功，如图 10-15 所示。也可以依次选择"开始"→"管理工具"命令，可以查看到"Windows Media 服务"一项，则表示 Windows Media 服务器安装成功。

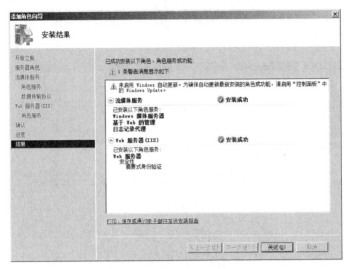

图 10-14　安装结果

图 10-15　Windows Media 服务

2．配置 Windows Media 服务器

通过配置 Windows Media 服务器，可以生成发布点和流媒体文件，具体的操作步骤如下。

（1）依次选择"开始"→"管理工具"→"Windows Media 服务器"命令，打开 Windows Media 服务窗口，如图 10-16 所示，可以在窗口右部查看到一些关于流媒体的介绍信息。

（2）在 Windows Media 服务窗口中右键单击"发布点"项目，并从弹出的快捷菜单中选择"添加发布点"命令，系统将打开"添加发布点向导"对话框，如图 10-17 所示，单击"下一步"按钮继续操作。

（3）进入如图 10-18 所示的"发布点名称"对话框，需要在"名称"文本框中输入发布点的名称，此时可以输入"boretech_publish01"之类具有实际意义的名称，单击"下一步"按钮继续操作。

（4）进入如图 10-19 所示的"内容类型"对话框，选择 Windows Media 服务器发布的媒体项目，此处提供了"编辑器"、"播放列表"、"一个文件"和"目录中的文件"等单选按钮。如果将服务器硬盘中的媒体文件发布出去，建议单击"目录中的文件"单选按钮，这样只需对设置目录中的媒体文件进行操作即可快速更改媒体服务器的发布内容。

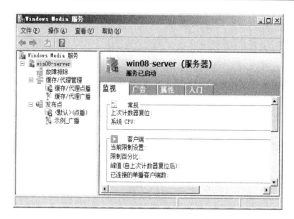

图 10-16　Windows Media 服务

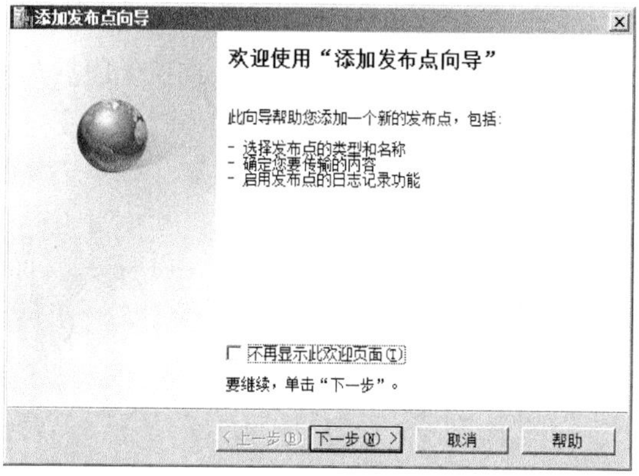

图 10-17　欢迎使用添加发布点

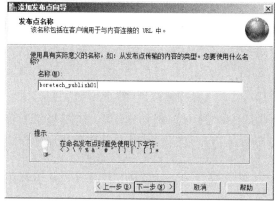

图 10-18　发布点名称

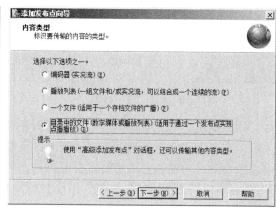

图 10-19　内容类型

（5）单击"下一步"按钮，进入如图 10-20 所示的"发布点类型"界面，在此选择媒体文件发布的方案，提供了"广播发布"点和"点播发布"点两种类型。其中前者采用类似电视节目的广播发布方式，客户端用户无法选择收看的节目；而后者则是创建客户端用户可以自行选择收看的节目，并且能够通过快进、快退等方式对媒体节目进行控制。

（6）单击"下一步"按钮，进入如图 10-21 所示的"目录位置"界面，在此需要指定媒体文件存放的路径，如默认设置媒体文件存放在"C:\WMPub\WMRoot"文件夹中。

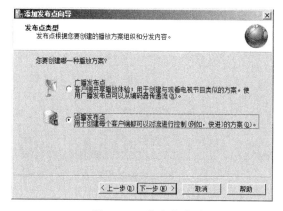

图 10-20　发布点类型

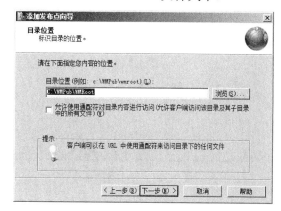

图 10-21　目录位置

（7）单击"下一步"按钮，进入如图 10-22 所示的"内容播放"界面，在此可以设置文件的播放方式，提供了循环播放和无序播放两种方式。

（8）单击"下一步"按钮，进入如图 10-23 所示的"单播日志记录"界面，在此可以设置是否启用发布点日志记录功能。如果启用了服务器日志记录功能，则不需要再次选择该复选框来启用发布点的日志记录。

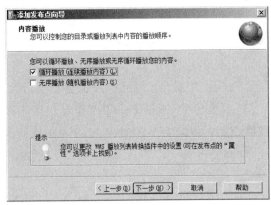

图 10-22　内容播放　　　　　　　　　图 10-23　单播日志记录

（9）单击"下一步"按钮，进入如图 10-24 所示的"发布点摘要"界面，在此显示了有关添加发布点的具体信息。选择"向导结束时启动发布点"复选框可以在添加发布点操作结束之后自动启动发布点，从而省去手工启动的麻烦。

（10）单击"下一步"按钮，系统会对发布点进行配置，最后在如图 10-25 所示的界面中单击"完成"按钮退出添加发布点向导。

3．创建公告文件

在如图 10-25 所示的完成界面中，选择了"完成向导后，创建公告文件"项。在 Windows Media 服务器中创建发布点之后，还需要创建相应的.asx 格式的公告文件或者是.htm 格式的网页文件，这样客户端用户才能够通过网络收看节目。在如图 10-25 所示的界面中单击"完成"按钮，则可以激活单播公告向导，并且通过下述步骤创建公告文件。

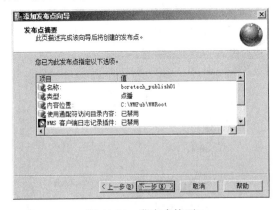
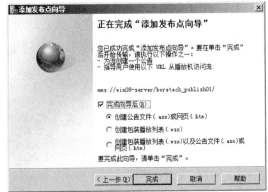

图 10-24　发布点摘要　　　　　　　　图 10-25　正在完成添加发布点向导

（1）系统进入"单播公告向导"对话框，如图 10-26 所示，此欢迎页面对单播公告进行了简要的介绍，单击"下一步"按钮继续操作。

（2）进入如图 10-27 所示的"点播目录"界面，用户可以在此公告与该发布点相关联的目录中的一个或所有文件。在公告的内容目录输入框中，通过"浏览"按钮进行相应的选择（如图 10-28 所示，选择了一个文件 pinball.wmv），选择后结果如图 10-29 所示。

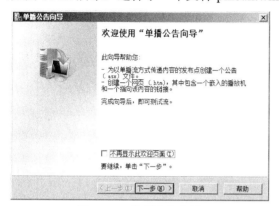

图 10-26　单播公告向导

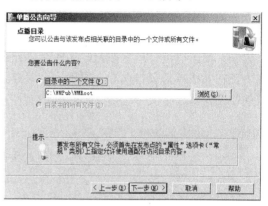

图 10-27　点播目录

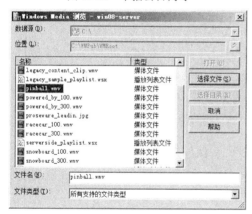

图 10-28　选择文件

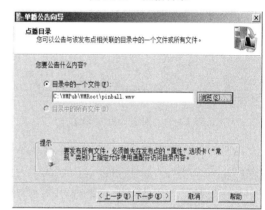

图 10-29　选择后的公告内容

（3）接下来，进入如图 10-30 所示的"访问该内容"界面，系统已经根据发布点的相关信息自动指定了单播文件的路径信息，如果更改媒体文件的存放路径，则需要单击"修改"按钮重新指定具体的文件路径信息。

（4）单击"下一步"按钮，进入如图 10-31 所示的"保存公告选项"界面，需要设置 asx

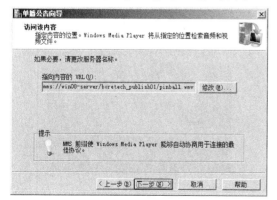

图 10-30　访问该内容

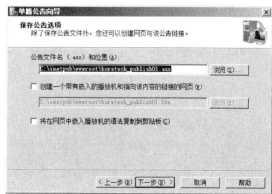

图 10-31　保存公告选项

格式的公告文件存放路径。如果选择"创建一个带有嵌入的播放机和指向该内容的链接的网页"复选框，则还可以生成一个 htm 格式的文件。

（5）单击"下一步"按钮，进入如图 10-32 所示的"编辑公告元数据"界面，需要设置主题、作者、版权等公告元数据，这些数据会在 Windows Media Player 播放器窗口显示。

（6）单击"下一步"按钮，系统会创建公告文件，稍等片刻可以查看到如图 10-33 所示的"正在完成单播公告向导"界面，此时建议用户选择"完成此向导后测试文件"复选框，以便在创建好公告文件之后立即对媒体文件进行测试。

图 10-32　编辑公告元数据　　　　　　　　图 10-33　正在完成单播公告向导

（7）单击"完成"按钮，关闭"单播公告向导"对话框，弹出如图 10-34 所示的"测试单播公告"对话框。在此对话框中提供了"测试公告"和"测试带有嵌入式播放机的网页"两个测试项目，以方便针对不同类型的公告文件进行测试。

（8）单击"测试公告"后的"测试"按钮，会弹出 Windows Media Player 播放界面，如图 10-35 所示。如果单击"测试带有嵌入式播放机的网页"后的"测试"按钮，会弹出 Web 播放界面，如图 10-36 所示。此时表明 Windows Media 服务器已经架设完成，单击"退出"按钮，结束测试。

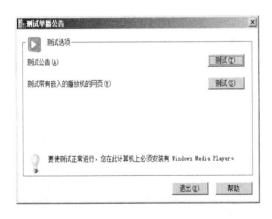

图 10-34　测试单播公告　　　　　　　　　图 10-35　测试公告

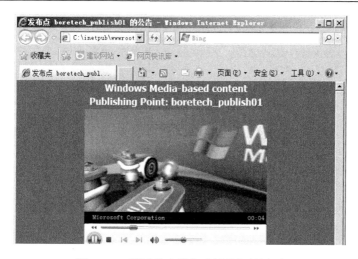

图 10-36　测试带有嵌入式播放机的网页

4．访问流媒体发布点

架设完成 Windows Media 服务器之后，用户可以很方便地收看 Windows Media 服务器发布的媒体文件，主要有以下三种方式。

（1）直接连接：在 IE 浏览器地址栏或是 Windows Media Player 的"打开 URL"对话框中输入 mms://dns.boretech.com/boretech_publish01/pinball.wmv，按下"回车"键即可访问架设的流媒体服务器 pinball.wmv。

（2）通过客户端列表：通过"单播公告向导"创建的 asx 客户端列表来访问，在 IE 浏览器地址栏或 Windows Media Player 的"打开 URL"对话框中输入 mms://dns.boretech.com/boretech_publish01.asx，按下"回车"键即可访问。

（3）通过网页：在服务器端通过 IIS 制作视频节目的发布网页，在 IE 浏览器地址栏或 Windows Media Player 的"打开 URL"对话框中输入这个网页的地址，如 mms://dns.boretech.com/boretech_publish01.htm，也可以通过内嵌在网页中的播放器来欣赏媒体节目。

5．优化流媒体服务器性能

虽然流媒体服务器的架设比较简单，但是这种服务器毕竟要消耗系统资源和网络带宽。如何才能得知当前的系统性能，怎么对其进行调整优化呢？在 Windows Server 2008 中附带了监测功能，这让用户可以对系统有一个直观的了解，优化的具体相关操作如下。

（1）依次选择"开始""→管理工具"→"Windows Media 服务器"命令，打开 Windows Media 服务窗口，在窗口中展开左侧的"发布点"项目，如图 10-37 所示，在"监测"选项卡中可以得知当前 Windows Media 服务器的相关信息。

注意：在"监测"选项卡中可以了解服务器的相关信息，如正在播放的视频文件、服务器 CPU 的最大占用率、共有多少客户端用户连接到服务器收看媒体节目、网络带宽的峰值占用、当前网络带宽占用等。这些信息有利于帮助用户了解服务器的运行情况。如果发现 CPU 占用资源超过 60%则说明 CPU 资源不足，可以通过升级计算机来完成，另外也可以限制客户端的连接数量来减少 CPU 资源的占用率。因此在维护服务器和充分利用服务器资源之间就可以找到一个平衡点，这样更利于服务器长期稳定的工作。

（2）在如图 10-38 所示的"源"选项卡中，可以查看到设置的媒体文件夹中有哪些文件可以供播放，而且通过中部的工具栏可以进行添加媒体文件、删除媒体文件等操作。

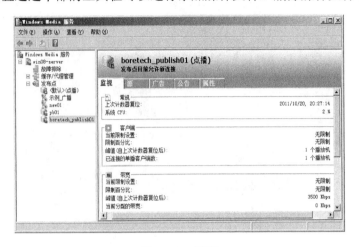

图 10-37   监视

图 10-38   源

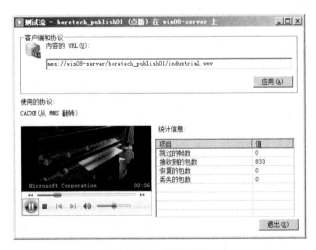

图 10-39   测试播放

（3）在图 10-38 的下部的文件列表中选取某个媒体文件，还可以单击底部的播放按钮实时测试播放，如图 10-39 所示。在测试的过程中能够得知跳过的帧数、接收到的文件包数、恢复和丢失的文件包数等具体信息。

（4）选择"广告"选项卡，可以添加间隙广告或者片头和片尾广告，这些可以根据具体的需示进行设置，如图 10-40 所示。

（5）选择"公告"选项卡，可以创建单播公告或者多播公告，如图 10-41 所示。若在前面的操作中没有设置公告文件，则可以在此创建。

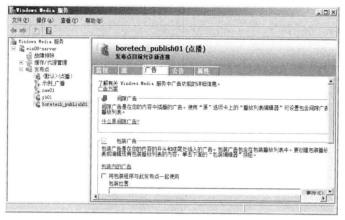

图 10-40　广告

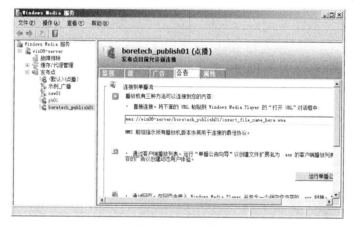

图 10-41　公告

（6）在如图 10-42 所示"属性"选项卡中，可以查看 Windows 媒体服务器设置，也能够在此进行较为全面的了解参数设置。在"类别"列表中提供了常规、授权、日志记录、验证、限制等多个项目，单击之后即可查看相关的信息。

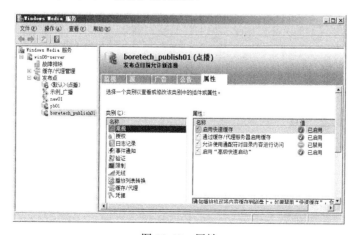

图 10-42　属性

（7）如果需要更改一些设置，则可以在右部的"属性"区域中进行操作。例如，选择"限制"类别之后，选择"限制播放机总带宽"复选框，并在后面文本框内输入带宽限制范围，这样就可以避免由于 Windows Media 服务器占用过多带宽而影响服务器其他网络程序的正常运行。

▶ 工学结合

远程管理 Windows Media 服务器

除了本地服务器管理 Windows Media 服务器之外，Windows Server 2008 还提供了远程管理的功能，可以让管理员在网络中的任何一台计算机中直接通过 IE 浏览器对 Windows Media 服务器进行管理，具体的操作步骤如下。

（1）在 IE 浏览器中输入，如 http://dns.boretech.com:8080/default.asp 或 http://192.168.1.1:8080/default.asp，其中"8080"为系统默认的远程连接端口，如图 10-43 所示。

（2）在远程管理 Windows Media 服务器页面中提供了"管理本地 Windows Media 服务器"和"管理一系列 Windows Media 服务器"链接，用户可根据需要进行相应选择。

（3）单击"管理一系列 Windows Media 服务器"链接，进入"Windows Media Server 2008 管理器"页面，显示了当前网络中所有的 Windows Media 服务器，如图 10-44 所示。此时选择需要远程管理的服务器，并且输入正确的用户名和密码登录系统。

图 10-43　远程管理地址

图 10-44　服务器列表

（4）登录 Windows Media 服务器之后可以查看到与本地 Windows Media 服务器管理窗口相似的页面，如图 10-45 所示，用户根据需要进行相应的远程管理操作即可。

图 10-45　远程管理

▶ 技能实训

1．实训目标

（1）熟练掌握 Windows Media 服务器的安装。

（2）熟悉并掌握 Windows Media 服务器的配置与管理。

（3）熟悉并掌握流媒体文件的发布与访问。

（4）理解并掌握流媒体服务器的远程管理。

2．实训条件

（1）硬件要求。处理器 CPU 工作频率 2GHz 或以上，双核，内存 2GB RAM 以上，硬盘空间 80GB 以上，光盘驱动器 DVD-ROM，显示·Super VGA（800×600）或者更高级的显示器，标准键盘，鼠标。

（2）网络环境：已建好的 100M 以太网络，包含交换机（或集线器）、五类（或超五类）UTP 直通线若干、两台及以上数量的计算机。

（3）软件环境：Windows Server 2008 系统环境或基于 Windows XP（64 位）或 Windows 7 操作系统平台，VirtualBox4.0.12，Windows Server 2008 虚拟机。

3．实训内容

在安装了 Windows Server 2008 的虚拟机上完成如下操作。

（1）运行虚拟操作系统 Windows Server 2008，为虚拟机保存一个还原点，以方便以后的实训调用这个还原点。

（2）在微软公司的站点下载并安装 Windows Media 服务、管理及内核编码这个组件，然后在服务器中添加"流媒体服务"角色。

（3）在架设好流媒体服务器中创建一个流媒体发布点 Test_Vod，设置媒体发布文件夹的位置为 D:\Media_dir，向该文件夹复制几个测试视频文件，并创建公告文件。

（4）对流媒体服务器进行设置优化，实现能查看用户对流媒体服务器发布点的访问量的统计，限制播放机总带宽为 1024，同时实现流媒体服务器的远程管理。

（5）最后在客户端通过三种不同的方式来访问该流媒体服务器。

4．实训考核

序号		规 定 任 务	分值（分）	项目组评分
1		下载安装 Windows Media 组件，添加"流媒体服务"角色	20	
2		创建发布点	10	
3		管理流媒体服务器	10	
4		优化服务器	10	
5		客户端访问：直接连接	5	
6		客户端访问：通过客户端列表	5	
7		客户端访问：通过网页	5	
8		远程管理服务器	20	
拓展任务（选做）	9	制作不同格式的流媒体文件，测试发布	15	

注　1．完成并测试成功方可得满分。

　　2．未完成的任务除记录存在问题外，由同项目组成员打分。

　　3．拓展任务的完成情况与得分，由教师负责记录。

▶ 技能拓展

1．安装 Windows Media Player 11 播放器

Windows 2008 系统自带 Windows Media Player 11 播放器，但默认不安装。其安装方法如下。

（1）打开"服务器管理器"。

（2）依次单击"功能"→"添加功能"命令。

（3）勾选"桌面体验"和"优质 Windows 音频视频体验"项。

（4）单击"安装"按钮。

（5）安装完毕，根据提示重新启动计算机即可。

2．启用 IE 增强的安全配置

在 Windows Server 2008 中，当用户打开 IE 浏览器后，会提示用户如下信息："警告：Internet Explorer 增强的安全配置未启用"。用户如何处理？Internet Explorer 增强的安全配置是一个在 Windows Server 2003 及更高版本操作系统中提供的选项。可以使用它为所有用户快速增强 Internet Explorer 安全设置。

当启用 Internet Explorer 增强的安全配置时，它将 Internet Explorer 安全设置设置为限制用户如何浏览 Internet 和 Intranet 网站。这样降低了用户的服务器暴露于可能带来安全风险的网站的可能性。

为所有用户启用 IE ESC 的步骤如下。

（1）关闭所有 Internet Explorer 实例。

（2）单击"开始"→"管理工具"→"服务器管理器"命令。

（3）如果出现"用户账户控制"对话框，单击"继续"按钮。

（4）在"安全摘要"下，单击"配置 IE ESC"按钮。

（5）在"管理员"下，单击"启用（推荐）"按钮。

（6）在"用户"下，单击"启用（推荐）"按钮。

（7）单击"确定"按钮。

（8）若要禁用 IE ESC，请单击"管理员"和 "用户"的"关闭"按钮，然后单击"确定"按钮。

项目 11　打印服务器安装配置与管理

▶ 基础技能

在前导课程中，学生应该了解或掌握以下知识与技能：

（1）了解办公室共享打印机的常见设置。

（2）了解局域网与广域网的共享打印与远程打印的应用。

（3）了解打印服务器的在网络中充当的角色或能够发挥的功能。

▶ 项目情境

目前，般若科技有限公司已经迈入了发展的快车道，随着规模的不断壮大，公司处理内部事务需求的打印机数量也越来越多，各种型号的打印机也已达到 100 台左右。大部分打印机用于处理公司的日常事务，少量打印机在部门间或在外出差的公司员工用于网络打印。作为公司的网络管理员，应充分考虑如何高效、方便管理公司的打印服务器，以提高访问效率与稳定性和安全性。

对一个信息化的企业网络办公系统而言，网络打印不仅是一个资源共享的技术问题，更是一个组织和管理的问题。因此，对于管理和组织一个打印系统来说，首先应明确地了解企业打印机的硬件结构，其次应了解网络中打印设备的各种组织方式，这样才能正常地组织与管理企业网络中的打印系统。公司的网络拓扑图如图 11-1 所示，我们在服务器群中加入打印服务器，以方便远程用户访问，同时，方便网管人员对其进行相应的管理。

打印服务器在公司网络内的域名与对应的 IP 如表 11-1 所示，打印服务器与 DHCP 服务器安装在同一台服务器上，别名为 prt.boretech.com，IP 为 192.168.1.4。

表 11-1　　　　　　　　般若科技公司打印服务器配置一览表

图　标	名　称	域名与对应 IP	说　明
	打印服务器	dhcp.boretech.com 别名 prt.boretech.com 192.168.1.4	打印服务器用于提供网络打印服务，便于用户远程访问，同时，方便对其进行统一的打印管理

▶ 任务目标

（1）熟悉 Windows Server 2008 的打印机相关基本术语。

（2）熟悉 Windows Server 2008 中打印机的安装。

（3）掌握 Windows Server 2008 中打印机的管理。

（4）正确理解打印服务器相关的基本概念。

（5）掌握建立打印服务器的工作流程和操作技术。

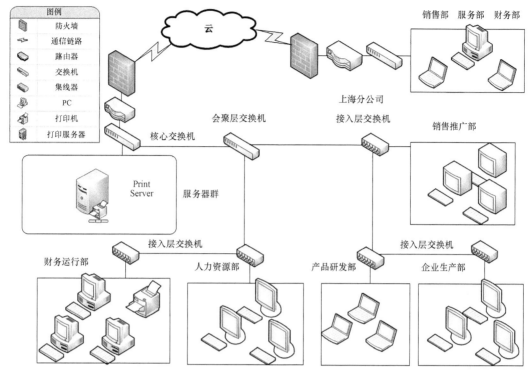

图 11-1　般若科技公司网络拓扑图

（▶）知识准备

1．Windows Server 2008 打印概述

用户使用 Windows Server 2008 家族中的产品，可以在整个网络范围内共享打印资源。各种计算机和操作系统上的客户端，可以通过 Internet 将打印作业发送到运行 Windows Server 2008 家庭操作系统的打印服务器所连接的本地打印机，或者发送到使用内置网卡连接到网络或其他服务器的打印机。

Windows Server 2008 家族中的产品支持多种高级打印功能。例如，无论运行 Windows Server 2008 操作系统的打印服务器位于网络中的哪个位置，管理员都可以对它进行管理。另一项高级功能是，客户不必在 Windows XP 客户端计算机上安装打印机驱动程序就可以使用打印机。当客户端连接运行 Windows Server 2008 家族操作系统的打印服务器计算机时，驱动程序将自动下载。

为了建立 Windows Server 2008 网络打印服务环境，首先需要掌握以下几个基本概念。

（1）打印设备：实际执行打印的物理设备，可以分为本地打印设备和带有网络接口的打印设备。根据使用的打印技术，可以分为针式打印设备、喷墨打印设备和激光打印设备。

（2）打印机：逻辑打印机，打印服务器上的软件接口。当发出打印作业时，作业在发送到实际打印设备前先在逻辑打印机上进行后台打印。

（3）打印服务器：连接本地打印机，并将打印机共享出来的计算机系统。网络中的打印机客户端会将作业发送到打印服务器处理，因此打印服务器需要有较高的内存以处理作业，对于较频繁的或大尺寸文件的打印环境，还需要打印服务器上有足够的磁盘空间以保存打印机脱机文件。

2.共享打印机的类型

在网络中共享打印机时，主要有两种不同的连接模式，即"打印服务器+打印机"模式和"打印服务器+网络打印机"模式。

（1）打印服务器+打印机。此模式就是将一台普通打印机安装在打印服务器上，然后通过网络共享该打印机，供局域网上的授权用户使用。打印服务器既可以由通用计算机担任，也可以由专门的打印服务器担任。如果网络规模较小，则可采用普通计算机来担任服务器，操作系统可以用 Windows 95/98/XP/Vista 等。如果网络规模较大，则应当采用专门的服务器，操作系统也应当采用 Windows Server 2003/2008，从而便于打印权限和打印队列的管理，适应繁重的打印任务。

（2）打印服务器+网络打印机。此模式是将一台带有网卡的网络打印设备通过网线接入局域网，给定网络打印设备的 IP 地址，使网络打印设备成为网络上的一个不依赖于其他 PC 的独立节点，然后在打印服务器上对该网络打印设备进行管理，用户就可以使用网络打印机进行打印了。网络打印设备通过 EIO 插槽直接连接网络适配卡，能够以网络的速度实现高速打印输出。打印设备不再是 PC 的外设，而成为一个独立的网络节点。由于计算机的端口有限，因此采用普通打印设备时，打印服务器所能管理的打印机数量也就较少。而由于网络打印设备采用以太网端口接入网络，因此一台打印服务器可以管理数量巨大的网络打印机，更适合于大型网络的打印服务。

▶ 实施指导

公司建立提供网络打印服务，分别应设置服务器端与客户端。服务器端必须先将计算机安装为打印服务器，安装并设置共享打印机，然后再为不同操作系统安装驱动程序，使得网络客户端在安装共享打印机时，不再需要单独安装驱动程序。对于客户端而言，只需要查找并安装网络打印机，即可实现远程的网络打印服务了。

1.安装打印服务角色

安装打印服务器，可以利用 Windows Server 2008 中的服务器管理器中的"添加角色"向导来完成。安装打印服务的具体操作步骤如下。

（1）在服务器中选择"开始"→"服务器管理器"命令打开服务器管理器窗口，选择左侧"角色"一项之后，单击右侧的"添加角色"链接，如图 11-2 所示，出现如图 11-3 所示的

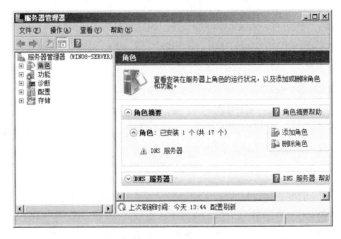

图 11-2　添加角色

"添加角色向导"对话框。首先显示的是"开始之前"界面，此选项提示用户，在开始安装角色之前，请验证需要注意的事项。

（2）接下来出现的是"选择服务器角色"界面，如图 11-4 所示。在此列出本服务器上已经与未安装的各项服务。勾选"打印和文件服务"复选框，然后单击"下一步"按钮。在如图 11-5 所示的"打印和文件服务"界面中，对打印服务进行了简要介绍，在此单击"下一步"按钮继续操作。

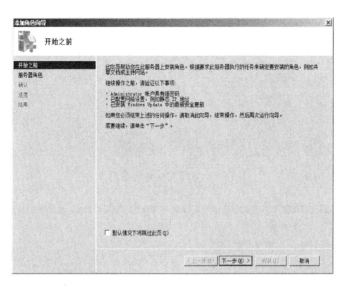

图 11-3　添加角色向导

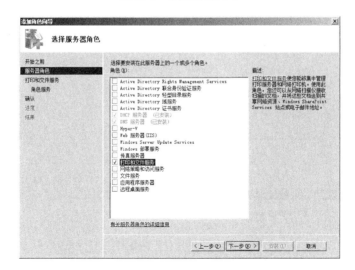

图 11-4　选择服务器角色

（3）进入如图 11-6 所示的"选择角色服务"界面，选择"打印服务"、"LPD 服务"和"Internet 打印"复选框。当选择"Internet 打印"复选框时，会弹出如图 11-7 所示的界面，提醒用户是否添加 Internet 打印所需的角色服务和功能。单击"添加所需的角色服务"按钮，回到图 11-6 所示界面，单击"下一步"按钮继续操作。

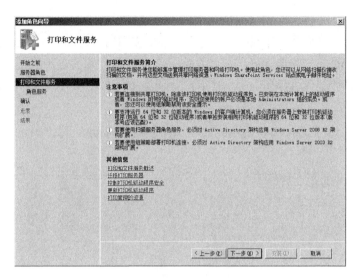

图 11-5　打印和文件服务简介

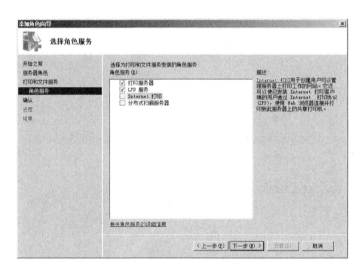

图 11-6　选择打印服务器角色

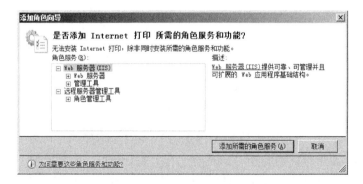

图 11-7　是否添加 Internet 打印

（4）接下来进入如图 11-8 所示的"Web 服务器（IIS）"界面，对 Web 服务器（IIS）进行简介，单击"下一步"按钮。

（5）进入如图 11-9 所示的"选择角色服务"界面，这里保持默认设置，单击"下一步"按钮。

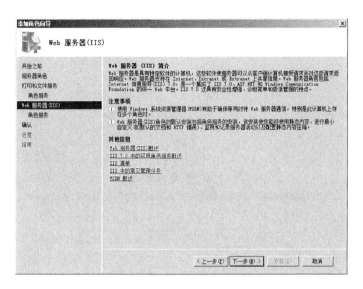

图 11-8　Web 服务器（IIS）

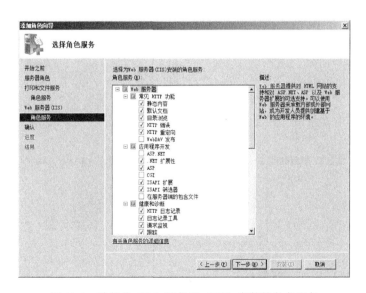

图 11-9　选择为 Web 服务器（IIS）安装的角色服务

（6）进入如图 11-10 所示的"确认安装选择"界面，对选择的角色进行确认，单击"安装"按钮，进入如图 11-11 所示的"安装进度"界面，显示安装角色的进度。

（7）安装完成后，进入如图 11-12 所示的"安装结果"界面，显示安装成功的相关信息，单击"关闭"按钮，即完成打印服务角色的安装。此时，打开服务器管理器，显示"Web 服务器（IIS）"与"打印和文件服务"安装成功，如图 11-13 所示。

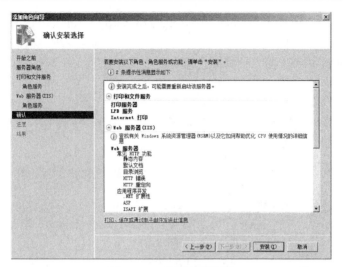

图 11-10　确认安装选择

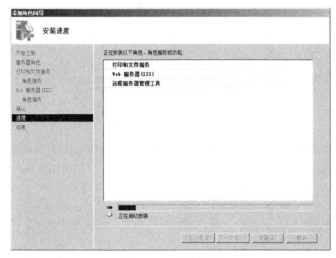

图 11-11　安装进度

图 11-12　安装成功

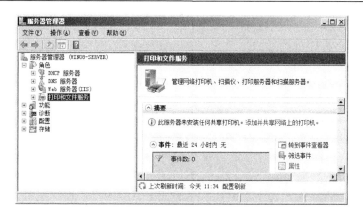

图 11-13　服务器管理器

注意：打印管理是用于管理多个打印机或打印服务器，它是"打印服务"角色一项必需的子角色服务，根据需要还可以添加另外两种子服务。

1）LPD 服务（Line Printer Daemon）：该服务使基于 UNIX 的计算机或其他使用 LPR 服务的计算机可通过此服务器上的共享打印机进行打印，还会在具有高级安全性的 Windows 防火墙中为端口 515 创建一个入站例外。

2）Internet 打印：创建一个由 Internet 信息服务（IIS）托管的网站，用户可以管理服务器上的打印作业，还可以使用 Web 浏览器，通过 Internet 打印协议连接到此服务器上的共享打印机并进行打印。

2．添加打印机

服务器添加打印服务的角色后，可以为服务器添加打印机，相关的步骤如下。

（1）打开"打印管理"窗口。

方法一：在服务器中选择"开始"→"服务器管理器"命令打开服务器管理器窗口，依次展开窗口左侧的分支"角色"→"打印和文件服务"→"打印管理"项，如图 11-14 所示。

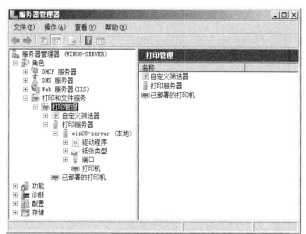

方法二：选择"开始"→"程序"→"管理工具"→"打印管理"命令，弹出"打印管理"窗口，如图 11-15 所示。

图 11-14　服务器管理—打印管理　　　　　图 11-15　打印管理

（2）在"打印管理"窗口中右击服务器名（Win08-sever），在弹出的快捷菜单中选择"添加打印机"命令，将打开网络打印机安装向导的"打印机安装"界面，如图 11-16 所示。

（3）在如图 11-16 所示的"打印机安装"界面中选中"使用现有的端口添加新打印机"单选按钮，选中连接打印机的端口，单击"下一步"按钮。

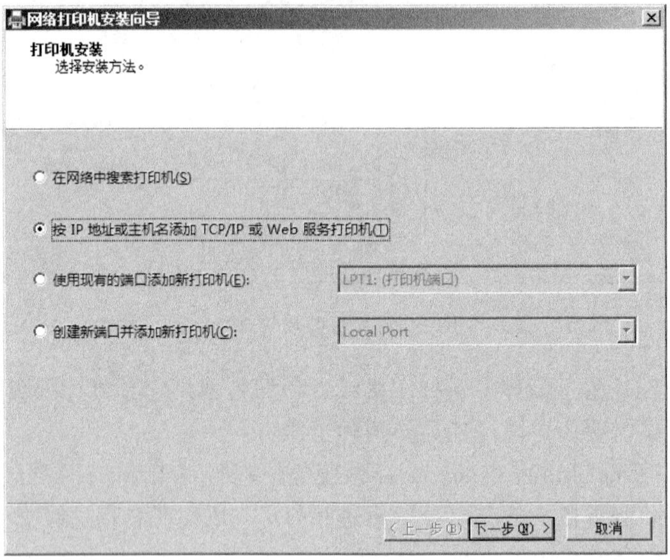

图 11-16　打印机安装

注意：若选择"在网络中搜索打印机"单选按钮，实质上是连接一个其他服务器已经共享了的打印机。若选择"按 IP 地址或主机名称添加 TCP/IP 或 Web 服务打印"单选按钮，就是连接网络接口打印机。

（4）进入"打印机驱动程序"界面，如图 11-17 所示，选中"安装新驱动程序"单选按钮，单击"下一步"按钮。

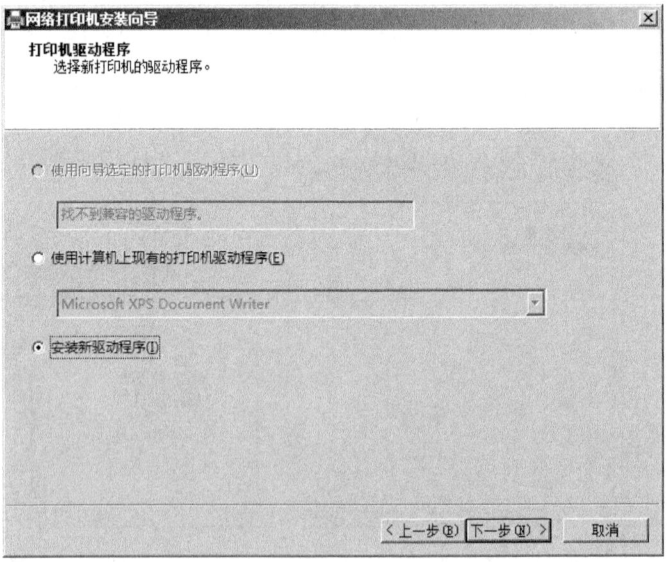

图 11-17　打印管理

（5）进入"打印机安装"界面，如图 11-18 所示。选择一个厂商并选中一种打印机型号

（凡是能够列出来的厂商的打印设备驱动，都支持即插即用，只要将打印设备接好，驱动会自动安装，不需要这样添加；如果没有接硬件而添加驱动，只能这样添加），单击"下一步"按钮。

图 11-18   选择打印机

（6）进入"打印机名称和共享设置"界面，如图 11-19 所示，输入打印机名及共享名称，单击"下一步"按钮。

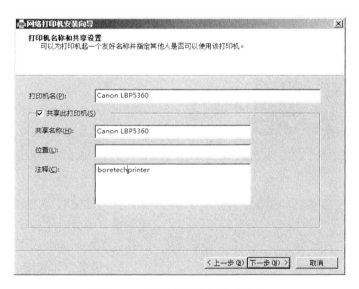

图 11-19   打印机名称与共享设置

（7）进入"找到打印机"界面，如图 11-20 所示，显示找到的打印机详细参数及设置，单击"下一步"按钮继续操作。

（8）进入"正在完成网络打印机安装向导"界面，如图 11-21 所示，显示网络打印机安装的相关状态及信息，单击"完成"按钮即可完成打印机的添加工作。

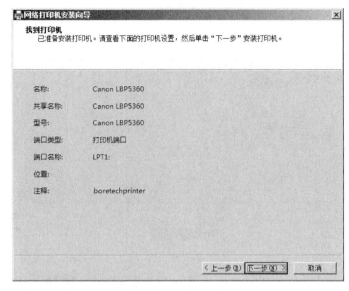

图 11-20　找到打印机

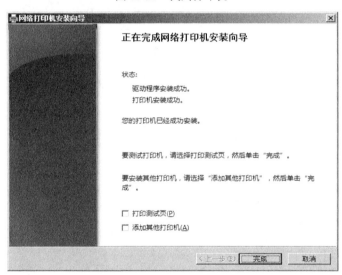

图 11-21　正在完成

图 11-22　服务器管理—打印管理

打印机安装完成后，可以在"打印管理"窗口中查看"打印机"项，会显示出所有安装成功的打印机，如图 11-22 所示。

3. 设置打印权限

在打印服务器上安装共享打印机后，可通过设置打印机的属性来进一步管理打印机，如设置打印优先级、设置打印机池、设置打印机权限、管理打印队列、设置 Internet 打印等，以方便用户更好地使用打印机资源。

Windows Server 2008 提供了三种等级的打印安全权限。

（1）打印：使用打印权限，用户可以连接到打印机，并将文档发送到打印机。在默认情况下，打印权限将指派给 Everyone 组中所有成员。

（2）管理打印机：使用管理打印机权限，用户可以执行与打印权限相关联的任务，并且具有对打印机的完全管理控制权。用户可以暂停和重新启动打印机、更改打印后台处理程序设置、共享打印机、调整打印机权限，还可以更改打印机属性。默认情况下，管理打印机权限将指派给 Administrators 组和 Power Users 组的成员。

（3）管理文档：使用管理文档权限，用户可以暂停、继续、重新开始和取消由其他用户提交的文档，还可以重新安排这些文档的顺序。但是，用户无法将文档发送到打印机或控制打印机的状态。默认情况下，管理文档权限指派给 Creator Owner 组的成员。

当共享打印机被安装到网络上时，默认的打印机权限将允许所有的用户可以访问该打印机并进行打印。为了保证安全性，管理员可以选择指定的用户组来管理发送到打印机的文档，可以选择指定的用户组来管理打印机，也可以明确地拒绝指定的用户或组对打印机的访问。

管理员可能想通过授予明确的打印机权限来限制一些用户对打印机的访问。例如，管理员可以给部门中所有无管理权的用户设置打印权限，而给所有管理人员设置打印和管理文档权限。这样所有用户和管理人员都能打印文档，但只有管理人员能更改发送给打印机的任何文档的打印状态。

有些情况下，管理员可能想给某个用户组授予访问打印机的权限，但同时又想限制该组中的若干成员对打印机的访问。在这种情况下，管理员可以先为整个用户组授予可以访问打印机的权限（允许权限），然后再为该组中指定的用户授予拒绝权限。

为管理打印机访问设置权限的步骤如下。

选择"开始"→"程序"→"管理工具"→"打印管理"命令（或者可以通过打开"服务器管理器"中的"角色"→"打印和文件服务"项，启动"打印管理"），在"打印管理"窗口中右击打印机，在弹出的快捷菜单中选择"属性"命令，弹出打印机属性对话框，默认显示"常规"选项卡，如图 11-23 所示。单击"安全"选项卡，如图 11-24 所示，单击"添加"按钮可以给用户授权或解除授权。要查看或更改打印操作、管理打印机和管理文档的基本权限，可以单击"高级"按钮。

4．设置打印优先级

在日常使用中，可能存在这种情况：一个部门的普通员工经常打印一些文档，但不着急用，而部门的客户经常打印一些短小但是急着用的文件。如果普通员工已经向打印机发送了打印任务，如何让客户的文件优先打印呢？在打印机之间设置优先权可以优化到同一台打印设备的文档打印，即可以加速需要立即打印的文档。高优先级的用户发送来的文档可以越过等候打印的低优先级的文档队列。如果两个逻辑打印机都与同一打印机相关联，则 Windows Server 2008 操作系统首先优先级最高的文档发送到该打印设备。

要利用打印优先级系统，需为同一打印设备创建多个逻辑打印机。为每个逻辑打印机指派不同的优先等级，然后创建与每个逻辑打印机相关的用户组。例如，Group1 中的用户拥有访问优先级为 1 的打印机的权利，Group2 中的用户拥有访问优先级为 2 的打印机的权利，依此类推。1 代表最低优先级，99 代表最高优先级。

图 11-23　打印机属性　　　　　　　　图 11-24　打印机安全

设置打印机优先级的方法为：选择"开始"→"程序"→"管理工具"→"打印管理"命令，在"打印管理"窗口中右击打印机，在弹出的快捷菜单中选择"属性"命令，选择"高级"选项卡，如图 11-25 所示。

打印机属性的高级选项卡中的相关设置功能如下。

（1）始终可以使用：系统默认的是选中该单选按钮，表示此打印机全天 24h 都提供服务。

（2）使用时间从：如果选中了该单选按钮，则可以进一步设置此打印机允许使用的时间区间，例如，可以设置上班时间为 8:00—18:00。

（3）优先级：可以设置此打印机的打印优先级，默认值为 1，这是最低的优先级，最高的优先级为 99。

（4）使用后台打印，以便程序更快地结束打印：选中该单选按钮，可以先将打印文件保存到硬盘中，然后再将其送往打印设备进行打印。文件送往打印设备的操作是由 spooler（后台缓冲器）在后台执行并完成的，有两个单选按钮可供选择——"在后台处理完最后一时开始打印"单选按钮和"立即开始打印"单选按钮。在用户文件无法使用 spooler 打印时（即后台缓冲器无法正常运行），使用"立即开始打印"这种方式可以将打印文件直接送往打印设备上。该选项只适合于本机送出的文件，不适合网络客户送来的文件。

（5）直接打印到打印机：与使用后台打印相反，实现立即打印。

（6）挂起不匹配文档、首先打印后台文档、保留打印的文档、启用高级打印功能：这四个复选钮用户可根据具体需要进行相关选择。

（7）打印默认值：单击此按钮，打开如图 11-26 所示的对话框，该对话框有"布局"、"纸张/质量"两个选项卡，如图 11-27 所示，通过设置可以改变打印机的系统默认参数。也可以在如图 11-27 所示的对话框中单击"高级"按钮，弹出如图 11-28 所示的"高级选项"对话框，显示打印机的高级文档设置。

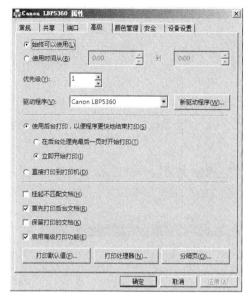

图 11-25 打印机属性

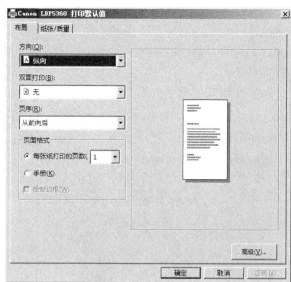

图 11-26 布局

图 11-27 纸张/质量

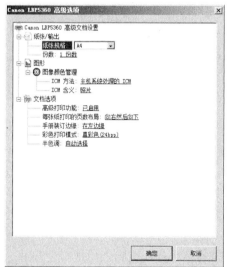

图 11-28 高级选项

5. 设置支持多种客户端

如果运行不同版本的 Windows 的客户端共享此打印机，则用户可能需要安装打印机驱动程序。为了方便用户使用共享打印机，Windows Server 2008 支持设置多种客户端，不同的 Windows 版本的用户连接到共享打印机时就不需要再专门查找安装驱动程序了。

设置支持多种客户端的方法为：选择"开始"→"程序"→"管理工具"→"打印管理"命令，在"打印管理"窗口中右击打印机，在弹出的快捷菜单中选择"属性"命令，选择"共享"选项卡，如图 11-29 所示。

（1）共享这台打印机：选中此按钮，表示该打印机可以提供给网络中的其他客户机使用，并可以更改打印机的共享名。

（2）在客户端计算机上呈现打印作业：客户端在将打印作业发送到打印服务器之前可以在本地呈现它们，这样可减少服务器负载，提高其可用性。

（3）列入目录：若选择了此复选框，可以将打印机列入活动目录。注意：此选项需已安装活动目录。

（4）其他驱动程序：单击"其他驱动程序"按钮，在打开的"其他驱动程序"对话框中，如图 11-30 所示，选中×86 和 Itanium 复选框，单击"确定"按钮，浏览到驱动盘，添加×86和 Itanium 的驱动。

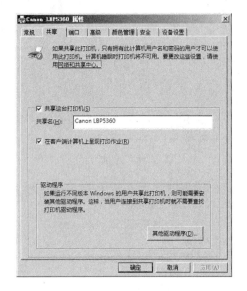

图 11-29　纸张/质量

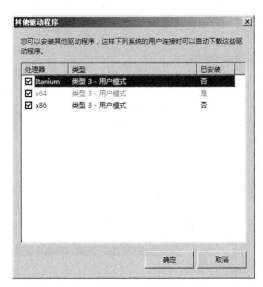

图 11-30　高级选项

6．设置打印机池

用户可以通过创建打印机池将打印作业自动分发到下一台可用的打印机。打印机池是多台打印设备组织的一种典型形式，它是一台逻辑打印机，它通过打印服务器的多个端口连接到多台打印机，处于空闲状态的打印机便于工作可以接收发送到逻辑打印机的下一份文档。

这对于打印量很大的网络非常有用，因为它可以减少用户等待文档打印的时间。当企业内部有多个相同或相似的打印设备时，使用打印机池可以自动均衡打印负荷，而不会出现某台打印设备十分繁忙，而一些却十分空闲的现象。同时使用打印机池可以简化管理，管理员可以从服务器上的同一台逻辑打印机来管理多台打印机。

使用创建的打印机池，用户在打印文档时不再需要查找哪一台打印机目前可用。逻辑打印机将检查可用的端口，并按端口的添加顺序将文档发送到各个端口。应首先添加连接到快速打印机上的端口，这样可以保证发送到打印机的文档在被分配给打印机池中的慢速打印机前以最快的速度打印。

打印机池是一个"打印机"对应多台物理打印设备的组织方式，所以暂停"打印机"，即意味着暂停"打印机池"。由于打印机池中的所有打印设备都使用同一个"打印机"名称，因此要求打印机池中的多台物理打印设备应当是相同或兼容的，即多台打印设备必须使用同一个打印驱动程序。

当打印文件送往"打印机"时，"打印机池"会先检查哪一台打印设备处于空闲状态，并使该文件通过"空闲"的打印设备输出，检查空闲的顺序为"先安装的端口先检查"。"打印机池"是通过建立"打印机"时，为它指定多个输出端口而实现的，可以通过计算机的串行口（COM）、并行口（LPT）或网络端口与打印设备相连，也可以创建各种端口。

如果"打印机池"中有一台打印设备因故暂停，则并不影响其他打印设备的使用。如一台打印设备卡纸，那么目前正在打印设备上打印的文件就会被暂停，而其他的打印文件还可以由其他的打印设备继续打印。

管理员可以通过以下操作来启用打印机池：选择"开始"→"程序"→"管理工具"→"打印管理"命令，在"打印管理"窗口中右击打印机，在弹出的快捷菜单中选择"属性"命令，选择"端口"选项卡，选中"启用打印机池"复选框，选择连接打印设备的端口，如图11-31所示，单击"确定"按钮，即可启用打印机池。

注意：如果用户选中"启用打印机池"复选框，但没有选择多个端口，系统会弹出对话框提示用户选择多个端口，如图11-32所示。

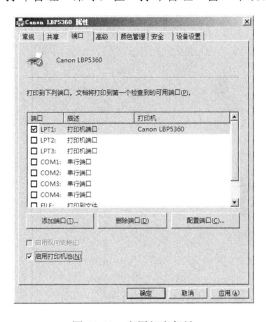

图 11-31　启用打印机池

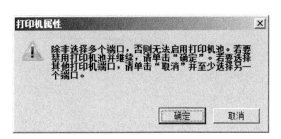

图 11-32　打印机属性

7. 管理打印作业

在微软网络中，无论哪种组织方式，管理员通常使用"打印机"管理器进行打印作业的管理。打印机管理器的常规操作如下：选择"开始"→"设备和打印机"命令，打开"设备和打印机"窗口，如图11-33所示。双击需要管理的"打印机"图标，如图11-33所示的默认打印机 Canon LBP5360，即可打开选定的 Canon LBP5360 的打印机管理窗口，如图11-34所示。

管理打印作业，主要有如下三个方面的内容。

（1）删除打印文档。如图11-34所示的打印机管理器窗口中，选中拟删除的打印文档，有三种方法可以删除选定的打印文档。

1）选中文档后，选择"文档"→"取消"命令。

2）选中文档后，单击鼠标右键，在快捷菜单中选择"取消"命令。

3）选中文档后，直接按键盘上的 Del 键，即可删除选中的文档。

如果选择"打印机"→"取消所有文档"命令，可以删除列表中的文档。

（2）暂停打印文档。在如图11-34所示的打印机管理器窗口中，选中拟暂停的打印文档，单击鼠标右键，在快捷菜单中选择"暂停"命令。也可以选中文档后，选择"文档"→"暂停"命令，如图 11-35 所示。打印文档被暂停之后需要恢复时，单击鼠标右键，在快捷菜单中选择"继续"命令，即可恢复该文档的打印；也可以选中文档后，选择"文档"→"继续"命令。

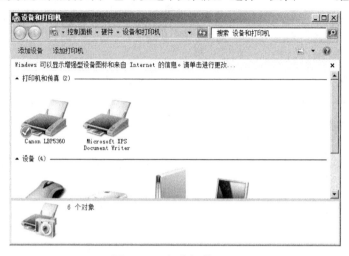

图 11-33　打印机管理器

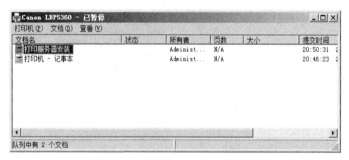

图 11-34　Canon LBP5360 打印机管理

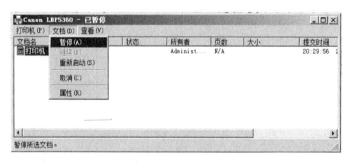

图 11-35　文档暂停

（3）改变打印文件的执行顺序。用户打印的文件输出到网络打印机后，若此时的打印机空闲，则输出的文件可以立即打印。但是如果用户的打印文件很多，则需要排队等候。如果某用户的文件急于输出，网络管理员可以采用如下步骤进行控制和调整。

在如图 11-34 所示的打印机管理器窗口中，从多个等待打印的文档中选择需要改变打印顺序的文档后，选择"文档"→"属性"命令，打开其属性对话框，如图 11-36 所示。在该对话框中，可以更改选中打印文件的优先级，以此改变原有的打印顺序，之后单击"确定"

按钮，即可改变打印文件的执行顺序。

8．客户端配置 Internet 打印

局域网、Internet 或 Intranet 中的用户，如果出差在外，或在家办公，是否能够使用网络中的打印机呢？如果能够像浏览网页那样实现 Internet 打印，无疑会给远程用户带来极大的方便，这种方式就是基于 Web 浏览器方式的打印。这样，对于局域网中的用户来说可以避免登录到"域控制器"的烦琐设置与登录过程；对于 Internet 中的用户来说，基于 Internet 技术的 Web 打印方式可能是其使用远程打印机的唯一途径。

图 11-36　文档属性

Internet 打印服务系统是基于 B/S 方式工作的，因此在设置打印服务系统时，应分别设置打印服务器和打印客户端两部分。配置 Internet 打印，首先得检查打印服务器是否已经配置好了对 Internet 打印的支持，操作步骤如下。

在打印服务器上，选择"开始"→"所有程序"→"管理工具"→"Internet 信息服务（IIS）管理器"命令，如图 11-37 所示，展开"网站"→Default Web Site→Printers 项，单击"浏览 *:80（http）"按钮，在浏览器中能够看到打印服务器上共享的打印机，如图 11-38 所示，说明打印服务器支持 Internet 打印。

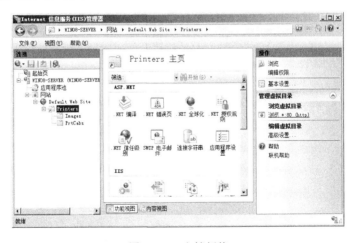

图 11-37　文档暂停

在客户端的计算机使用 Internet 打印时要注意，除了 Vista 默认已经安装了 Internet 打印客户端，其他操作系统没有安装 Internet 打印客户端，Windows Server 2008 必须安装 Internet 打印客户端才能连接 Internet 打印机。客户端配置 Internet 打印操作步骤如下。

（1）在客户端计算机上选择"开始"→"服务器管理器"命令打开服务器管理器，在左侧选择"功能"一项之后，单击右部区域的"添加功能"链接，如图 11-39 所示。此时，会弹出如图 11-40 所示"选择功能"界面，在此对话框中选择"Internet 打印客户端"复选框。

图 11-38　文档属性

图 11-39　添加功能

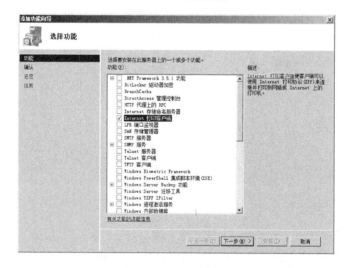

图 11-40　选择功能

（2）单击"下一步"按钮，出现如图 11-41"确认安装选择"界面，单击"安装"按钮，进入如图 11-42 所示"安装进度"界面。

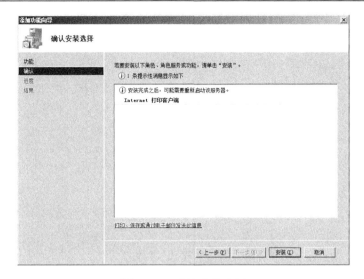

图 11-41　确认安装选择

图 11-42　安装进度

（3）安装进度安装完成后，进入如图 11-43 所示"安装结果"界面，至此，Internet 打印客户端成功安装。

（4）按照提示完成"Internet 打印客户端"功能的安装。此时，在服务管理器中的"功能"中可以看到提示，重新启动客户端计算机让安装生效即可。

（5）重启客户端。为了更方便地查找网络打印机，需要更改 IE 设置。具体步骤为：启动 IE 浏览器，选择"工具"→"Internet 选项"命令，在"安全"选项卡中，单击"站点"按钮，在弹出的"可信站点"对话框中输入 http://dns.boretech.com（注意：这个地址是打印服务器的地址，在本书的前面章节中有介绍），单击"添加"按钮，完成 IE 浏览器的设置工作。

（6）客户端添加网络打印机。选择"开始"→"设备和打印机"命令，出现 "设备和打印机"窗口，如图 11-44 所示。在窗口单击"添加打印机"选项，在出现的"添加打印机"界面中，单击"添加网络、无线或 Bluetooth"按钮，如图 11-45 所示。

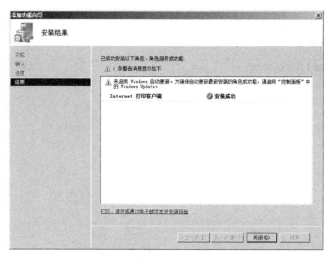

图 11-43　安装结果

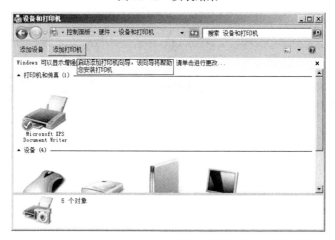

图 11-44　设备和打印机

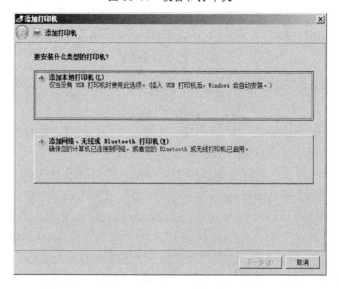

图 11-45　选择本地或网络打印机

（7）单击"下一步"按钮，在出现的"正在搜索可用的打印机"界面中，如图 11-46 所示，单击"我需要的打印机不在列表中"按钮。

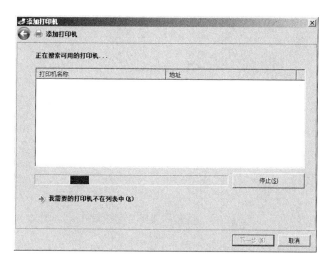

图 11-46 安装打印机

（8）单击"下一步"按钮，在出现的如图 11-47 所示的界面中，单击"按名称选择共享打印机"单选按钮，并在文本框中输入 http://dns.boretech.com/Printers/Canon LBP5360/.printer，如图 11-48 所示。

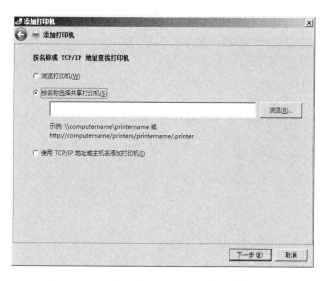

图 11-47 按名称或 TCP/IP 地址查找打印机

注意：在如图 11-48 所示的界面中输入的 URL 地址中，dns.boretech.com 是打印服务器的域名（本书的前面章节有介绍），该域名在 Internet 上必须能够解析到打印服务器的 IP 地址，同时该域名在前面的设置中，被添加到受信站点列表中，因为要通过网站下载打印驱动程序。Canon LBP5360 是打印服务器上打印机共享的名称，其他都是固定的格式。其格式固定为：http://打印服务器域名/Printers/共享网络打印机名称/.printer。

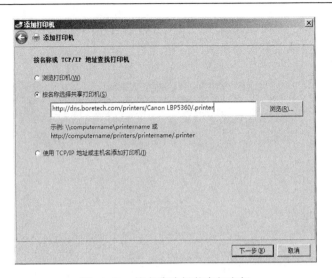

图 11-48　按名称选择共享打印机

图 11-49　正在连接到网络打印机

（9）单击"下一步"按钮，在出现的"Windows 打印机安装"对话框中，客户端会连接到 URL 指定的位置安装网络打印机，如图 11-49 所示。如果网络是连通的，客户端会提示安装成功，如图 11-50 所示，并且提示用户可以打印测试页以检验网络打印机的安装是否正确。

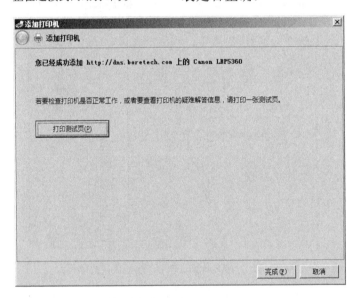

图 11-50　添加网络打印机成功

（10）单击"完成"按钮，完成打印机的添加。此时，打开"设备和打印机"窗口，可以看到已添加一个网络打印机，如图 11-51 所示。用户可以在此设置网络打印机是否为默认打印机。

图 11-51　网络打印机

（11）在 IE 地址栏中输入 http://dns.boretech.com/printer，可以查看打印机相关的信息，如图 11-52 所示。

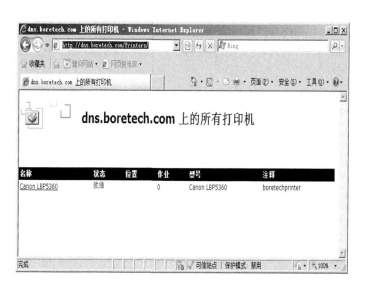

图 11-52　dns.boretech.com 上的打印机

（12）至此，客户端设置与添加网络打印机已完全成功。

用户如何在客户端上实现使用网络打印机实施打印工作呢？用户只需要在打印的文档上单击鼠标右键，选择快捷菜单中的"打印"命令即可。也可以在编辑文档时，选择菜单栏中的"文件"→"打印"命令，在弹出的对话框中选择相应的网络打印机进行打印操作。

▶ 技能实训

1．实训目标

（1）熟悉并掌握 Windows Server 2008 打印服务器的安装过程。

（2）掌握 Windows Server 2008 打印服务器的管理与配置。

（3）掌握 Windows Server 2008 打印客户端的管理与配置。

（4）理解并应用打印故障排除的简单方法。

2．实训条件

（1）硬件要求。处理器 CPU 工作频率 2GHz 或以上，双核，内存 2GB RAM 以上，硬盘空间 80GB 以上，光盘驱动器 DVD-ROM，显示・Super VGA（800×600）或者更高级的显示器，标准键盘，鼠标。

（2）网络环境：已建好的 100M 以太网络，包含交换机（或集线器）、五类（或超五类）UTP 直通线若干、两台及以上数量的计算机。

（3）软件环境：Windows Server 2008 系统环境。或基于 Windows XP（64 位）或 Windows 7 操作系统平台，VirtualBox4.0.12，Windows Server 2008 虚拟机。

3．实训内容

在安装了 Windows Server 2008 的虚拟机上完成如下操作。

（1）在安装了 Windows Server 2008 的虚拟机添加本地打印机 HP LBP 5360，使其成为网络打印机。

（2）在另外一台安装了 Windows Server 2008 的虚拟机上安装打印服务器角色，使其成为打印服务器，并添加一台本地打印机 Samsung ML-1650，使其成为网络打印机。

（3）在打印服务器上添加用户 user01 和 user02，设置 user01 的权限为打印，设置 uer02 的权限为打印、管理打印机和管理文档，然后分别设置 user01 的打印优先级为 1，user02 的打印优先级为 99。

（4）添加另外两台 Samsung ML-1650 到打印机池中，分别使用并行口（LPT2 和 LPT3），并启用打印机池打印测试文档十份。

（5）管理打印机池内的打印文档，删除要打印的第五个测试文档，暂停第十个测试文档的打印，改变第十个测试文档的打印顺序，立即打印。

（6）分别配置打印服务器和打印机客户端，使打印服务器具有 Internet 打印功能，并配置打印机客户端，使用 Internet 打印功能打印测试文档。

4．实训考核

序号		规 定 任 务	分值（分）	项目组评分
1		安装网络打印机	10	
2		安装打印服务器	20	
3		配置用户，设置权限	10	
4		打印池测试	10	
5		配置 Internet 打印	15	
6		客户端测试 Internet 打印	15	
拓展任务（选做）	7	打印故障的排除	20	

注　1．完成并测试成功方可得满分。

　　2．未完成的任务除记录存在问题外，由同项目组成员打分。

　　3．拓展任务的完成情况与得分，由教师负责记录。

Windows Server 2008 作为打印服务器提供的强大的打印管理功能，可以满足日常的各种打印需求。但是，在遭遇打印故障时，如何进行排错以保障服务的正常运行？下面，就Windows Server 2008 下的打印排错思路和步骤作简单说明。

从用户的角度来说，打印故障无外乎"所有人都无法打印"、"有些用户无法打印"、"只有一个用户无法打印"三种情况。

1．所有人都无法打印

遇到这种情况，基本可以断定问题不是在打印机本身就是在网络这两方面。此时，排错思路如下。

（1）常规检查。可以亲自到打印机前进行检测，对于 Windows Server 2008 来说可通过打印机的状态页面（在浏览器中输入该打印机的 IP 地址）查看该打印机的状态。如果没有问题，接下来应该检查打印服务器的事件日志，并从日志中找到和打印机相关的错误提示和警告信息进行判断排错。

（2）检查打印队列。在打印服务管理器中查看打印机是否被暂停，或者是否有文档发生了错误。如果真是这样，可以用鼠标右键单击这些文档，选择"取消"命令将文档从队列中消除。

（3）检查打印机配置信息。如果有人恶意将打印机设置为动态获得 IP 地址，或者没有为打印机设置保留。在这种情况下，如果打印机被关闭并重启，可能因为其 IP 地址后变化，而打印端口指向了错误的 IP 地址。此时，还需要检查打印机所在的子网状态。

（4）检查网络。可以在一台主机上通过控制台 ping 命令来测试打印机的 IP 地址的连接性，如果从任何主机都无法 ping 打印机的 IP 地址，这表明打印机可能被关闭，或者网络被断开。另外，也有可能是打印机的网卡故障，或者是与打印机连接的交换机或者路由器的问题。

（5）检索打印机配置的变化。可以询问或者回忆打印机上次正常打印是在什么时候，以及打印机的配置是否有变化。如果打印机从来没有正常工作过，则表示一开始的配置就有问题。如果打印机的配置有变化，如果可能建议恢复到以前的配置。如果怀疑与打印设备有关，可以尝试卸载并重装打印机驱动。

（6）检测磁盘空间。这通常被大家所忽略，有必要检查后台打印文件夹所在磁盘的可用空间，因为它也会引起打印故障。如果所在分区的可用空间低，或者没有可用空间，打印服务器将无法创建后台打印文件，因此文档将无法打印。此外，还应该检查打印文件夹的权限设置，如果权限设置有问题，后台打印同样无法进行。

（7）检测打印处理器和分割页设置。一定要确保打印处理器和分割页设置无误，如果设置了错误的打印处理器，打印机可能会打印乱码，或者根本无法打印。对于 Windows Server 2008 来说，可以尝试使用 RAW 数据类型或者 EMF 数据类型，一般会解决问题。如果分割页设置错误，打印机可能将只打印分割页的内容，或者完全无法打印。

（8）检查 Print Spooler 服务。将该服务设置为随系统自动启动，但如果在系统启动后，该服务在 1min 之内尝试启动两次连续失败，Print Spooler 服务将不再尝试重新启动。同时，如果打印队伍里有错误的文档，而无法将其清除掉，通常都有可能导致 Print Spooler 服务出错。在这种情况下，可以首先从打印队伍中清除错误文档，然后打开打印服务控制台，在其中找到 Print Spooler 服务将其手工启动。

2．有些用户无法打印

这种情况表现为，有些用户可以打印，但有些用户无法打印。对于此类打印故障，无外乎三个方面的原因：打印权限设置不当、应用程序导致打印错误、网络导致打印错误。此时，排错可以从以下几个方面进行。

（1）网络检测。这种情况下的网络检测不同于第一种方式，可选择在遇到打印错误问题的用户同在一个子网的其他用户进行检测，检测的方法还是使用 ping 命令。在 Windows Server 2008 的命令提示符下执行 ping PrinterIP 命令，其中 PrinterIP 是打印机的 IP 地址。如果从该子网的任何计算机都无法 ping 通打印机的 IP 地址，这表示用户的计算机和打印机之间的交换机或路由器出错或者断开。这时，就可以把排错的重点放到路由器或者交换机上，进行机器检测或者配置检查。

（2）权限检查。这里的权限主要指打印机的权限设置和后台打印文件夹的权限设置，以确保特定的用户或者用户组都有访问权限。如果权限设置错误，将导致后台打印无法进行，打印会出错。

（3）检测打印处理器。如果域内或者局域网内客户端的系统类型比较多样的话，检测打印处理器就显得非常必要了。客户端可以使用 RAW 数据类型和 EMF 数据类型的打印处理器进行打印，对于基于 RAW 数据类型的打印是在客户端上处理的，因此需要打印服务器处理的工作最少，而对于 EMF 数据类型则需要发送大打印服务器进行处理。如果遇到这类错误的话，可对打印机的默认数据类型进行修改。打开打印机的"属性"对话框，切换到"高级"选项卡，然后单击"打印处理器"按钮打开一个对话框，在此可以更改当前打印处理器和默认的数据类型。

（4）检查用于打印的程序。如果调用打印机进行打印的应用程序的配置有问题也会导致打印故障，对此，可重新检查该打印程序的配置，以发现是否有配置不当的地方。比如，如果选择的默认打印机有误，就会导致此类打印错误。

（5）查看打印错误信息。要特别注意打印过程中生成的错误信息，这是进行排错的有力线索。比如，如果客户端在连接打印机的时候遇到错误信息说必须安装打印机驱动，这就意味着打印服务器上安装了正确的驱动，但是在客户端上无法使用。对此，必须手动更新客户端的打印驱动。

3．只有一个用户无法打印

如果遇到只有一个用户无法打印，这说明问题不大，但要进行排错同样不简单。一般这种情况是由于软件、用户的计算机或者权限不当造成的。对于此类错误，建议用户重启该计算机然后重新进行打印测试。如果不能打印，可从以下几个方面来排错。

（1）检查用于打印的程序。同上面的情况类似，我们首先要检查是否是有调用打印机的应用程序的配置错误造成的。此外，我们还有检查用户设置的默认打印机是否有误。

（2）检查用户计算机。首先检查在用户是计算机系统中 Print Spooler 服务是否正常运行，如果没有的话要手动启动该服务。同时，要检测用户的计算机磁盘是否有足够的临时空间以生成初始的后台打印文件。此外，要计算机上的其他重要服务正常启动。如果相关的服务有问题，要手动启动。如果不能启动，要进行服务排错，总之要保证其正常启动。一般情况下，可以将该服务设置为自动启动，然后重启系统就能够解决问题。

（3）检查网络连接。检查并确认用户的计算机可以通过网络连接到其他资源，通常可以通过 ping 命令测试主机到打印机的连通性。

（4）检查错误信息。同上面的方法类似，要注意收到的打印错误信息。比如，客户端收到"访问被拒绝"的错误信息，这说明权限设置有问题，就可据此修改打印权限。

（5）检查权限设置。同样，也要检查打印机的权限设置，以确认是否拒绝该用户访问。此外，也要确保该用户对后台打印文件夹的访问权限。

4．错误混乱打印排错

从用户角度对打印错误还有一类比较典型的打印错误即错误混乱打印。如果打印机打印的内容混乱或者有错误，这一般是由打印机的配置错误造成的，进行此类打印排错的思路如下。

（1）首先检查打印机驱动是否有误，如果有误马上更新正确的打印驱动。另外，检测打印处理器设置是否有误，通常情况下，可以将打印的数据类型由 EMF 更改为 RAW 后就能够解决问题。

（2）检测打印管理配置。在打印管理控制台中用鼠标右键单击打印机，选择"属性"打开打印机的"属性"对话框，打开"高级"选项卡，选中"在后台打印完最后一页时开始打印"选项，以确保将完整的文档内容传送到打印机之后再打印。

（3）检查分割页设置。在打印机属性的"高级"选项卡下，单击"分割页"按钮，可以尝试删除使用的分割页。因为当使用的分割页中使用了错误的打印页面描述语言也会导致混乱打印。

（4）禁用高级打印功能。在打印机属性的"高级"选项卡下，取消"启用高级打印功能"选项，以禁止文件后台打印功能。因为系统类型复杂的网络中，启用该功能后有可能会导致混乱打印。

项目 12　基于 Hyper-V 的 CMS 服务器安装配置与管理

▶ **基础技能**

在前导课程中，学生应该了解以下知识与技能：

（1）常见的虚拟机软件，掌握 VirtualBox 的安装与配置。

（2）虚拟机技术在实际中的运用。

（3）内容管理系统的技术特点，了解 CMS 在网络服务器部署与应用的实际案例。

▶ **项目情境**

1．项目介绍

受全球金融风暴的影响，般若公司业务量和利润都出现了较大的下降。公司领导层决定从节约总成本下手，要求各个部门在保障工作能够正常进行的前提下，尽量减少硬件成本，减少投入。针对这一要求，网络技术部认真分析公司现在的网络状况，经过多次技术讨论，决定使用虚拟化技术，在保证工作正常进行的前提下，减少运营成本。

之前，活动目录服务器、WWW 服务器、FTP 服务器、DNS 服务器、邮件系统服务器等，公司都单独采购，花销巨大。以前的网络建设还硬件投资成本大、资源利用率低、服务器功耗大、新应用上线时间长、业务连续性差等诸多问题。在采用虚拟化方案之前，每个应用系统对应使用一台服务器，且软件必须与硬件相结合，每台计算机上只有单一的操作系统镜像，每个操作系统只有一个应用程序负载，确实投资大而效益低。

让服务器发挥潜力，实现"一专多能"，是每个网络管理员共同的认识。从技术上讲，要让每台计算机上有多个负载，且软件相对于硬件独立，提高利用率。选择虚拟化拥有众多原因，也是变压力为动力。现有的 CPU 运算速度越来越快，超过软件对硬件的要求。且 INTEL 和 AMD 公司都将虚拟指令置入了 CPU，使得虚拟机技术拥有了强大的硬件支撑。在企业成本压力、环境压力、业务压力等因素下，使用虚拟机技术几乎成为企业的不二选择。

般若科技决定新开一个综合性网站，负责企业的新闻发布、资料下载、产品宣传、供求信息、客户反馈等功能。计划将这五个系统集中在一个网站系统中完成，且不再新购服务器。从节约成本的角度来看，使用虚拟机是最佳方案。整合前后的分析对比如图 12-1 所示。

另外，在整个网络机房的节能降耗方面，使用虚拟机整合方案其成效也十分突出。初步预算一下：制冷系统需要按照空气流动要求进行配置，计算中的交流电消耗被完全转化为热量。因此，1kW 电力消耗=1kW 热量的产生。

从耗电量计算如下：在采用虚拟机之前所消耗的电量=6kW，在采用虚拟机之后所消耗的电量=3kW。

其他重要假设：冷却设备每处理 1W 的热量自身需要消耗 0.8W 电力（HP 实验室的经验值），通常需要 25%冗余空气流动能力，额外增加 25%冷却系统开销，如维持湿度等。

这样对比下来能够初步得到：服务器整合前，十台服务器及网络、存储设备需要在机房中配置四匹空调；服务器整合后：五台服务器及网络、存储设备只需要在机房中配置两匹空调。其节能效果是不言而喻的。整合前后的分析对比如图 12-2 所示。

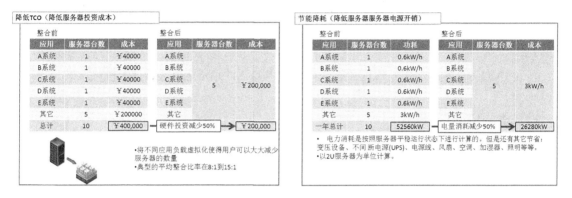

图 12-1　有效减少服务器投资总成本　　　　　　图 12-2　实现服务器节能降耗

2．项目拓扑

本次网络虚拟服务器将选用 Windows Server 2008 简体中文企业 64 位版中的 Hyper-V 进行建设。整个网络的拓扑结构如图 12-3 所示。

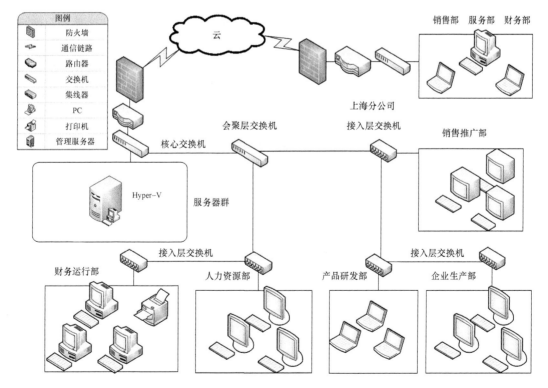

图 12-3　般若科技公司网络拓扑图

▶ **任务目标**

（1）能够正确安装 Hyper-V 组件。

（2）能够使用 Hyper-V 组件安装网络操作系统，如 Windows Server 系列。

（3）拓展技能中要求能够运用 Hyper-V 组件安装 Linux 操作系统，如 Redhat Linux Enterprise 6。

（4）掌握基于 Hyper-V 组件的 Windows Server 2003 系统中安装配置 CMS 的操作过程。

（5）基于 CMS 设计能够正常运行的公司网站，网址为 cms.boretech.com。

▶ **知识准备**

1．虚拟化技术及其优点

虚拟化技术可以定义为将一个计算机资源从另一个计算机资源中剥离的一种技术。在没有虚拟化技术的单一情况下，一台计算机只能同时运行一个操作系统，虽然可以在一台计算机上安装两个甚至多个操作系统，但是同时运行的操作系统只有一个；而通过虚拟化可以在同一台计算机上同时启动多个操作系统，每个操作系统上可以有许多不同的应用，多个应用之间互不干扰。

目前，虚拟化技术已经得到了飞速的发展，主要的操作系统厂商和独立软件开发商都提供了虚拟化解决方案。同时，硬件上的支持使虚拟化执行效率大大提高，在整个 IT 产业中，虚拟化已经成为关键词，从桌面系统到服务器、从存储系统到网络，虚拟化所能涉及的领域越来越广泛。

Hyper-V 设计的目的是为广泛的用户提供更为熟悉及成本效益更高的虚拟化基础设施软件，这样可以降低运作成本、提高硬件利用率、优化基础设施并提高服务器的可用性。即通过虚拟化可以有效提高资源的利用率。在数据机房经常可以看到服务器的利用率很低，有时候一台服务器只运行着一个很小的应用，平均利用率不足 10%。通过虚拟化可以在这台利用率很低的服务器上安装多个实例，从而充分利用现有的服务器资源，可以实现服务器的整合，减少数据中心的规模，解决令人头疼的数据中心能耗及散热问题，并且节省费用投入。虚拟化的优势在于，它的运行完全像一台物理服务器一样，而终端用户根本感觉不到差异。另外，在同一台物理服务器上运行多台虚拟机（最多可达到 15～20 台），可以节省硬件、数据中心的空间及能耗。

2．微软 Hyper-V 虚拟机的特性

Hyper-V Server 是按照微软的虚拟化产品路线，在 2008 年底推出的脱离 Windows Server 2008 的独立的虚拟化产品。Hyper-V 也是微软第一个采用类似 Vmware 和 Citrix 开源 Xen 一样的基于 hypervisor 的技术的虚拟化产品。

其安装要求是：①对于 x64 处理器，能够运行 x64 版本的 Windows Server 2008；②Windows Server 2008 Enterprise 或 Windows Server 2008 Datacenter；③硬件辅助虚拟化，这是在现有的处理器，包括一个虚拟化的微软虚拟化构架；④CPU 必须具备硬件的数据执行保护（DEP）功能，而且该功能必须启动；⑤内存最低限度为 2GB。

综合来看，微软的 Hyper-V 具有以下突出的特性。

（1）高效率的 VMbus 架构。由于 Hyper-V 底层的 Hypervisor 代码量很小，不包含任何第三方的驱动，非常精简，所以安全性更高。Hyper-V 采用基于 VMbus 的高速内存总线架构，来自虚拟机的硬件请求（显卡、鼠标、磁盘、网络），可以直接经过 VSC，通过 VMbus 总线发送到根分区的 VSP，VSP 调用对应的设备驱动，直接访问硬件，中间不需要 Hypervisor 的帮助。

（2）完美支持 Linux 系统。Hyper-V 可以很好地支持 Linux，可以安装支持 Xen 的 Linux 内核，这样 Linux 就可以知道自己运行在 Hyper-V 之上，还可以安装专门为 Linux 设计的 Integrated Components，里面包含磁盘和网络适配器的 VMbus 驱动，这样 Linux 虚拟机也能获得高性能。

这对于采用 Linux 系统的企业来说，是一个福音。这样就可以把所有的服务器，包括 Windows 和 Linux，全部统一到最新的 Windows Server 2008 平台下，可以充分利用 Windows Server 2008 带来的最新高级特性，而且还可以保留原来的 Linux 关键应用不会受到影响。

3．微软虚拟化产品的类型

微软的 Hyper-V 有两种：一是集成在 Windows Server 2008（64 位系统）里的 Hyper-V 模块与插件；另一个是微软独立虚拟机 Hyper-V Server 2008。

Hyper-V Server 2008 是微软发布的一款独立的虚拟的服务器操作系统，有 Windows 系统内核但没有 GUI 图形界面。它能直接运行在裸机上，因此不需要预先安装 Windows Server 系统，只要有支持硬件虚拟化技术的处理器即可，包括 Intel Pentium 4、Xeon、Core 2 Duo/Quad 和 AMD Athlon 64、Athlon X2、Opteron 等。

Hyper-V Server 2008 是一种 64 位技术，因此只支持 64 位硬件。Hyper-V Server 2008 最多支持 128 个虚拟机系统，但它本身不包括虚拟操作系统的授权，用户需要单独购买，当然把授权的物理服务器上的操作系统迁移到 Hyper-V Server 2008 里是可以的。

Hyper-V Server 2008 下载地址（930MB）、升级包形式的 Hyper-V 下载地址，Windows Server 2008 Hyper-V 64 位、Hyper-V 多国语言包 64 位三种版本地址分别如下。

http://download.microsoft.com/download/0/8/7/0873a332-6e40-4f99-8e2e-84cef291dd8e/ServerHyper_MUIx2-080829.iso。

http://download.microsoft.com/download/8/b/f/8bfabc2a-4fa5-4325-8ea7-21d474602293/Windows6.0-KB950050-x64.msu。

http://download.microsoft.com/download/2/7/4/2748315b-4faf-454f-8b12-263acee37c79/Windows6.0-KB951636-x64.msu。

4．内容管理系统

（1）CMS。CMS（Content Management System）意为"内容管理系统"。 内容管理系统是企业信息化建设和电子政务的新宠，也是一个相对较新的市场。对于内容管理，业界还没有一个统一的定义，不同的机构有不同的理解。

内容管理系统可建设具有独特个性的网站。"网站模板与网站程序完全分离"和"模板方案"是目前 CMS 的主流设计特点，让网站的模板设计与程序彻底分开。设计者可以将每个频道、栏目甚至内容页面运用不同的模板，随时能编辑、修改网站界面，更能一键切换预设的模板方案，更换网站界面。

（2）CMS 的基本功能。内容管理系统后台管理实现方便、易用、人性化的操作方式，创新采用书签式管理的 Web 界面，切换方便，节省使用者和浏览者的时间。所见即所得的编辑功能，可以在内容管理系统里直接进行文字的排版处理，还可以在线对图片进行简单处理。系统支持插入 Flash、音频、视频、超链接、特殊字符等。

内容管理系统使用基于角色的用户管理，通过添加不同权限的用户，可以将一个网站的管理权限分配给不同的用户。通过建立具有不同管理权限的用户组，可以将用户分成多种级别：超级管理员、栏目管理员、文档录入员、审核员等。一份内容从最初录入到最后发布到网站上，中间可以经过编辑初审、修改，管理员审批等，保证发布内容的质量。

（3）CMS 常见管理。内容管理系统的管理可以分成以下几个层面。

1）后台业务子系统管理（管理优先：内容管理）：新闻录入系统，BBS 论坛子系统，全文检索子系统等。针对不同系统的方便管理者的内容录入，所见即所得的编辑管理界面等。清晰的业务逻辑，各种子系统的权限控制机制等。

2）Portal 系统（表现优先：模板管理）：大部分最终的输出页面，网站首页，子频道/专题页，新闻详情页一般就是各种后台子系统模块的各种组合，这种发布组合逻辑是非常丰富的，Portal 系统就是负责以上这些后台子系统的组合表现管理。

3）前台发布（效率优先：发布管理）：面向最终用户的缓存发布和搜索引擎 spider 的 URL设计等。

（4）一个典型的 CMS——CMSware。CMSware 是一个强大的网站内容管理系统，提出了内容模型的理念，将新闻、产品、文档、下载、音乐、教学视频等都抽象为"内容"，再结合自定义内容模型机制，可以很容易地实现各类内容的统一发布和管理。CMSware 既可以构建大中型门户网站、企事业集团网站，又可以用于简单的小型网站和个人网站。系统采用灵活的模块化结构，充分吸取了国外著名的内容管理系统的长处和先进的网站管理理念，结合国内企业与行业的实际需求，并经长期的内容管理实践而开发，对于用户降低网站的生产总成本（TCO），提高工作效率，自由发挥管理和设计水平有极大的帮助。

▶ 实施指导

1．Hyper-V 组件安装

（1）在 Windows Server 2008 中单击"开始"→"管理工具"→"服务器管理器"命令。

（2）在"服务器管理器"中的"角色"项中选择"添加角色"项。在"开始之前"界面中单击"下一步"按钮。

（3）在角色选择界面中，选择 Hyper-V，然后单击"下一步"按钮，如图 12-4 所示。

（4）在 Hyper-V 简介向导界面中，单击"下一步"按钮。如图 12-5 所示。

（5）在"创建虚拟网络"界面中，选择"本地连接"选项，如图 12-6 所示。

（6）在"确认安装选择"界面中，单击"安装"按钮。系统将启动组件安装过程，如图 12-7 所示。

（7）完成安装过程后，看到初步的安装结果，系统提示重启计算机，如图 12-8 所示。

（8）重启完成后，系统将进一步完善组件安装。最终完成后，窗口提示安装成功，如图 12-9 所示。

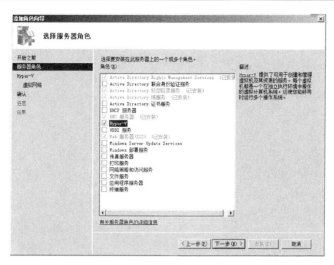

图 12-4　选择服务器角色 Hyper-V

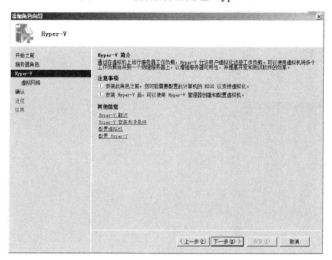

图 12-5　Hyper-V 简介

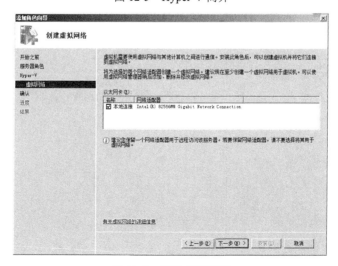

图 12-6　创建虚拟网络

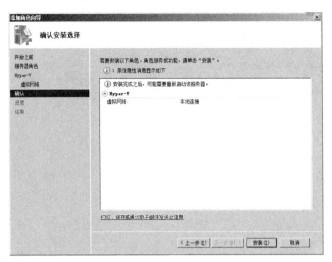

图 12-7　确认安装选择

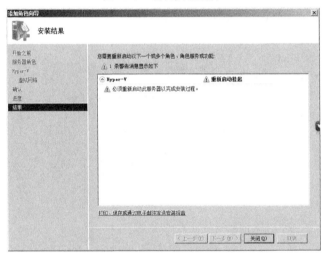

图 12-8　安装结果

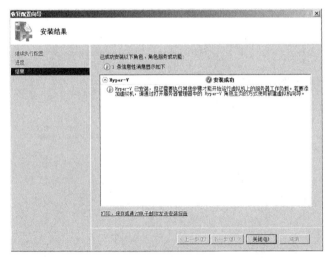

图 12-9　安装完成

（9）在服务器管理中，选择"角色"项，查看 Hyper-V 安装情况，如图 12-10 所示。单击展开 Hyper-V 图标，查看基于本地机（此机名称为 WIN-4QYYYEZI0D0）的虚拟机情况，如图 12-11 所示。

图 12-10　服务管理器中的 Hyper-V　　　　　图 12-11　Hyper-V 主机

（10）在服务管理器里展开 Hyper-V 管理器，最后单击计算机名，检查虚拟机已经正常运行。其主界面如图 12-12 所示。到此，虚拟机组件成功安装完成。

图 12-12　Hyper-V 管理主界面

2．使用 Hyper-V 工具创建虚拟机

（1）Hyper-V 管理器界面。Windows Server 2008 的 Hyper-V 有自己的基于管理工具的控制台 MMC。单击"开始"→"所有程序"→"管理工具"命令，找到"Hyper-V 管理器"或在"管理工具"中的程序组单击"Hyper-V 管理器"项，可以启动 MMC。这个控制台自动连接到本地服务器实例。如图 12-13 所示显示了初始的 Hyper-V 管理用户界面。

这个界面分为三部分：左边方框显示连接的服务器，右边方框显示相关的动作列表，中间方框列出虚拟机及其详细资料。如果想连接到一个运行 Hyper-V 的远程计算机，右击左边方框的微软 Hyper-V 服务器图像并选择"连接到服务器"项。在使用 Windows Server 2008 的 server core（服务器核）安装来部署 Hyper-V 的话，也要这样做。

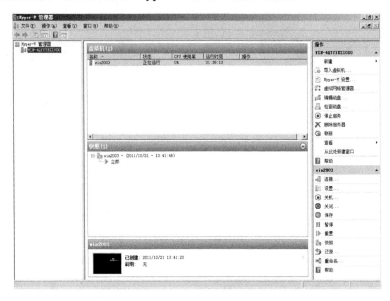

图 12-13　Hyper-V 管理界面

（2）配置 Hyper-V 服务器。首先，将要设置的是 Hyper-V 服务器自身的配置。在左边方框选择该服务器，在"操作"菜单中，选择"Hyper-V 设置"项，启动设置界面，如图 12-14 所示。当创建新的虚拟硬盘或虚拟机时，通常可以改变虚拟硬盘和虚拟机的存储位置。

图 12-14　虚拟机设置界面

通过右击 Hyper-V 管理器里的虚拟机设置并选择"设置"项来修改虚拟机设置。界面的左边包括磁盘、内存、网络及可移动的媒介选项。例如，能使用 Processor 决定虚拟机有多少虚拟 CPU 可用，这些 CPU 资源如何分配。注意，当虚拟机正在运行时，许多选项都不可用。对于前面章节掌握的虚拟机软件 VirtualBox 来说，这部分配置与设定相同或相似，难度不大，请读者独立完成其配置选项。

（3）使用 Hyper-V 创建虚拟机。

1）在"操作"菜单中，选择"新建"→"虚拟机"命令，如图 12-15 所示。或在 Hyper-V 服务器管理器左窗口中的本地计算机选择"新建"→"虚拟机"命令，如图 12-16 所示。

图 12-15　从菜单新建虚拟机

图 12-16　右键新建虚拟机

2）指定名称和位置。包括指定虚拟机的本地名称及它在主机上的物理文件系统路径。接下来，要求用户指定关于应该分配给虚拟机的物理内存数量。建议虚拟机内存的数量不要超过物理内存的 50%，否则，本地机与虚拟机的工作效率都将下降。如图 12-17 和图 12-18 所示。

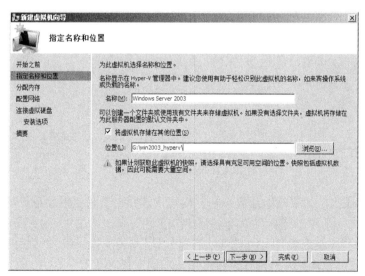

图 12-17　虚拟机的名称与位置设定

3）配置网络窗口，关于各种连接方式在前章节已有讲述，此处不再累述。选择"本地连接"选项，如图 12-19 所示。

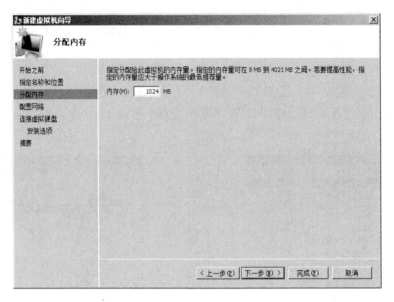

图 12-18   虚拟机的内存设定

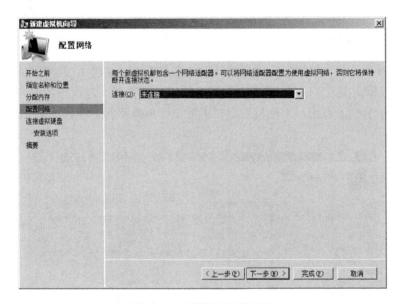

图 12-19   虚拟机的网络设定

4）连接虚拟硬盘。如果是新建虚拟机，则建议选择"新建虚拟硬盘"项。如果挂载一个已经完成的虚拟机，则可以选择"使用现有虚拟硬盘"项，如图 12-20 所示。

5）在接下来的"安装选项"中，用户可以选择"以后安装操作系统"、"从引导 CD/DVD-ROM 安装操作"及"从引导软盘安装操作系统"项。本例选择"从引导 CD/DVD-ROM 安装操作"项，且选择使用系统镜像文件 ISO 文件进行安装，如图 12-21 所示。

6）完成虚拟机向导后，单击"完成"按钮，如图 12-22 所示。

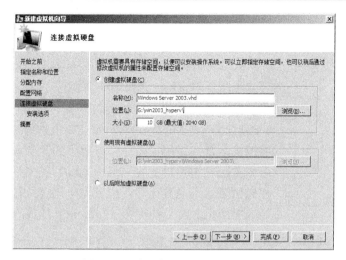

图 12-20　虚拟机向导配置虚拟硬盘

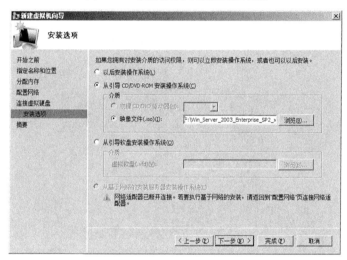

图 12-21　虚拟机的虚拟光驱指定

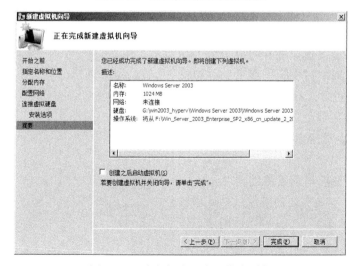

图 12-22　虚拟机向导完成信息采集

图 12-23   虚拟机管理功能界面

7）在 Hyper-V 管理器界面，单击"启动"命令即可启动虚拟机，从光盘进行安装，如图 12-23 所示。

8）Windows Server 2003 的安装界面启动，如图 12-24 所示。后续步骤不再讲解，请读者自行完成。

（4）导入虚拟机。Hyper-V 支持创建在 Microsoft Virtual Server 2005 与 Microsoft Virtual PC 里的虚拟机迁移。为使这些虚拟机运行，使用"操作"方框里的"导入虚拟机"命令。然后浏览包含虚拟机配置文件（.vmc）的文件夹。因为节电状态和撤销磁盘不能被迁移，应该完全确信关闭了虚拟机，在试图导入虚拟机之前委托提交（commit）或放弃改变。

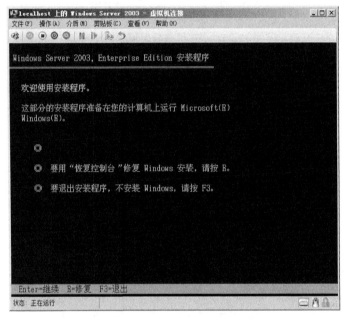

图 12-24   虚拟机启动安装 Windows Server 2003

（5）启动与使用虚拟机。Hyper-V 管理器包括嵌入的方法以连接虚拟机并与虚拟机一起工作。用户能通过双击在中间方框里的虚拟机或者通过右击虚拟机并选择"连接"访问它们。显示了虚拟机连接工具。工具条与菜单允许用户执行一般的操作，如启动和关闭虚拟机，如图 12-25 所示。

3．CMSware 安装与配置基础要求

（1）CMSware 安装需要的系统软件环境。CMSware 采用 PHP 语言开发，可以适用于任何服务器和操作系统平台。本例使用 PHP 版本为 php5.2.3，数据库管理系统为 Mysql5.0.45，Web

图 12-25   虚拟机 Windows 2003 的管理功能界面

服务器为 Apache2.2.4。

（2）CMSware 安装需要的系统硬件环境。

推荐配置：Intel（R）Xeon（TM）CPU 2.8GHz×2＋2GB RAM＋SCSI 36GB

最低配置：Intel（R）Pentium（R）4 CPU 1.7GHz＋1GB RAM＋IDE 80GB

（3）CMSware 结构体系图如图 12-26 所示。

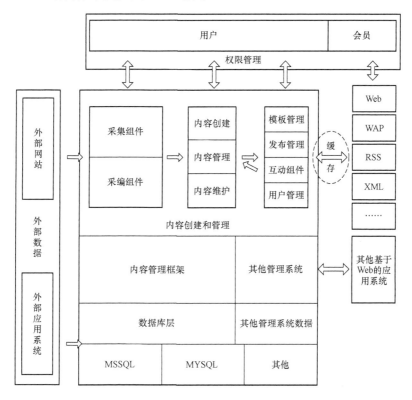

图 12-26　CMSware 结构体系图

（4）CMSware 使用流程概要图如图 12-27 所示。

（5）CMSware 发布结构图如图 12-28 所示。

4．CMSware 运行环境 XAMPP 解析

（1）XAMPP。XAMPP（Apache+MySQL+PHP+PERL）是一个功能强大的建站集成软件包。XAMPP1.6.3 较新版本包含以下常用组件：Apache HTTPD 2.2.4，MySQL 5.0.45，PHP 5.2.3＋4.4.7＋PEAR，Openssl 0.9.8e，phpMyAdmin 2.10.2，Webalizer 2.01-10，Mercury Mail Transport System v4.01b，FileZilla FTP Server 0.9.23，SQLite 2.8.15，ADODB 4.95，Zend Optimizer 3.2.4。它可以在 Windows、Linux、Solaris 三种操作系统下安装使用（本文使用的是 Win32 自解压绿色安装包），支持多语言：英文、简体中文、繁体中文、韩文、俄文、日文等。

目前最新 XAMPP 的版本是 1.7.2。官方网址 http://www.apachefriends.org/。本例使用的是 XAMPP1.6.3 思维汉化版。需要说明的是，XAMPP 支持的操作系统 Windows 2000/XP（Server 2003）/Vista（Server 2008），全部都是 32 位的，64 位官方未测试。XAMPP 是完全免费的，并且遵循 GNU 通用公众许可。

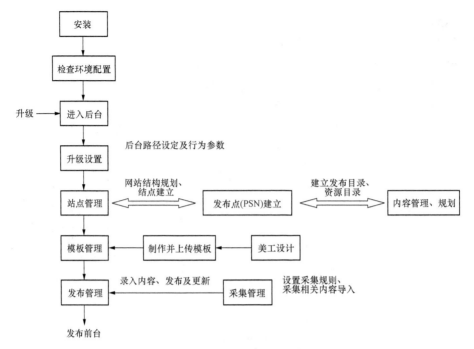

图 12-27　CMSware 使用流程概要图

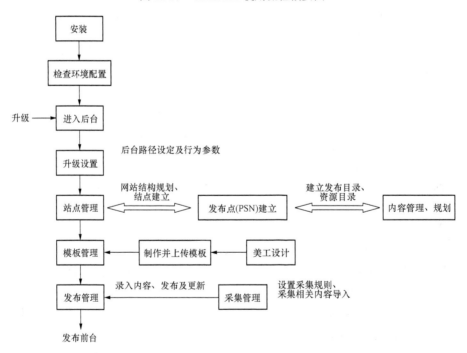

图 12-28　发布结构图

（2）系统平台 XAMPP 安装。本例使用的是 XAMPP1.6.3 思维汉化版，无需安装，只需要解压到相应目录下即可。解压存放目录有两点要求：①目录路径中不能使用中文目录，不包含空格，因为这会引起未知路径错误；②目录尽可能不存放在系统分区中，因为可能因为安全原因，造成文件夹不可写。

（3）XAMPP1.6.3 思维汉化版解析。本例中，将 XAMPP1.6.3 思维汉化版解压到非系统分区 E：盘根目录下，文件夹名称为 xampp，如图 12-29 所示。

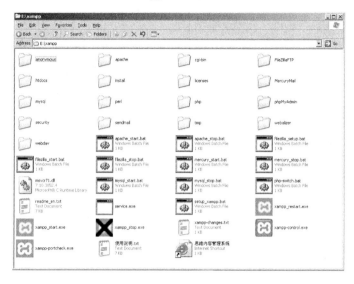

图 12-29　XAMPP 目录结构

在 E:\xampp 文件夹下，主要子文件夹和文件功能如下。

1）apache 子文件夹：存放 apache 服务器文件。要注意的是，如果使用该服务器，则应该首先禁用 Windows Server 2003 中的 IIS 服务器，避免 80 端口被占用，或产生冲突。

2）htdocs 子文件夹：网站文件存放的主文件夹。该文件夹若要正常进行，要实现网络信息的写入，必须要将其属性中的"只读"属性去掉。

3）mysql 子文件夹：mysql 数据库文件存放位置，也要将其属性中的"只读"属性去掉。

4）php 子文件夹：php 语言环境及应用程序存放位置。

5）phpMyAdmin 子文件夹：phpMyAdmin 是最常用的数据库管理软件，方便进行系统数据库的设计与维护。

6）apache_start.bat 与 apache_stop.bat 文件：apache 服务器启动与停止的控制文件。

7）mysql_start.bat 和 mysql_stop.bat：MySQL 数据库服务器启动与停止的控制文件。

8）setup_xampp.bat：xampp 服务器设置文件。系统安装前，要首先运行这个文件。系统将进行安装并启动，提示窗口如图 12-30 所示。如果再次启动该文件，系统则进行刷新安装，提示窗口如图 12-31 所示。

9）xampp_restart.exe、xampp_start.exe 与 xampp_stop.exe 文件：xampp 服务器重启、启动与停止的控制文件。

10）xampp-control.exe：将 Apache、MySQL、FileZilla 和 Mercury 集中控制的控制面板文件，启动后窗口效果如图 12-32 所示。

（4）XAMPP1.6.3 运行测试。在控制面板中或直接运行 setup_xampp.bat 并保留窗口，此时各集成服务器处在运行状态。检查与测试的方法主要有以下几种。

1）通过浏览器检查，在地址栏中输入 http://127.0.0.1 或 http://localhost 或 http://主机 IP 地址，出现如图 12-33 所示效果，表明 Apache 正常运行。

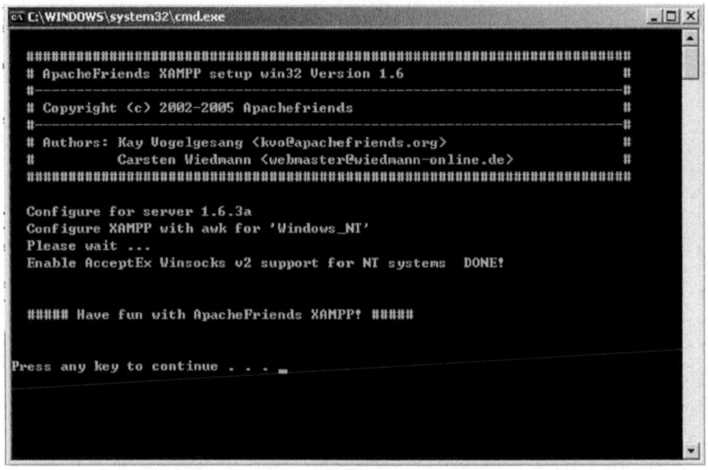

图 12-30　首次运行 setup_xampp.bat 安装 XAMPP

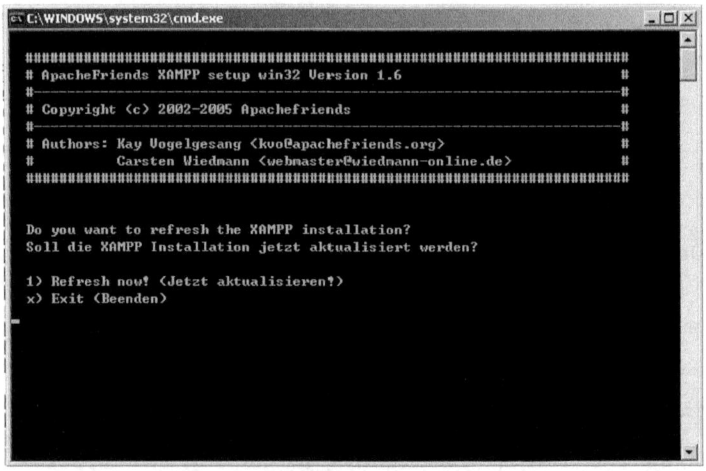

图 12-31　再次运行 setup_xampp.bat 刷新安装

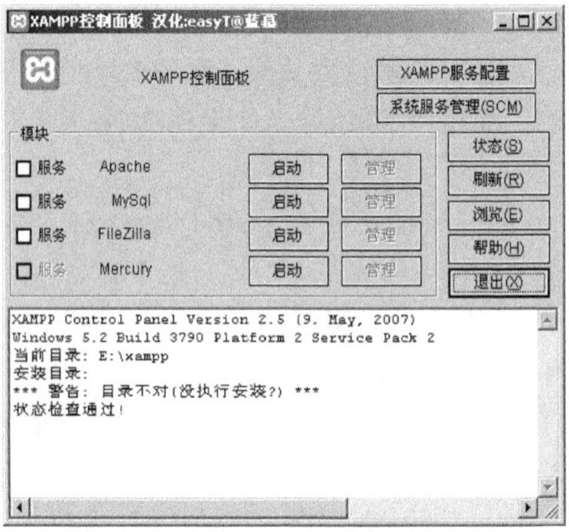

图 12-32　XAMPP 控制面板

It works!

图 12-33　XAMPP 中 Apache 服务器工作状态测试

2）可以通过查看系统进程的方法，检查各服务器运行状态。如图 12-34 所示。

5. CMSware 安装

CMSware 的安装文件为 CMSware_Free_2_8_5_20071203_PHP5_gbk.zip，它是思维公司提供给用户的以 GBK 编码的 2.8 免费版本。将这个文件全部解压到 htdocs 文件夹，完成后的布局情况如图 12-35 所示。接下来就可以进行 CMSware 的安装了。当然，前提条件是要确定 XAMPP 各服务器运行正常。按照向导完成安装，建议新手安装时不要修改任何安装默认值，选择全部可以安装的项目。步骤如下。

（1）启动 IE 浏览器，在地址栏中填入 http://用户的域名（或 IP）/程序上传的目录/install.php，就是运行 cms 根目录下的 install.php。本例中主机的 IP 地址

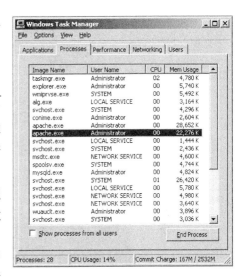

图 12-34　Apache 服务器工作状态测试

为 192.168.1.4，在其之中的 Hyper-V 虚拟机的地址为 192.168.1.100。根据以上所讲解的目录结构，地址栏中的地址为 http://192.168.1.100/CMSware/install.php。

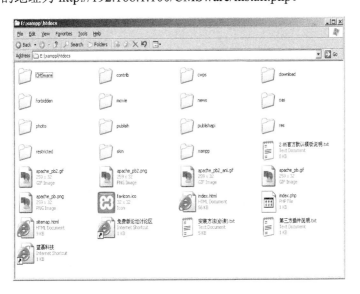

图 12-35　CMSware 解压后

（2）进入导航起始页，只有接受授权协议才能安装，如图 12-36 所示。

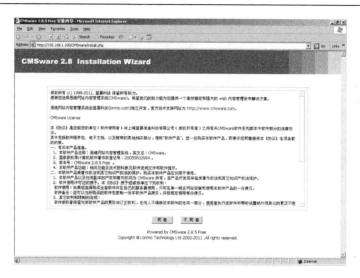

图 12-36 CMSware 安装导航起始页

（3）进入系统环境检测页面，以确认系统是否满足安装条件，如果满足，安装将继续，如图 12-37 所示。

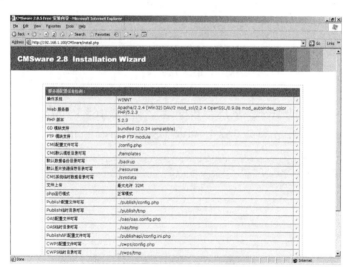

图 12-37 CMSware 安装导航起始页

（4）选择安装类型。有"典型安装"和"精简安装"两种选择，典型安装提供一套默认网站结构，精简安装只提供一套基础框架，如图 12-38 所示。

（5）进入数据库配置页面，在此正确配置数据库。配置完成以后进入下一步操作，如图 12-39 所示。注意：如果使用的是虚拟主机，数据库用户名、密码一般都要填写上主机商所提供的，"数据库名"填写为主机商提供的数据库名，表名前缀最好使用默认值。

（6）进入管理员配置页面，在这里设置系统管理员的用户名和密码，密码可在后台修改。设定好以后继续下一步操作，如图 12-40 所示。

（7）进入 PSN 配置页面，建议保持默认值等系统安装完成再进入后台修改，直接进入下一步。如图 12-41 所示。

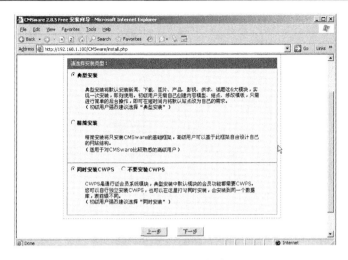

图 12-38　CMSware 安装类型选择

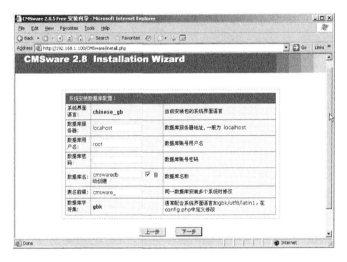

图 12-39　CMSware 安装：系统数据库配置

（8）如果选择安装类型时选择的"精简安装"，这一步要选择是否导入系统自带的内容模型和插件，免费版用户请保持默认值，不要安装全文检索插件，否则该安装不仅无效还会导致一些系统故障。门户版用户视需要选择性安装"全文检索"插件。

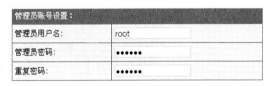

图 12-40　CMSware 安装：系统管理员配置

（9）确认是否导入系统提供的采集规则，建议保持默认值，直接进入下一步。

（10）到此安装基本完成，如图 12-42 所示，进入下一步顺利完成安装，可以进入后台进行进一步的设置了。安装完成后，系统会提示"是否自动删除 install.php、update.php 以提高系统安全性"，请将 config.php 属性修改为 444（Windows 服务器请将文件属性设置为"只读"），以保证系统安全。如图 12-43 所示。

总体配置完成以后，请务必将思维（CMSware）安装根目录的 robot.txt 移动到站点根目录（如 cms.boretech.com/robots.txt ）并重新配置好这个文件中相关的各类路径。

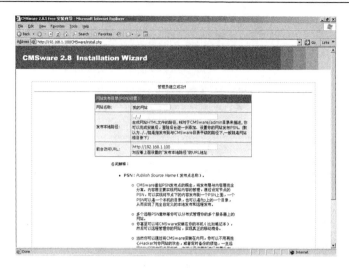

图 12-41　CMSware 安装：PSN 配置

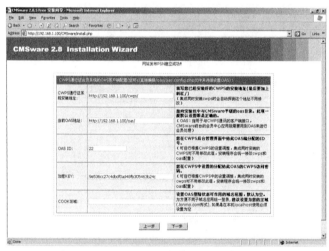

图 12-42　CMSware 安装：PSN 建立成功

图 12-43　CMSware 安装完毕

▶ 工学结合

1. CMSware 系统管理：网站初始化

初始化步骤如下。

（1）安装 CMSware 完成后，单击最后完成页面中的"进入后台管理界面"项，就启动了后台管理的首页，如图 12-44 所示。其中的管理员用户名，就是安装过程中配置的 root，密码为用户设定的密码。验证码必须输入。

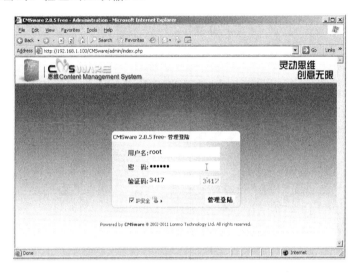

图 12-44　CMSware 后台管理登录界面

（2）启动后进入后台管理主界面。包括系统首页、站点管理、发布管理、系统管理、采集管理、插件管理、模板管理、信息查看和帮助等主要功能菜单。如图 12-45 所示。

图 12-45　CMSware 后台管理界面

（3）单击如图 12-45 所示页面中的"开始发布"按钮，对系统进行初始化。在窗口下方将显示初始化进程，用户在这个过程中要耐心等待，不能够随意中止操作，否则系统将安装不成功。完成后的效果如图 12-46 所示。

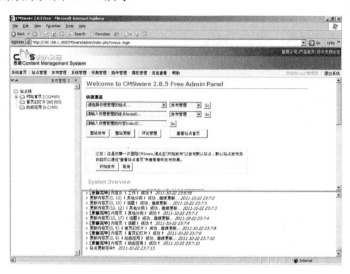

图 12-46　CMSware 初始化完成

（4）完成后，单击页面中的"查看站点首页"项，启动并查看网站首页。若正常显示，表示初始化成功。如图 12-47 所示。

图 12-47　CMSware 网站首页

2．CMSware 系统管理：系统设置

系统管理部分是对系统进行配置，是思维（CMSware）的核心管理区域，主要包括系统设置、权限管理、内容模型管理、发布点（PSN）管理、稿件工作流定义、插件管理、模板变量管理、关键字替换和其他管理工具等项目。功能菜单如图 12-48 所示。

（1）系统设置。"系统设置"是对系统基本参数进行设置的地方。包括诸多初始化选项设定。

1）CMS 安装地址：安装思维（CMSware）时浏览器地址栏中系统的 URL。

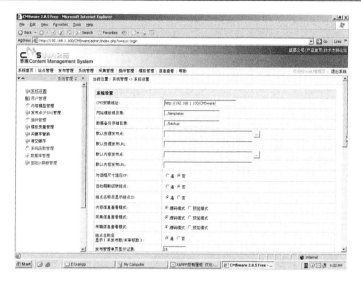

图 12-48　CMSware 后台系统管理界面

2）网站模板根目录：相对于 admin 目录的地址。放置模板文件的目录，建议保留默认值。以后，将网站所要使用的模板都上传到这个目录即可。

3）数据备份存储目录：相对于 admin 目录的地址。存放数据库管理中备份的数据库文件的目录，建议保留默认值。

4）自动刷新级联节点：添加内容后自动刷新关联节点，建议小型站点启用该项；大型站点不要启用该功能。只有在节点参数设置中"自动发布"设置为"是"时有效。比如，一个的站点结构如图 12-49 所示。用户在"新闻&公告"这个节点添加了一篇内容，此时内容会自动发布，该内容的所有上级节点的首页也都会自动刷新。

图 12-49　自动刷新级结节点示例

5）对话框尺寸适应 XP：Windows XP 下请务必将该值设置为"是"，否则会导致某些对话框显示不完整。

6）启用 Gzip 输出：可以加快动态文件的传输速度，但是当前该功能还不够完善。如果出现建立根节点后在根节点下建立子节点时，提交成功但在站点管理中无法显示、单击根节点左边加号时弹出 IE 警告信息、无法展开子节点、整站更新卡住、发布内容时重复或者无法保存、发布后返回界面空白、发布管理界面残缺等情况，请务必关闭该项（2.62 以后的版本取消了该选项）。

7）自动分页单页内容长度：只有在节点参数设置中将"内容分页生成器"设置为 auto 时该值才有效（门户版支持）。

（2）安全设置。请根据安全性需要设置。建议用户登录超时时间不要设置的太长并启用日志功能。如图 12-50 所示。

（3）编辑器文件上传设置。设置在线上传的文件类型及其大小，如图片文件格式为 png|gif|jpeg|jpg。用户要想能够上传并使用 BMP 格式的文件，只需要在后面加上"|bmp"（引号不在内）即可。同时可以对图片的大小有所限制，默认图片为 10000KB，附件为 1000KB 用户可以根据需要进行设定。如图 12-50 所示。

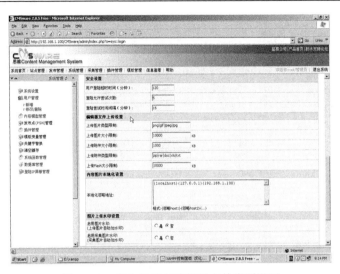

图 12-50　安全设置与编辑器文件类型设置

（4）内容图片本地化设置。本地化忽略地址：自动保存远程图片时起作用，如用户填了 {www.163.com}，那么当直接从 www.163.com 上复制文章到本站上时，文章中的图片就不会自动保存到本站的空间。

（5）图片上传水印设置。为上传和采集的图片自动加水印。水印图片要预先制作并在"水印图片路径"指定好路径。

（6）权限管理。CMSware 的系统权限通过"用户管理"和"用户组管理"两块管理；专业版和门户版采用分布式的权限管理，"用户管理"和"用户组管理"只是起到宏观的权限配置和指定用户从属关系的作用，细节的权限管理通过站点管理中具体节点的权限设置实现。

3．CMSware 系统管理：用户管理

（1）用户管理。用户管理是对用户的添加（新建用户）和修改、删除。如图 12-51 所示，在左窗口中单击"用户管理"→"新建"项，在右窗口看到新建用户界面。按要求与设计，填写入内容，完成后提交即可。

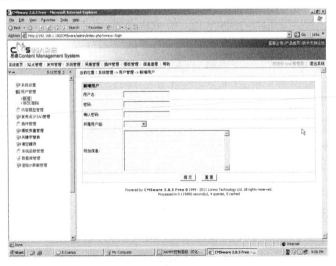

图 12-51　CMSware 后台系统管理：用户管理界面

用户的"修改/删除"项，通过单击"编辑"项，弹出类似"新建用户"的编辑窗口，即可以实现修改与删除。如图 12-52 所示。

图 12-52　CMSware 用户管理：修改/删除用户

（2）用户组管理。新建用户时，需要指明所属用户组，即系统要求一个用户必须从属于某一用户组，方便进行管理。管理员可以添加新的用户组，和对用户组的权限进行编辑。建立用户组时请务必给用户组指定相应的发布权限。如图 12-53 所示。

上级用户组、创建子用户组、创建子用户、原始创建人，这几个选项可以定义用户组具备管理子用户组、子用户的功能。如图 12-54 所示。

4．CMSware 系统管理：内容模型管理

内容模型管理是思维（CMSware）系统的核心，用来自定义数据库里的字段，当用户定义好自己的字段后，在使用模板语言时就可以用到自己定义的字段。在这里用户可以对内容模型里的字段进行编辑，也可以添加新的内容模型。内容模型管理的界面如图 12-55 所示。

说明：默认的模型不可删除。

（1）导出模型。单击"导出"项可以将模型导出为一个 php 文件以便快速的备份、分享或建立相似模型。

（2）模型编辑。在如图 12-55 所示的执行操作栏中，单击"编辑"项启动模型编辑界面。如图 12-56 所示。

图 12-53　CMSware 用户管理：用户组设定　　　图 12-54　CMSware 用户管理：编辑用户组

参数说明如下。

1）标识：就是新增或者编辑字段处的字段标识名；字段名和类型同新增或者编辑字段处的字段名和类型。

图 12-55   CMSware 内容模型管理

标识	字段名	类型	标题字段	主内容字段	列表显示	后台搜索	投稿	采集	发布	执行操作
标题	Title	varchar (250)	√	×	☑	☑	☑	☑	☑	编辑 删除
标题颜色	TitleColor	varchar (7)	×	×	☐	☐	☑	☐	☑	编辑 删除
作者	Author	varchar (20)	×	×	☐	☑	☑	☐	☑	编辑 删除
新闻图片	Photo	varchar (250)	×	×	☐	☐	☑	☐	☑	编辑 删除
新闻内容	Content	longtext	×	√	☐	☑	☑	☑	☑	编辑 删除
关键字	Keywords	varchar (250)	×	×	☐	☑	☑	☐	☑	编辑 删除
副标题	SubTitle	varchar (250)	×	×	☐	☑	☑	☐	☑	编辑 删除
来源网站	FromSite	varchar (250)	×	×	☐	☑	☑	☐	☑	编辑 删除
责任编辑	Editor	varchar (20)	×	×	☐	☑	☑	☐	☑	编辑 删除
自定义相关文章	CustomLinks	contentlink	×	×	☐	☐	☑	☐	☑	编辑 删除
简介	Intro	text	×	×	☐	☑	☑	☐	☑	编辑 删除

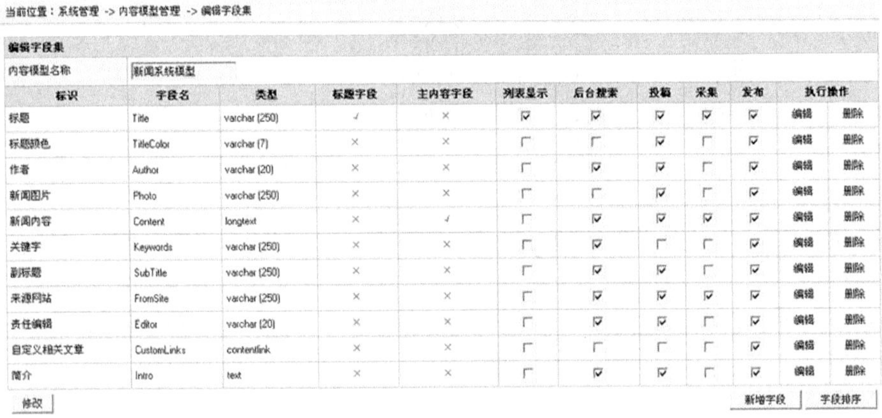

图 12-56   CMSware 内容模型管理：模型编辑

2）标题字段：即将该字段设为内容标题。只能有一个标题字段，打勾即可将该字段设定为标题字段。

3）主内容字段：该字段的值为主体内容。只能有一个主内容字段，打勾即可将该字段设定为主内容字段。

4）列表显示：在发布管理的内容列表中显示。

5）后台搜索：允许用户在后台搜索该字段。

6）投稿、采集、发布：可以定义某个字段是否允许投稿，允许采集，允许字段内容发布。

7）执行操作：删除或者编辑字段。

8）字段排序：字段在内容模型的字段集列表及在编辑器中的排序。如图 12-57 所示。

图 12-57   字段排序

字段序列在编辑器中的显示，如图 12-58 所示。此时，图中的五个字段排序从上到下依次为标题、标题颜色、作者、校对、新闻图片。

9）修改：对列表显示、后台搜索、投稿、采集、发布进行选择（打钩或取消打钩）后的确认。

图 12-58　编辑器显示

（3）导入内容模型。用户通过此操作可以导入内容模型。如图 12-55 所示。操作与导出类似，不再讲述。

（4）新增内容模型及字段。

1）新增内容模型。进入内容模型管理界面，在下方的新建内容模型处输入内容模型名称，单击"创建"按钮即可。新建内容模型支持自定义 TableID，为内容模型共享提供了更大便利，通常情况 1～10 的 TableID 已经被普遍使用，因此如果用户新建内容模型的时候使用大于 100 的 TableID，就可以避免与其他人已创建的 TableID 冲突。别人导入用户的内容模型文件时候，默认 TableID 将被继续使用（如果冲突，系统将使用自动生成的 TableID 代替默认 TableID，如果用户的模板中使用了 TableID，显然，模板需要修改才能复用，所以，强烈推荐创建共享型内容模型时使用 3 位以上的自定义 TableID）。操作界面如图 12-55 所示。

2）新增字段。当新建一个内容模型或者是对现有内容模型进行扩充时都要用到新增字段功能。编辑内容模型，单击下方的新增字段，出现"新增字段"界面。如图 12-59 所示。

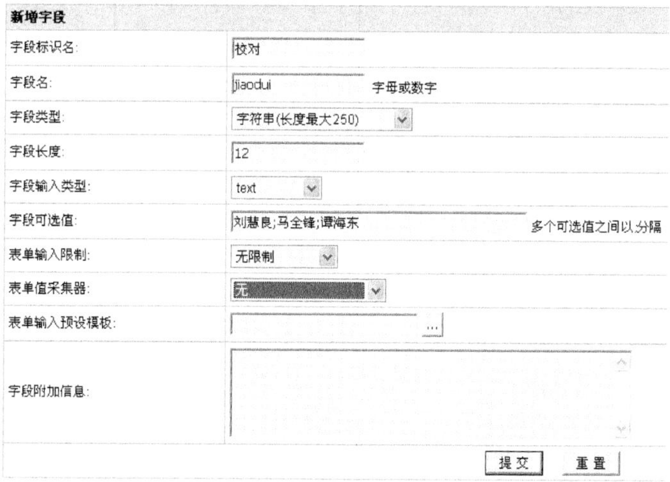

图 12-59　CMSware 内容模型管理：新增字段

参数说明如下。

字段标识名：填写显示在内容模型标识栏的字段的标题，一般为中文。如 TitleColor 字段的中文标题为"标题颜色"。

字段名：填写字段的英文名称，如标题颜色字段的名称为 TitleColor。（注意，字段名是区分大小写的。）

字段类型：选择字段的类型，系统提供字符串、数值、文本、其他节点内容等六种类型。

"其他节点内容"这种字段类型是用来关联其他节点的自定义相关文章的。比如，在一篇文章里，需要指定其他节点中的一些文章作为关联阅读，就可以用这个功能。定义一个字段为"其他节点内容"这种类型，然后在编辑文章录入这个字段时，会有一个自定义文章选择器出现供选择其他节点的文章，选择好保存后这个字段的值实际会保存一串选中的文章的 IndexID 值，之后在模板里就用文章调用标签 CMS_CONTENT 来调用这个字段值得到文章列表。例如，一篇文章里，有个推荐阅读的书籍的列表，可将 RecomandedBook 字段设为"其他节点内容"，然后模板里这样调用：

```
<CMS action="CONTENT" return="List" IndexID="{$RecomandedBook}" LoopMode="1"
/> <!--类似调用自定义相关文章，此时必须使用 LoopMode="1"以免返回值只有一条时出错--><ul>
<LOOP name="List" var="var" key="key">
<li><a href=" [$var.URL] "> [$var.Title] </a></li>
</LOOP>
</ul>
```

字段长度：允许输入的该字段最大长度。

字段输入类型：字段输入内容的类型。（注意，不是上面指定的字段类型。）

字段可选值：换言之就是下拉菜单的预设值。比如，用户建一个新字段作者，然后预设值填入作者姓名，那么新建文档的时候填写作者时就不必输入了，直接通过下拉菜单选就行了。

表单输入限制：对输入内容的限定，一般为无限制。

表单值采集器：这是指定一个字段在进行文章编辑时的界面输入方式，是一种辅助手段，也可以看做是输入内容的方式。比如，输入的这个值是选择自一个 PSN 中的内容还是上传一个图片还是自动输入其他节点的字段，像新闻图片的表单值采集器为图片录入、标题颜色的表单值采集器为颜色。各个采集器的功能不同，由系统内定。

无：此时字段的录入界面是一个文本输入框。

颜色：此时字段的录入界面是一个颜色选择器，可以用鼠标选择颜色。

时间：此时字段的录入界面是一个时间选择器，可以选择具体的日期、时间。

图片录入：此时字段的录入界面是一个图片录入、选择器，可以选择现有图片或上传。

附件录入：此时字段的录入界面是一个附件录入器，可以选择或录入附件。

Flash 录入：此时字段的录入界面是一个 Flash 录入器，可以选择或录入附件。

模板选择：此时字段的录入界面是一个模板选择器，可以选择模板。

发布点（PSN）对象选择：此时字段的录入界面是一个发布点选择器，可以选择发布点。

基于节点内容：此时字段的录入界面是一个内容选择器，可以选择一篇其他节点的内容自动输入指定字段。

外部页面数据输入：用于实现字段值的关联录入采集器。可以使用附加发布或其他方法生成一个按照一定规则编写的数据列表的 html 页面作为字段值的选择来源，系统默认提供一个演示的外部页面输入规则的模板（位于/templates/input/test.html），可以利用这个模板查询所需要的数据列表发布到一个地址，然后在这里定义外部页面数据输入 URL。比如，做成动态发布从节点中查询实时的厂家名称录入到产品节点模型中的关联厂家名称字段中作为厂家模型与产品模型关联字段。数据输入的灵活度大大提高。

关联数据源（适用门户版）：这个功能也是用于提供字段数据的输入源，可以是预先定义的列表，也可以是自定义的 SQL 语句（在进入录入界面前执行查询）。数据源功能的灵活运用将可以极大地提升思维（CMSware）内容录入的效率。关联数据源可以是 DB 数据源，也可以是 XML 数据源，在"字段附加信息"处填写数据源语句即可。

数据源语句：DB 数据源必须返回 value 和 title 字段内容，以填充 select 表单控件内容。

```
<dataSource>
<sql>select   i.IndexID   as   value , c.CountryName   as   title   from
cmsware_content_index i left join cmsware_content_5 c ON c.ContentID=i.ContentID
where i.TableID=5 order by c.CountryName</sql>
</dataSource>
```

提醒：数据源目前还不支持这种 $var.NodeID 传入变量的方式。如果要实现此功能可以用外部数据源的形式，通过模板来实现这个功能。

表单输入预设模板：给字段定义一个预设值，可以是一个 HTML 内容。比如，文章内容字段 Content，编辑时默认是一片空白，需要每次自己去写内容，排版。但是有时候希望都按某种固定格式来处理，比如，需要有个表格，里面默认放一些内容然后在编辑新建文章时只是填写表格的空白，修改表格标题。这样就可以为这个字段指定一个表单输入模板，可以是纯文本，也可以是 html，新建文章时系统会自动把指定的文件放入到字段内容中，只是再改改就行了，相当于一个字段默认值。

字段附加信息：可以填写表单用途等备注信息。填写和选择了相关信息后，单击"提交"按钮添加新的字段。

在相应节点编辑或新增内容的界面中，用户可以看到刚才新加的字段。使用了自定义字段或自定义内容模型的节点目前必须使用 default 编辑器。如图 12-60 所示。

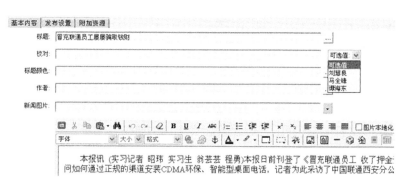

图 12-60　CMSware 内容模型管理：新增字段效果

（5）在模板设计中调用自定义标签。在添加好字段后，用户就可以在内容页模板设计中调用自定义的字段。将自定义的字段的代码放入模板中想要显示的位置，并单击"保存"保存模板。

注意：调用时要加上定界符 [$]，如 [$jiaodui]。如图 12-61 所示。

浏览前台效果：添加或修改相关信息以填写上自定义字段中的内容。刷新前台内容页面即可看到效果，如图 12-62 所示。

```
<li>
校对：[$jiaodui]   
<if test="!empty($Author)">
作者：[$Author]    
</if>
<if test="!empty($FromSite)">
来源：[$FromSite]    
</if>
日期：[@date('Y-m-d H:i', $PublishDate)]
   
```

图 12-61　自定义字段定界符使用

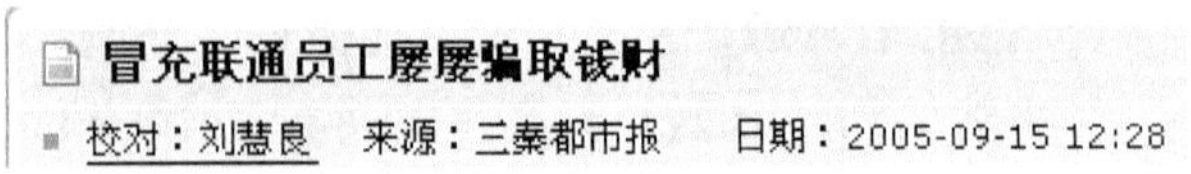

📄 **冒充联通员工屡屡骗取钱财**

■ 校对：刘慧良　来源：三秦都市报　日期：2005-09-15 12:28

图 12-62　页面内容完成效果

▶ **技能实训**

1．实训目标

（1）熟悉 Windows Server 2008 Hyper-V 的安装与配置。

（2）了解 PHP 语言及其在 Windows Server 2008 的配置。

（3）了解 CMS 内容管理系统在 Windows Server 2008 中一般的配置与运行过程。

（4）掌握利用 Windows Server 2008 Hyper-V 虚拟机进行 Windows Server 2003 系统安装与网络管理的过程。

（5）熟悉以 Windows Server 2003 虚拟机平台安装配置 XAMPP 服务器的过程。

（6）掌握以 CMSware 为代表的内容管理系统快速构建网站的过程。

2．实训条件

（1）硬件要求。处理器 CPU 工作频率 2GHz 或以上，双核，内存 2GB RAM 以上，硬盘空间 80GB 以上，光盘驱动器 DVD-ROM，显示·Super VGA（800×600）或者更高级的显示器，标准键盘，鼠标。

（2）网络环境：100M 或 1000M 以太网络，包含交换机（或集线器）、超五类网线等网络设备、附属设施。

（3）软件准备：Windows Server 2008 64 位企业版操作系统平台。

3．实训内容

（1）在 Windows Server 2008 64 位企业版操作系统之上，安装 Hyper-V 虚拟机组件。

（2）在 Hyper-V 虚拟机组件中，安装 Windows Server 2003 企业版。

（3）完成主机与虚拟机之间的网络配置。实现正常通信与共享。

（4）在 Windows Server 2003 企业版虚拟机中安装与配置 XAMPP 服务器，完成工作状态的检查。

（5）将 CMSware 系统所需要各压缩包通过共享方式，进入 Windows Server 2003 企业版虚拟机中。

（6）在 Windows Server 2003 企业版虚拟机中安装 CMSware 系统。

（7）登录 CMSware 系统后台，进行网站初始化与管理。

（8）规划与设计公司网站，要求至少实现新闻编辑、新闻发布、用户管理、栏目管理、下载管理、产品展示等项目功能。

4．实训考核

序号		规　定　任　务	分值(分)	项目组评分
	1	在 Windows Server 2008 64 位企业版操作系统之上，安装 Hyper-V 虚拟机组件	5	
	2	在 Hyper-V 虚拟机组件中，安装 Windows Server 2003 企业版	10	
	3	完成主机与虚拟机之间的网络配置。实现正常通信与共享	5	
	4	在 Windows Server 2003 企业版虚拟机中安装与配置 XAMPP 服务器，完成工作状态的检查	5	
	5	将 CMSware 系统所需要各压缩包通过共享方式，进入 Windows Server 2003 企业版虚拟机中	5	
	6	在 Windows Server 2003 企业版虚拟机中安装 CMSware 系统	10	
	7	登录 CMSware 系统后台，进行网站初始化与管理	10	
	8	规划与设计公司网站，要求实现新闻编辑、新闻发布、用户管理、栏目管理、下载管理、产品展示等项目功能	20	
拓展任务（选做）	9	Hyper-V 虚拟机克隆	5	
	10	Hyper-V 虚拟机导入与导出	5	
	11	CMSware 手机 WAP 网站设计	10	
	12	IIS7 配置支持 PHP	10	

注　1．完成并测试成功方可得满分。

　　2．未完成的任务除记录存在问题外，由同项目组成员打分。

　　3．拓展任务的完成情况与得分，由教师负责记录。

▶ **技能拓展**

1．Hyper-V 虚拟机克隆

有两种方法可以克隆 Hyper-V 的虚拟机。

（1）通过 Hyper-V 的 导入/导出虚拟机功能实现。这是一种克隆虚拟机的简单方法，但是它有个小小的缺点，就是通过这种方法只能导入从 Hyper-V 系统导出的虚拟机。

（2）复制 VHD（Virtual Hard Disk）文件，新建一虚拟机并设定使用复制出来的这个 VHD文件。

2．CMS 管理系统制作手机 WAP 站点

（1）WAP 网站简介。WAP 网站，即 WAP（Wireless Application Protocol），是无线应用协议的缩写，一种实现移动电话与 Internet 结合的应用协议标准。即这种技术能让手机与Internet 结合起来，为用户带来更大的通信空间。可通过 WAP 手机实行电子银行、电子商务、网上购物、网上炒股、电子邮件、浏览新闻和气象预报等方面的工作。

（2）WAP 网站常用功能。制作一个企业 WAP 网站，在功能方面可以从以下几个方面入手。

1）企业宣传。WAP 上的企业宣传很能体现文字功底，既要简单明了，又要突出企业的核心竞争力。

2）产品展示。企业在 WAP 网站上，需要表现的重点仍然是产品展示。移动客户访问企业的 WAP 网站往往是有备而来，想了解某个产品的详细参数或价格。所以企业在 WAP 上的产品展示，可选择企业的主要产品，对其各类参数或价格加以详细说明。

3）客户服务。对于企业的客户服务而言，可能 WAP 网站比传统网站会更有效。客户服务包括客户咨询与投诉两个方面，通过企业的 WAP 客户服务平台，无论何时何地，客户均能通过手机对企业进行咨询或投诉。

（3）配置支持 WAP 的服务器。要配置服务器使其支持 WAP，主要是要添加 Web 服务器 MIME 类型，添加默认页 index.wml。它基本包括以下内容。

```
text/vnd.wap.wml.wml
image/vnd.wap.wbmp.wbmp
application/vnd.wap.wmlc.wmlc
text/vnd.wap.wmls.wmls
application/vnd.wap.wmlsc.wmlsc
```

Apache 服务器的加入步骤如下。

1）如果服务器就是本地机，直接可在 Apache 服务器的 mime.types 加入以上代码。

2）如果服务器是远程的或是租用的，并且支持 AllowOverride FileInfo Indexes。那么可以在 Web 目录下创建一个文件.htaccess。其内容如下。

```
AddType text/vnd.wap.wml.wml
AddType image/vnd.wap.wbmp.wbmp
AddType application/vnd.wap.wmlc.wmlc
AddType text/vnd.wap.wmls.wmls
AddType application/vnd.wap.wmlsc.wmlsc
DirectoryIndex index.wml index.php
```

IIS6 服务器的加入方法为：找到添加 MIME 类型的选项，分别添加以下内容。

```
AddType text/vnd.wap.wml.wml
AddType image/vnd.wap.wbmp.wbmp
AddType application/vnd.wap.wmlc.wmlc
AddType text/vnd.wap.wmls.wmls
AddType application/vnd.wap.wmlsc.wmlsc
DirectoryIndex index.wml index.php
```

参 考 文 献

[1] 王锋，王永. Windows Server 2003 服务器配置实用案例教程. 北京：中国电力出版社，2007.

[2] 王淑江，王同明，许坦. 精通 Windows Server 2008 活动目录与用户. 北京：中国铁道出版社，2011.

[3] 戴有炜. Windows Server 2008 R2 Active Directory 配置指南. 北京：清华大学出版社，2011.

[4] 刘晓辉，李书满. Windows Server 2008 服务器架设与配置实战指南. 北京：清华大学出版社，2010.

[5] Dan Holme　Nelson Ruest Danielle Ruest. 配置 Windows Server 2008 活动目录（MCTS 教程）. 刘晖，译. 北京：清华大学出版社，2010.

[6] Lan McLean Orin Thomas. Windows Server 2008 网管员自学宝典（MCITP 教程）. 施平安，刘晖，张大威，译. 北京：清华大学出版社，2009.

[7] 董嘉男. Windows Server 2008 Hyper-V 配置与管理. 北京：清华大学出版社，2011.

[8] 罗素，克劳福德. Windows Server 2008 高级管理应用大全. 杨志国，等，译. 北京：人民邮电出版社，2010.

[9] 李莹，郭腾，刘淑梅. Windows Server 2008 组网技术与应用详解. 北京：人民邮电出版社，2009.

[10] 诺斯鲁普，麦金. Windows Server 2008 网络基础架构 70-642. 张大威，译. 北京：清华大学出版社，2009.

[11] 张晓莉，孙立威，王淑江. 精通 Windows Server 2008 安全与访问保护. 北京：中国铁道出版社，2009.

[12] Mark E. Russinovich David A. Solomon　Alex Ionescu. Windows Internals: Covering Windows Server 2008 R2 and Windows 7, Part 1, 6th Edition. Microsoft Press，2012.

[13] 黄骁，崔冬，熊德伟. 轻松做网管:Windows Server 2008 服务器配置与管理手册. 北京：海洋出版社，2009.

[14] 柴方艳. 服务器配置与应用（Windows Server 2008 R2）. 北京：电子工业出版社，2012.

[15] 恒逸资讯，吕政周，赵惊人. Windows Server 2008 系统管理员实用全书. 北京：电子工业出版社，2010.

[16] 胡刚强. Windows Server 2008 案例教程. 北京：机械工业出版社，2011.

网 络 资 源

[1] Windows Server 2008R2 官方主页
http://www.microsoft.com/china/windowsserver2008/

[2] Windows Server 2008 - 维基百科，自由的百科全书
http://zh.wikipedia.org/wiki/Windows_Server_2008

[3] Windows Server 2008 专题报道 | 中国 IT 实验室
http://windows.chinaitlab.com/Special/windowsserver/

[4] Windows Server 2008 IIS7 部署攻略
http://www.chinaz.com/server/2008/0611/30889.shtml

[5] Windows Server 2008 DNS 高级部署
http://server.ctocio.com.cn/487/12136987_2.shtml

[6] Windows Server 论坛-Microsoft 微软产品主题论坛-远景-Windows7

http://bbs.pcbeta.com/forum-76-1.html

［7］Visio 教程

http://www.blue1000.com/bkhtml/c122/

［8］Windows Server 2008 上安装 Exchange Server 2007 邮件服务器

http://download.csdn.net/detail/ben_son_wong/2060871

［9］Windows Server 2008 下典型邮件服务器部署攻略

http://server.it168.com/server/2008-06-28/200806282039466.shtml

［10］Windows Server 频道 > Windows Server_雨林木风操作系统门户

http://www.ylmf.net/server/2008/